复旦大学古籍所成立四十周年纪念学术丛书

因明争胜录

郑伟宏 著

复旦大学出版社

图书在版编目(CIP)数据

因明争胜录/郑伟宏著. —上海：复旦大学出版社,2024.7. —(复旦大学古籍所成立四十周年纪念学术丛书). —ISBN 978-7-309-17496-0

Ⅰ. B81-093.51

中国国家版本馆 CIP 数据核字第 2024VE0135 号

因明争胜录
郑伟宏　著
责任编辑/杜怡顺

复旦大学出版社有限公司出版发行
上海市国权路 579 号　邮编：200433
网址：fupnet@fudanpress.com　http://www.fudanpress.com
门市零售：86-21-65102580　团体订购：86-21-65104505
出版部电话：86-21-65642845
江阴市机关印刷服务有限公司

开本 890 毫米×1240 毫米　1/32　印张 10.5　字数 226 千字
2024 年 7 月第 1 版
2024 年 7 月第 1 版第 1 次印刷

ISBN 978-7-309-17496-0/B·810
定价：78.00 元

如有印装质量问题，请向复旦大学出版社有限公司出版部调换。
版权所有　侵权必究

出 版 说 明

　　1983年，作为教育部首批批准设立的古籍整理研究机构之一，复旦大学古籍整理研究所在已故杰出教授章培恒先生的主持下正式成立。自此以后，古籍所一直秉持科研项目与学科建设相结合、整理与研究并重的发展理念，积极开展科研教学，培养人才队伍，至今已走过整整四十个春秋。古语云"四十不惑"，对人生而言，四十年是一个关键的节点，而对一所科研机构来说，从起步到成熟、发展，四十载同样是一段具有重要意义的历程。

　　在这四十年的探索进程中，复旦古籍所始终重视学科建设和人才培养，由建所之初的一个博士点、两个硕士点，发展为五个博士点、五个硕士点，已培养硕博士研究生四百余名，其中包括数十名日、韩、美、越等国的硕博士生和高级进修生，在读研究生由当初的十余名，发展至稳定在百余名的规模。

　　在这四十年的建设历程中，复旦古籍所搭建起由多个学科和研究方向组成的科研架构，并成为高校研究机构中的科研重镇。古籍所成立之初，以承担教育部全国高校古籍整理研究工作委员会重点项目《全明诗》的编纂为工作重心，开展一系列古籍整理与研究的相关工作，先后设有明代古籍整理研究室，目录、版本、校勘学研究室和哲学古籍整理研究室。经过全所同仁几十年的努力下,学科方向更加明确,研究特色更加鲜明,科研队伍不断优化,其中,中国古代文学、中国古典文献学、汉语言文字学三个专业的建设发展,形成文学、语言、文献诸领域彼此交叉的格局;由章培恒先生首倡设立的中国文学古今演变研究专业,作为新兴交叉学科,于2005年被教育部正式批准为二级自设学科;另有逻辑学专业,专门从事汉传佛教因明学的研究。

经过四十年的发展,复旦古籍所明确了长远的建设规划,确立了以古今贯通研究这一新的学术理念为主导,以文献实证为基础,古典研究诸学科彼此交叉、相辅相成的科研与教学格局。这一规划宗旨,既是回首来路的经验总结,凝结了老一辈学者的大量心血,也是瞻望前路的奋进方向,承载着全所同仁的共同目标。

为纪念复旦古籍所成立四十周年,展示本所研究人员的学术成果,我们特推出这套学术丛书,向学界同仁汇报并企望指正。借此机会,我们要感谢教育部全国高校古委会长期以来对本所建设发展的关心和帮助,感谢复旦大学出版社对丛书出版的大力支持。

陈广宏、郑利华
2023年10月10日

目　　录

前言 ……………………………………………………………… 1

因明研究之我见 ………………………………………………… 1
《正理之门》自序 ……………………………………………… 28
《因明正理门论直解》再修订前言 …………………………… 37
《因明大疏校释、今译、研究》前言 ………………………… 43
论因明的同、异品 ……………………………………………… 50
论印度陈那因明非演绎 ………………………………………… 64
陈那因明体系自带归纳考辨 …………………………………… 87
论玄奘因明研究的历史地位 …………………………………… 105
玄奘因明成就
　　——印度佛教逻辑述要 …………………………………… 124
论印度佛教逻辑的两个高峰 …………………………………… 139
论陈大齐的因明成就 …………………………………………… 152
现当代因明梵、汉、藏对勘研究评介
　　——巫白慧的梵汉因明对照研究 ………………………… 187
因明与逻辑比较研究百年述评 ………………………………… 208

论陈那因明研究的藏汉分歧……………………………… 222
论玄奘因明伟大成就与文化自信
　　——与沈剑英、孙中原、傅光全商榷……………… 242
再论"因三相"正本清源
　　——兼答姚南强先生………………………………… 263
同、异品除宗有法的再探讨
　　——答沈海燕《论"除外说"》……………………… 279
再论陈那因明的论辩逻辑体系
　　——答张忠义、张家龙《评陈那新因明体系"除外
　　命题说"》……………………………………………… 301

后记………………………………………………………… 320

前　言

唐代玄奘法师从印度回国后开创的汉传因明，弘扬了印度陈那法师创建的新因明体系。陈那因明中的逻辑学说属于论辩逻辑。参与论辩的双方共同遵守一个潜规则——不许循环论证。这就是该因明的学科性质，是因明研习的出发点。

印度中世纪时参与辩论的双方对待辩论往往非常严肃，视辩论胜负为身家性命。他们不会无病呻吟，不会无关痛痒地高谈阔论。每场辩论，必分胜负。有人发誓，输了"割舌相谢"。玄奘法师甚至发誓，有人能更改我的论式一字，便"斩首相谢"。不像现代学者们在象牙塔里做文章，可以随心所欲地代为印度古代的辩论者们制定辩论规则。

《因明争胜录》是我研习因明四十周年的论文精选集，它是我参与争胜四十年的记录。

历史并非任人打扮的小姑娘。谁能正确还原印度逻辑史上陈那因明的逻辑体系，当然不是由哪一个行内或行外的学者主观随意信口判定的。

古今中外，只有玄奘法师最懂得印度 7 世纪时那烂陀寺的陈那因明原貌。玄奘法师的重要遗训是汉传因明的精华，它揭示了印度陈那因明体系的 DNA。掌握了这一 DNA，它就成为我们今天打开陈那因明逻辑体系大门的一把金钥匙；有了它，可以分清佛教因明两个高峰陈那因明与法称因明的同和异，可以串起由他开创的汉传因明与后起的藏传因明比较研究；它又是我们批评国内外一系列有重大误解的代表性论著的有力武器。它是汉传因明具有文化自信的根源，是当今汉传因明自立于世界因明之林的雄厚资本。

四十年来，我的因明研究主要致力于探讨玄奘法师的因明成就和弘扬汉传因明的文化自信。突破口放在因明与逻辑比较研究方面。我的一家之说一反百年来国内外的传统观点，主张陈那因明三支作法非演绎，与三段论相比还有一步之差。

这是自有因明与逻辑比较研究百年以来反传统的第一声呐喊。我的研究依靠三条：一是有充分的汉传文献依据，二是有严格正确的逻辑论证，三是与国内外梵汉藏对勘研究最新成果相吻合。

因明之我见以汉传文献为基石。唐代玄应法师在《理门论疏》中保存了四家唐疏中记录的玄奘法师的口义——同、异品除宗有法。根据我的统计至少有七家之多。玄奘法师的高徒窥基法师还指出，陈那三支作法中的同、异喻体也是"除宗以外"的，也就是不包括论题主项。他明确揭示同、异喻体是中国式的"除外命题"。衡于今日之逻辑，同、异喻体并非全称命题。

陈那因明三支作法的因三相规则中的两个初始概念同品和异品都是"除宗有法"的，即不包括宗论题的主项，因为不能循环论证。又因为因三相规则中的后二相规则不能保证同、异喻体为毫无例外的全称命题，以逻辑三段论之"格"来衡量，陈那因明的三支作法非演绎,是最大限度的类比论证。

在因明和形式逻辑范围内,这样的严格论证几乎是一目了然的。找到正解,有因明和逻辑两方面的常识就够,用不着高深的理论。当然,要找到标准答案,必须有因明与逻辑两方面的正确知识作保证。这不高的要求,做起来却难。检阅国内外名家名著,或者有违因明常识,或者不具备三段论基本知识。这实在令人惊讶,也使我有了反潮流的底气和勇气。

从19世纪末叶开始的国际佛教逻辑研究,在因明与逻辑比较研究方面,一开始便陷入两个误区:一是主张陈那因明的归纳演绎合一说,二是以法称因明作为佛教逻辑唯一解读模式,以法称因明代替陈那因明。对于陈那、法称因明各自的理论贡献及其在印度逻辑史上各自的地位,大多缺乏客观的评价。这种研究范式,以威提布萨那的《印度逻辑史》和舍尔巴茨基的《佛教逻辑》为代表。

印度逻辑史家威提布萨那根本不懂得陈那因明的学科性质,其同、异品概念都不除宗有法,又张冠李戴,将法称因明的三种正因学说放到陈那因明中(吕澂先生曾指误),因而误判陈那因明为演绎论证。其《印度中世纪逻辑学派史》在1909年出版,其中对陈那因明的误解对现当代汉传因明研究仍有严重误导。威提布萨那用法称不除宗有法的因三相来代替陈那的因三相。他在后来出版的《印度逻辑史》中又误将陈那弟子写的《因明入正理论》当作陈那的著作。此书也不懂得那烂陀寺所传陈那因明原貌,他将因明三支完全比附逻辑三段论。

苏联科学院院士舍尔巴茨基的《佛教逻辑》是世界名著。它不仅接受威提布萨那的错误观点,甚至认为,从古正理、古因明的五分作法到陈那、法称的新因明始终是演绎的。这太离谱了。该著连三段论知识都不甚了了。他断言五分作法是"归纳—演绎性的","演绎的理论成为中心部分"。可是,其列出的五支论式的实例中却看不出演绎的特征。《大英百科全书》对《正理经》五分作法的评论与舍尔巴茨基完全相同。

舍尔巴茨基的说法有两个错误:一是拔高了古正理、古因明的五分作法,否定了陈那的贡献;二是用法称因明来代替陈那因明,既混淆了两者的根本差别,又否定了法称的贡献。

藏传因明专家王森先生谙熟舍尔巴茨基的《佛教逻辑》,他对陈那三支作法和因三相的解释与舍氏相同。他主张陈那因明已经达到演绎论证的层次。他说:"法称在逻辑原理方面完全接受了陈那的因三相学说,而在逻辑和事实之间的关系方面有不同的看法。"

日本文学博士大西祝和宇井博寿尽管知道玄奘和汉传因明,但是最终未能跳出印度和欧洲学者的传统。1906 年日本大西祝《论理学》汉译本在河北译书社问世,拉开了我国将因明与逻辑作详细比较研究的序幕。该书说,宗是否应归入同品,正是争论的对象。但如果同品中已经包含宗,则"此论直辞费也",意为建立因明论式是多此一举。他进一步指出同、异品除宗难于保证宗的成立,即是说陈那的因三相不能保证三支作法为演绎论证。但是他又认为同、异喻体是全称命题,因此三支作法仍是演绎的。他回避了同、异品除宗有法与因的第三相和同、异喻体为全称的矛盾,回避了这一矛盾的解决办法。这一见解开创了 20 世纪因明与逻辑比较研究重大失误的先河,影响中国因明研究百余年。现代因明家从太虚法师起,绝大多数都因循了大西祝的老路。

　　大西祝之误对我国的陈大齐教授的影响最为深刻。陈大齐先生对陈那新因明的基本理论以及它对整个体系的影响都有着较为准确和较为深刻的理解,他把同、异品必须除宗有法而三支并非演绎论证的理由说得最为充分。他在学术巨著《因明大疏蠡测》中第一次阐发了同、异品必须除宗有法必然导致三支作法并非演绎论证。他在台湾政治大学的教科书《印度理则学》中说:"从他方面讲来,若用这样不周遍的同喻体来证宗,依然是类所立义,没有强大的证明力量。"但是他并未把这些正确观点贯彻到底。他力图解决同、异品除宗有法与同、异喻体为全称的矛盾。然而他凭空赋予陈那因明体系自补功能,认为因的后二相就是归纳,同、异喻就带归纳。他为自补功能所做的辩护是违反因明和逻辑的。他凭空为三支作法增加两个归纳的思维过程,套用窥基的话,犯了"成异义过",或"同所成过"。临门一脚失误,可谓功亏一篑。

　　探讨陈大齐先生失误原因有三条:第一,囿于国内外旧传统的强大威力,始终未能跳出窠臼;第二,未能区分语言表达与逻辑形式的重大差别;第三,时代的局限。外国的传统观点完全用法称的演绎体系代替陈那因明,混淆了两个逻辑体系的根本区别。从陈大齐先生的三本著作来看,他从未涉及法称因明的研究。人体解剖是猴体解剖的一把钥匙,低级形态的事物只有在高级形态中才看得明白。如果陈大齐先生看到了今天我们关于法称因明的研究成果,以他的逻辑修养,他一定会看到两者的不同而做出正确区分。

　　吕澂、陈大齐的因明研究在汉传百年因明史上最值得称道,他们各领风骚,无论其取得的成就还是教训,都是研习因明的宝贵财富。

吕澂先生的因明修养可谓博大精深。他的文献功底,他开创的梵汉藏文本对勘研究以及取得的丰硕成果,至今放射着光芒。然而他的因明研究也不无瑕疵,甚至可以说,在因明与逻辑对勘研究方面有重大失误。

吕澂先生的《因明入正理论讲解》对喻体的语言形式的解释是不对的。他误以为"若"是假言命题的标志,而"诸"是全称直言命题的标志。他对梵文的解读有片面性。

汤铭钧博士考察梵本,指出吕澂先生的失误在于对于梵文原本的误读:"玄奘译文中的'谓若所作,见彼无常',原文是:tadyathā | yat kṛtakaṃ tad anityaṃ dṛṣṭam,当译为:就像是这样,凡所作的都被观察到是无常,奘译这一句中的'若'字,当是对应于 tadyathā(如是,就像是这样),亦无假言的意味,不能作为吕先生假言判断说的证据。"

在古汉语中,"诸"是多义词。"凡是"只是其中一种解释,不等于"所有"。它还有"众""各个""别的""其他"等解释。总之,不能一见"诸"就把它当直言命题的全称量词看待。

"若"也不单单解作"如果"或"假设",它还可解作"如",即"像"。还有"如此""这样的""这""这个"等含义。还有解作假如、如果的有"若其""若果"等词。单单解为假使、假如的有"若使"。而"若是"则有"如此、这样"和"如果、如果是"两种解释,也不能单一认定为"如果"。

可见,玄奘的译文是准确的,是与他的口义同、异品除宗有法和同、异喻除宗以外相一致,与他对整个陈那因明体系的理解相一致。在这里,语词的解释必须服从逻辑的解释,必须从属体系的内部和谐。

自吕澂先生误解"若"以来,几乎所有的研究者都误入歧途。还有的学者"认为因明体系本来就具有演绎推理功能"。至于最新出现的"初步演绎加类比"说也不合适。印度因明以至印度逻辑,就其逻辑内容而言,都属形式逻辑范围。形式逻辑只有真假二值,用"初步"限制演绎,那不是形式逻辑而是模态逻辑。至于说演绎之外再加类比,那是不理解陈那新因明同、异喻中喻依的逻辑作用。那个例证的逻辑作用不再是类比,而是表明满足了因的第二相,表明喻体的主项存在而非空类,表明排除了九句因中第五句因过。

想不到玄奘留下的宝贵遗产在当代反而成为口诛笔伐的对象。本人的因明研究继承了玄奘留下的宝贵遗产,在国内独树一帜,几十年来我顶着批评走了过来。

本来,有了陈那因明的 DNA,我们可以轻而易举揭示陈那因明逻辑体系的真相,这就像捅窗户纸那样简单。"杀鸡焉用牛刀",不需要高深的逻辑学问。懂数理逻辑更好,可以看懂你虽然用了数理逻辑工具却犯了南辕北辙的错误。

有人问,既然那么简单,为什么国内外的百年传统都错了?大家都知道,哥伦布有个立鸡蛋的故事。大家在桌面上都无法把鸡蛋立起来,哥伦布把鸡蛋往桌上一敲,鸡蛋就立住了。这不就像捅窗户纸吗?同样,要找到因明的标准答案,也要先锻炼出钻石眼睛——谙熟因明与逻辑两方面的准确知识,再加上善于比较。否则,玄奘弟子所撰写的唐疏摆在你面前,斗大的白纸黑字,你也读不出正确答案来。

我的观点与当代欧美学者[以美国理查德·海耶斯(Richard P. Hayes)教授的著作为代表]最新研究成果相吻合。他以藏、梵文献为依据,我以唐代汉传遗著为指南。他从陈那因明代表著作的字里行间找到了正确的逻辑结论,我是从唐代文献的白纸黑字中读出了相同结果。殊途同归,异曲而同工。

在国内外,我们至今还是少数派。直到2014年和2015年,甚至在2020年,还有人在国内权威的哲学杂志发表论文批评我。好在我有点免疫力,把它们当"逆境菩萨"来对待。面对这免费的特大广告,何不击节赞赏呢?

有价值的东西只有在懂价值的人面前,才有价值。毛泽东同志说过:"真理是一个不断要别人接受的过程,无论过去还是现在都一样。"在西方数学史上,根号2的发现者就被毕达哥拉斯学派抛到了大海里。几何公理要是触犯了人们的利益也是要被推翻的。四十年来,由于与传统决裂,我不可避免地得罪很多人,但是,我很尊重老师和前辈们,"吾爱吾师,吾尤爱真理"。

我自信在因明与逻辑比较研究方面做得比其他同道要好,深感得益于1985年春中国社会科学院哲学所逻辑室举办的"因明、中西方逻辑史讲习班"。讲习班上诸葛殷同研究员讲解三段论对我帮助很大。他把国内形式逻辑教科书中的所有错误都一一点评,这有助于我看明白国内外因明与逻辑比较研究中的种种谬误。张家龙研究员讲授的西方逻辑史打开了我的视野,提升了我的逻辑素养。

最精彩的一幕莫过于亲聆大逻辑学家沈有鼎先生讲授墨经逻辑学了。他的奇思妙想令人脑洞大开,他的文献功底令人敬佩,他的严格论证无与伦比。其墨经研究无疑是古籍研究的典范。做学问就应当如此。

然而不无遗憾的是,几年后,当沈先生关于因明的遗著——几页草图——被正式出版后,令人惊讶的是,汤铭钧博士发现图中同品除宗而异品不除。草图所示,不仅没有文献依据,而且违反了辩论的公平原则。本来,规则面前应人人平等。在草图中,同品除宗有法,异品却不除。正方除了,反方却不除。只是为了达到演绎论证的主观想法,这不符合古籍研究的历史主义方法。好在生前他没有发表过。他是谨慎的。他没有留下任何文字说明。他提供了一个方案来保证陈那三支作法为演绎。

巫寿康博士却将其设想淋漓尽致地演绎成博士论文,明言修改异品定义,建立起20世纪80年代的中国式因明体系,被誉为"解决了久悬不决的千年难题"。我的研究生又发现,比沈有鼎更早,早在70年代,英国剑桥大学出版的齐思贻的《佛教的形式逻辑学》,就把陈那的同品除宗和法称的异品不除宗合在一起,搞出一个非驴非马的"四不象"。既不符合陈那的同、异品除宗,又不符合法称的同、异品不除宗。

这不是古籍研究(我曾在拙著《佛家逻辑通论》有过详细评论),不是因明史研究,而是任意修改因明史。况且,修改后的体系包含许多矛盾。

陈大齐教授早就指出,异品不除宗,等于授论敌以反驳特权。异品先天有因,则因的第三相异品遍无性不能满足。显然,任立一量都无正因可言，岂不荒谬？

我因故错过了北京大学王宪均教授举办的数理逻辑培训班。好在复旦哲学系自然辩证法教研室有两位数学系出身的老师参加了培训。回来授课，我受益匪浅。我的数理逻辑修养虽然浅薄，但是我至少能发现国内外那些使用数理逻辑工具的论著，连同、异品这两个初始概念都表达错了，其所建逻辑大厦不倒才怪。

在当代，日本的梶山雄一教授、北川秀则教授对陈那因明的逻辑体系有正确的理解，而日本的末木刚博教授用数理逻辑方法写了因明著作，却走了威提布萨那的老路，完全不懂同、异品要除宗有法，又将本来是联言命题的九句因用选言命题来表述。可以说，这位逻辑教授彻底地误解了陈那因明逻辑体系。因明研究不要无的放矢，更不要南辕北辙。

多年来，有不少人质疑我，就你对，别人都错？我借用唐代亲聆玄奘法师教诲的文轨法师的话来回答："一理若真，诸宗便伪。"这个题目是有标准答案的，是非对错，泾渭分明。

标准答案不是自封的。它必须满足一个基本条件，就是能圆满无缺地解释陈那、法称因明两个逻辑体系间的一切异同。离开标准答案，稍有一点过火或不足，都势必丛生错解、寸步难行，甚至矛盾百出。

有的因明专家、逻辑专家批评我的主要观点有"致命的逻辑错误"，但是，至今我没有看到其充足的理由和严格的论证。我深信自己的学术观点一定能经得起时间的检验。

2023 年 6 月 26 日

因明研究之我见[①]

一、你为什么会走上因明研究之路？

真有点说不清道不明。看起来很偶然，琢磨一下又觉得似乎冥冥之中有什么外力把你引上这条不归路。总结一下大致有三点：一是学习兴趣和科研方向的乾坤大转移；二是从事佛教因明研究后得到八方善缘襄助；三是深入该领域后发现有巨大漏洞要填补，有种使命感引导我从此确定安身立命的研究方向。

三十多年前，我没想过这后半辈子会吃逻辑饭，更没想到会

[①] 先说一下本文的缘起。本文应清华大学哲学系刘奋荣教授之邀，为《关于中国逻辑史的5个问题》一书所写。该书邀请国内外专家（约25人）以访谈的形式回答5个关于中国逻辑史的问题。这种形式的访谈非常有利于向一般大众介绍该学科的基本研究状况，从而吸引更多的学者进入本领域学习和研究。"5个问题丛书"问世于2005年，已出特定专题书籍多种，例如，《关于形式哲学的5个问题》《关于法律哲学的5个问题》《关于认知逻辑的5个问题》《关于复杂性的5个问题》，等等，这些书非常畅销，已经引起哲学领域学者们的极大关注。《关于中国逻辑史的5个问题》属于丹麦自动化出版社出版的"5个问题丛书"项目之一。该丛书以英文出版（本文由汤铭钧博士译为英文），并在全球发行。为纪念章培恒先生逝世一周年，并为了表达对章先生给予我的因明研究鼎力支持的感激之情，特将原文稍加修订并全文发表于古籍所的纪念文集中。（英文版情况如下：*The History of Logic in China: 5 Questions*，pp. 79—93，edited by Fenrong Liu & Jeremy Seligman, published by Automatic Press, 2015.）本文第五问的回答，由汤铭钧博士代笔，反映了他的研究成果。

"青灯黄卷",每天读"黄书"。为了圆记者梦,我于1965年报考复旦大学新闻系,却阴差阳错,很不情愿地进了哲学系。大学毕业留校后,我得到一个大好机缘,《人民日报》增加驻外记者,我有幸被选中并在国际部试用一年后,得到了中组部的正式调令。谁知道鬼使神差,我一念之差竟应复旦的要求,主动离开这心目中的新闻最高殿堂,回到了学校。真应了一句俗话:"到手的东西不宝贵。"

从1978年起,我在复旦大学哲学系教形式逻辑。在复旦从事逻辑教学有得天独厚的好处,那就是20世纪50年代到60年代初那场逻辑大讨论的双方代表都在复旦。双方的观点我都很熟。接受这样的熏陶,对于一个逻辑战线上的新兵来说,尤为重要。1981年我拜读了"文革"后第一本正式出版的因明著作,即石村先生的《因明述要》。"曩治逻辑,思习因明",然而入门难,深究更谈何容易。有好多年,我好像站在地狱的入口处犹豫彷徨。

到了1983年,复旦承办中国逻辑史会议,内容是讨论国家"六五"重点项目《中国逻辑史》的编撰工作。五卷本副主编、现代卷主编周云之先生分配我收集整理现代因明资料的工作,使我根绝了犹豫和胆怯。我敢于斗胆接下这个任务,主观上是受到复旦大学周谷城教授的影响。他有句名言:"学问是抓来的。"他本人早年因为只能教中国通史不能教世界通史而不能评教授,便无师自通,发愤写了一本《世界通史》。复旦还有一个说法,不知出于哪个名家了:做学问的人有两种,一种人在钢板上打洞,另一种人专门在木板上打洞,当然后者打得又快又好。其本意是嘲讽拈轻怕重的畏难思想。我却甘居人后,偏偏要做后一种人。因为经过几年的学术研究,深知西方现代逻辑的学术饭太难吃,也看到有的老师因为写不出论文而离开科研岗位。因明曾为绝学，懂行的人少，写论文相对容易些，所谓"画鬼容易画人难"。今天回过头来看这二十多年，在因明研究领域，无论新的、老的，人人都能放卫星，动辄解决千年难题，或者自称国际领先。所以，我吃因明饭，既有参与项目的客观需要，又有本人避难就易，拣软柿子捏的心态。拿章培恒教授积极一点的说法是："在不大有人碰的领域，只要下功夫，就容易出成果。"

由新闻到哲学，再到逻辑，离青少年时代的憧憬是越来越远了，过了"而立"之年才把佛教因明研究当作铁打的饭碗、终身的依靠，是连我自己也始料不及的。佛家是讲因缘的，我在因明研究方面能一路前行，除了上述内外因，还有众多助缘。首先要提到《因明述要》的作者石村先生。石村先生曾是老报人，擅长作文。他很早就写过逻辑通俗著作，其中一本是《毛主席著作里的逻辑》。当他读过我与倪正茂合撰的《逻辑与智慧》之后，大加赞赏。有一天，先生把我召至病榻前，郑重其事地对我说，要把一套珍藏的因明著作赠给我。这套书弥足珍贵且来历不凡。20世纪60年代初，亦幻法师因故被迫还俗以致生活无着，常得石村先生接济而成为患难之交。亦幻法师把自己多年搜集的唐代和现代因明著作近二十种全部赠送给了石村先生。这套因明书种类之多，超过了国内任何一家大图书馆的馆藏。由于石村先生的慷慨馈赠，我得着图书资料之便，顺利完成了资料编写和现代因明史的写作。

我自信在因明与逻辑比较研究方面做得比其他同道要好，深感得益于1985年春中国社会科学院哲学所逻辑室举办的"因明、中西方逻辑史讲习班"。讲习班上张家龙研究员讲授的西方逻辑史和诸葛殷同研究员讲解三段论对我帮助最大。没有正确的、准确的逻辑思想，拿什么去比较？要知道国内外的因明论著中用不准确的三段论知识做比较的错误比比皆是。

因明研究至今在国内外都属冷门。专职从事因明研究，离不开单位的支持。古籍所所长章培恒教授长期以来十分重视培养和提高科研人员的逻辑思维水平。他身为全国高校古籍整理委员会副主任，一贯十分关心和鼎力支持对佛教因明的研究。二十多年前是他亲自把我招至麾下，给我提供优越的研究条件，才使我能长期甘于寂寞，潜心冷门学科的研究。没有他的关心、支持、鼓励和督促，我很难在本领域有所作为。

1987年和1988年我两度拜访了著名佛学理论家吕澂先生，亲聆教诲。这位佛学泰斗、因明巨匠就一些重要理论问题对我作了解答，使我受益不浅。中国社会科学院的黄心川研究员主动为我提供多种英文版因明著作，其中有舍尔巴茨基的《佛教逻辑》、威提布萨那的《印度逻辑史》。日本龙谷大学名誉校长武邑尚邦教授热情地将他自己的一本因明著作（《佛教论理学の研究》）赠送给我，并且为我提供了1845年出版的由日本人用中文写作的《因明正理门论新疏》的复印件。印度驻华大使馆也将在文化交流中展出的一本因明著作 *Buddhist Formal Logic*（《佛教的形式论理学》，齐思贻著）赠送给我。这些著作对我和我的研究生的研究工作有着重要的帮助。

发表在《复旦学报》上的《论因三相》（1986年第2期）、《因明三支作法与逻辑三段论之比较》（1987年第2期）两篇文章，是我在中国社会科学院逻辑室讲习班上的结业论文。虽然这两篇文章有许多具体观点至今仍然有效,但在总体上受到了传统的错误观点的影响。随着研究的深入,我发现半个多世纪来,在因明与逻辑比较研究方面国内外的传统观点有一巨大漏洞。填补这一漏洞,成为我因明学术生涯的主要动力。

每一个研究者都是在前人研究的基础上进行研究。当初我所面对的研究平台,是千篇一律主张陈那因明为演绎。巫寿康博士演绎其师沈有鼎先生之说,指出同、异品除宗有法(避免循环论证)不能必然推出结论,陈那因明三支论式非演绎。为了满足演绎,他主张修改异品定义。事情很明白,同、异品除宗有法是印度因明的题中应有之义,两个初始概念要除外,由此建立的九句因理论、因三相规则肯定不能保证三支作法的演绎性质。在走投无路之际,我选择了与传统观点决裂,实事求是地判定陈那因明非演绎。

1988 年,我撰写了《论因明的同、异品》(《逻辑论文集》,百家出版社 1988 年版)。这篇文章既批评了同、异品不除宗的观点,又不赞成修改异品定义即异品不除宗,并重新确定陈那因明的逻辑性质与演绎论证还有一步之差,正式与传统的观点决裂。此文差点不能发表,但最后竟得到上海逻辑学会一等奖。在 1989 年 10 月藏汉因明讨论会上又递交了论文《陈那新因明是演绎推理吗?》(香港《内明》杂志,1990 年第 3 期)。随后又发表了《因明概论》(《复旦学报》1990 年第 3 期)、《法称〈正理滴论〉评述》(香港《内明》杂志,1991 年第 10 期)。这四篇文章全面论述了陈那因明思想的成就和三支作法的逻辑性质,恰当地评论了法称发展陈那因明思想,真正把三支作法改造成演绎论证的历史功绩。这些见解在国内自成一家,而与美国理查德·海耶斯教授的观点不谋而合。学术上的自我否定是痛苦的,但是,自我否定意味着进步。凤凰涅槃。我庆幸学术上的新生。

捧起唐僧玄奘译传的典籍,坐了二十多年的冷板凳,先后出版了专著《佛家逻辑通论》(复旦大学出版社 1996 年出版)、《因明正理门论直解》(复旦大学出版社 1999 年出版,中华书局 2008 年修订版)。完成了 1999 年国家社科基金项目《汉传佛教因明研究》,也于 2007 年由中华书局出版。又完成了 2002 年上海社科基金项目《因明大疏校释、今译、研究》,2010 年由复旦大学出版社出版。由我主持的 2006 年教育部所属逻辑基地重大项目《佛教逻辑研究》的成果也已通过鉴定。

近年来,我发现 20 世纪国内大多数汉传因明研究者所尊所崇的观点基本照搬了苏联舍尔巴茨基、印度威提布萨那和日本大西祝的观点。中国逻辑史学会第二任会长周文英先生就承认"在评述'论式结构'和'因三相'时有失误之处","这些说法当然不是我的自作主张,而是抄袭前人的,但不正确"。[①] 这让我敬佩,体现了一个襟怀坦荡的大学问家实事求是的治学品格。我又发现著名藏传因明专家法尊法师、杨化群先生误用陈那九句因解释法称因明,再用法称因明来代替陈那因明。这样就混淆了陈那、法称各自的贡献。

回过头来看,自从我在《佛家逻辑通论》中正式宣告与传统观点决裂,"独树一帜"以来,遭到"哗众取宠""华而不实""急功近利、逞意而言"的系列批评有好多年。一个理论工作者的成长,固然需

---

① 周文英:《周文英学术著作自选集》,北京:人民出版社,2002 年,第 46 页。

要支持者的关心、呵护、鼓励和指导。有"顺境菩萨"的保佑，年轻的理论工作者的成才之路会更快些。但是，受到对立观点的批评未必不是好事。一个正确观点的确立，必须经受错误观点的敲打。温室里的鲜花经不起大风的袭击。我仍要坚定地走自己的路。我把逆耳之音当作花钱都买不到的"逆境菩萨"来对待。没有他们的鞭策，就没有我的系列成果。

当我对陈那、法称两个因明体系的异同有进一步理解时，我相信能圆融无碍地解答绝大多数疑难，从整体到局部都能解释得通，这使我信心倍增。反之，便荆棘丛生，寸步难行。形式逻辑讲真假二值，是非对错，泾渭分明。就像数学有标准答案可寻，谁是谁非，不难分辨。

我深信，在构成连珠体的五部专著中，我在国内学界首先讲清了陈那、法称这两座高峰的异同，讲清了印度因明的历史发展，讲清了汉传因明对于解读印度因明的重要意义，从而纠正了国内外学界一百多年来的一系列重大误解。中国逻辑学会会长、中国社会科学院哲学所逻辑室前主任张家龙先生在拙著《因明正理门论直解》的序言中指出，本书"讲得透辟，解得精当"，"是呕心沥血的精品"，"是用历史主义观点研究因明的成功范例"，"克服了在比较研究中的削足适履、穿靴戴帽等弊病"。《汉传佛教因明研究》在中华书局出版后，中国社会科学院世界宗教研究所资深研究员韩廷杰发表长篇书评，认为"本书在国内外因明研究领域都处于领先地位"，"在因明研究领域取得巨大成就"。《〈因明大疏〉校释、今译、研究》被国内的印度学专家誉为"我国近百年来汉传因明研究的集大成之作"，"为国内外学者展开印、藏、汉因明的深入比较研究，提供了一个最坚实的平台，一个足以让后学不再走回头路的新起点"。

这几年来，在我的身边已汇聚了一批专门从事因明研究的中青年学者。贵州大学的张连顺教授长于佛教知识论和解脱论的研究，我的博士生汤铭钧长于梵汉藏对勘研究，另一位博士生程朝侠则熟悉日本古代和近现代的因明研究，还有一位博士生释阿难（泰国留学生）专长南传佛教《论事》研究。他们在我的基础上已经有所前进。我希望他们能更上层楼，使因明这门绝学薪火相传，更加发扬光大。

二、你认为界定你所从事的研究领域最好方式是什么？是历史阶段、文献资料、方法论或其他的要素？

我的因明研究的主要工作是准确刻画陈那因明和法称因明的逻辑体系，探讨印度佛教逻辑两个高峰的根本区别。这一工作既涉及正确区分印度佛教因明不同历史阶段的各自特点；又是以文献资料的审慎考察为基础。例如，正确解读陈那因明前期代表作《因明正理门论》（简称《理门论》），还与多种方法论（整体论方法、历史主义方法、逻辑与因明比较研究方法）的正确运用有关。此外，我还很重视借鉴梵、汉、藏文对勘研究的成果。

印度逻辑有两个主要流派：正理和因明。印度的第一个系统的逻辑学说出现在正理派的《正理经》中，而印度有演绎论证式则归功于佛教逻辑。陈那因明为印度有演绎逻辑打下基础，法称因明最终使印度逻辑完成从类比到演绎的飞跃，使论证式达到西方逻辑三段论水平。

国外关于印度佛教逻辑史和印度逻辑史的一批重要论著,对陈那、法称因明在印度逻辑史中的地位的评价有失公允。它们对陈那、法称因明的逻辑体系的阐述也不准确。这对国内有关佛教哲学和佛教逻辑的代表性译著都有很大影响。

印度的一般逻辑学说中是忽视佛教理论家所创建的新因明理论体系的,印度本土的学者不重视佛教因明对印度逻辑的贡献。在印度逻辑史中不重视陈那、法称因明对演绎逻辑的贡献,与各国的学者大多讲不清印度逻辑史中演绎逻辑的产生和发展的脉络有关。他们误认为古正理的五分论式已有全称命题,因而误认为五分论式已经是演绎论证。阿特里雅博士的《印度论理学纲要》认为:"他们已把这推理历程弄得很明白。不留丝毫疑点于所对谈人的心中。这种指示推理方式,一切欧几利得原理都包含其中了。"其五分论式的喻支是"有烟必有火,例如灶"。[①]

舍尔巴茨基的《佛教逻辑》认为早期正理派经典中"已经有了成熟的逻辑",是"具有必然结论的比量论(即演绎推理的理论)"[②]。其五分作法是"归纳—演绎性的"[③],"演绎的理论成为中心部分"[④]。可是,其列出的五支论式的实例中却看不出演绎的特征。其喻支不过是说厨有烟且厨有火,并非"凡有烟处皆有火",或"有烟必有火"。

---

① [印度]阿特里雅著,杨国宾译:《印度论理学纲要》,北京:商务印书馆,1936年,第36—37页。
② [俄]舍尔巴茨基著,宋立道、舒晓炜译:《佛教逻辑》,北京:商务印书馆,1997年,第33页。
③ 同上书,第32页。
④ 同上书,第34页。

印度当代著名的哲学史家对印度逻辑的发展史也存有误解。既然古正理五支论式已经是演绎推理,那么陈那、法称的贡献也就微不足道了。

《大英百科全书·详卷》(*The New Encyclopædia Britannica: Macropædia*)①对《正理经》五分作法的评论与舍尔巴茨基完全相同。在国内许多有关印度哲学的论著中也常见上述误解。

难得一见的是汤用彤先生在《印度哲学史略》中所引五分实例与上述所引舍尔巴茨基的五分实例基本相同,其中喻支为"如灶,于灶见是有烟与有火"②。喻支未用全称命题。这还是类比推理。汤先生指出:"但认因为最重要并特别注意回转关系,恐系佛家新因明出世以后之说,早期正理宗师并未见及此。"③汤先生的说法是有根据的。

日本的梶山雄一教授指出,古正理五分论式的喻支不反映"不可分的关系"与古正理派的传统立场即实在论倾向有关:只承认个体间关系,不承认一般关系。推理的基础只能是可以经验到的具体事物。他说:"从《正理经》的作者,经过富差延那,一直到乌地阿达克拉,正理派的传统立场始终是拒绝演绎法的理论的。这并不意味着富差延那和乌地阿达克拉对演绎的理论完全无知。特别是乌地阿达克拉很熟悉它,但他显然有意识地反对这种理论。"④

---

① 《大英百科全书·详卷》(*The New Encyclopædia Britannica: Macropædia*)第21卷"印度哲学"条,1993年英文版,第191—212页。
② 汤用彤:《印度哲学史略》,北京:中华书局,1988年,第131页。
③ 同上。
④ [日]梶山雄一著,张春波译:《印度逻辑学的基本性质》,北京:商务印书馆,1980年,第36页。

在正理的发展史上，直到新正理派出现才吸取陈那新因明喻体的因、宗不相离关系，在新正理的五分论式的喻中才有了普遍命题。拔高古正理、古因明的逻辑水平，其结果是不能充分肯定陈那对论证式向演绎推理转变的贡献。

要知道陈那怎样推进、发展古因明，就要懂得古因明之弊和新因明之利。陈那在论式中明确增设同、异喻体以反映因、宗不相离性即普遍原理，克服了古因明全面类比和无穷类比的两大弊病。陈那的这一改造，既有针对性又很明确，在论式上有明确规定，在因的规则上有保障。因的建立规则是从同、异品出发考察它们与因的关系，这一出发点决定了同、异品必须除宗有法等。

陈那创建新因明三支作法，是以同、异品除宗有法、九句因、新因三相等一整套理论作为基础的。九句因理论中的同、异品是除宗有法的，目的是避免循环论证。在宗论题"声是无常"中，在立论之初，声既不是"无常"的同品，也不是"无常"的异品。否则立、敌双方就不争论了。同、异品除宗有法是九句因的基础。从九句因的二、八正因中概括出新的因三相，以因三相为依据便建立起因法与宗法的非常普遍的联系。

法称改造陈那三支作法使论证式变成演绎论证，也是以改造因三相作为基础的。舍尔巴茨基完全用法称的因三相来代替世亲、陈那的因三相，不懂得三者之间的区别。陈那的九句因、因三相是涉及因与有法和同、异品的外延关系，法称则着重从因的内涵上来规定怎样的因才是满足三相的正因。从因概念出发考察它与同、异品的关系，并且找到了充足理由。考虑问题的出发点不同，这是两者的根本区别。

　　法称提出了自性因和果性因以及不可得因。从所举实例来看,自性因指因与宗法有种属关系或全同关系的概念。果性因指宗法与因有因果关系的概念。根据此二因建立的同、异喻体是真正的没有例外的全称命题。以此二因为理由就能必然证成宗,保证了前提与结论的必然性。正由于此,法称根本不提同、异品除宗有法,法称的第二相的逻辑形式与同喻体相同,并且与第三相等值,而且同、异喻体也等值。

　　陈那后期以量论为中心,为法称量论打下基础。然而,法称对于陈那的量论和因明观点均有改变。第一,陈那不承认外境实有,主张唯识所现。法称则采取经部的立场,承认了外境的实有。这样,玄奘真唯识量所要成立的唯识义,已为法称所否认。第二,陈那因明的三支作法侧重从立、敌共许来谈论证的有效性,法称则是从理由和论题的必然联系来谈论证的有效性。所以,建立在陈那共比量基础上的三种比量理论,在法称因明中已经失去了存在的意义。真唯识量作为三种比量理论应用的光辉典范,只起到"一时之用",也就不难理解了。

三、你能给出一个你最喜欢且能展示汉传因明家逻辑敏锐性的例子吗?

　　我觉得回答这一问题还是要小题大做。我的答案是,我最推崇唐代玄奘法师对印度陈那因明的继承和发展之功,因为玄奘法师不仅为世人留下了一把打开印度陈那因明逻辑体系的钥匙,而且还整理和发展了当时在印度还不成熟的三种比量的理论,使之臻于完善,并且运用这种理论在辩论中取得了辉煌的胜利。作为汉传因明的研究者和继承者,我们必须向世界广而告之,向国际因明界进一步弘扬玄奘法师和汉传因明对印度陈那因明的继承和发展之功。

玄奘西行求法,"道贯五明,声映千古"。他的因明成就代表了当时印度的最高水平。首先,玄奘是因明研习的楷模,他学习因明的起点很高,得到了印度几乎所有因明权威的亲自传授。其次是学习的内容非常全面,既学习了古因明的代表著作《瑜伽师地论》和《阿毗达磨集论》,又反复学习了陈那因明前期代表著作《因明正理门论》(简称《理门论》)和后期代表作《集量论》以及商羯罗主的《因明入正理论》(简称《入论》)。第三,他精研了因明经典,详考其理,穷源竟委。第四,他又是运用因明理论于论辩实践的典范。他善于运用,敢于超越。奘师真正做到了学以致用。他不仅娴熟地运用现成的因明理论,而且有所创造、有所发展,并多次获得辩论的胜利,其中包括全印度最高规格的无遮大会的胜利。

由此可见,玄奘不仅是中国佛教史上著名的理论家、翻译家、旅行家,而且还是一位伟大的佛教逻辑学家(因明家)。他开创的汉传因明继承、发展了印度陈那新因明的立破体系,在当时所有传播因明的国家中处于领先地位。玄奘所弘传的陈那因明,可谓原汤原汁,符合其本来面目。

自唐代以来,国内外绝大多数因明研究者都只是通过陈那弟子商羯罗主的《入论》来研究陈那的逻辑体系。只读《入论》,很难准确把握陈那的因明体系和逻辑体系。陈那代表作《理门论》梵本早佚,世上仅存玄奘汉译本。玄奘汉译本成为研讨陈那因明体系的最可靠依据。

首先,陈那《理门论》有一完整严密的因明体系。在陈那和商羯罗主时代,因明家讨论立破之则事实上仅仅限于共比量。所谓共比量,是指除宗论题以外所有概念和判断都必须立敌共许的三支作法。"此中'宗法'唯取立论及敌论者决定同许。于同品中有、非有等,亦复如是。……是故此中唯取彼此俱定许义,即为善说。"①这是《理门论》关于共比量的规定,也是关于共比量的总纲。全句意为:九句因中只有由立论者和敌论者双方共许极成的因法才是宗法,在同品中有因或非有因等九句因都必须如此。

其次,《理门论》规定了共比量的总纲之后再来定义同、异品概念,除宗有法略而不论便很好理解。这是那时代的辩论者的共识。

第三,以除宗有法的同、异品为初始概念,建立了九句因(因与同品、异品外延关系的九种情况)学说。其中的第五句因"声为常,所闻性故"被判定为违反第二相"同品定有性"的过失因,就是同、异品除宗有法的必然结果。这是因为,除声之外,世上没有任何事物有"所闻性"。"声为常,所闻性故",从逻辑上看,是等词推理,是有效推理。陈那因明判其为有过失之因,就是为了防止循环论证。

第四,明确规定因三相中的第二相是除宗有法的。古人真是惜墨如金,统观《理门论》全文,只有在表述因的第二相时直接讲到

---

① [古印度]陈那:《因明正理门论本》,南京:金陵刻经处,1957年,页二右。

同品除宗有法。因的第二相表述为"于余同类念此定有"。就是说宗有法之余的同类事物中定有因法。第三相表述为"于彼无处念此遍无"①。虽然汉译在文字上未再强调宗有法之余的异类事物中遍无因法，但是理应随顺理解为宗有法之余。

在陈那时代，同、异品除宗对敌我双方来说是平等的。同品若不除宗，则任立一量，都不会有不满足同品定有性的过失，同品定有性这一规定等于白说。立方便有循环论证的过失。异品若不除宗，敌方可以以宗有法为异品，异品有因，不满足异品遍无性。则任立一量都无正因。这等于奉送敌方反驳之特权，敌方可以毫不费力地驳倒任何论证。

我们今天在书斋里做学问，可以不负责任，不担任何干系。想要不除便不除，想要修改一下异品定义就修改一下。要知道，同、异品不除宗，对印度陈那所处时代各宗各派的理论家们来说，是不可思议的事。辩论失败了，甚至要"割舌"相谢、"斩首相谢"的。

第五，由于同喻依（正面之例证）必须宗、因双同（既有 M 属性又有 P 属性），异喻依（反面之例证）必须宗、因双无（既无 P 属性又无 M 属性），宗同、异品除宗有法则必影响到同、异喻依除宗有法。第五句因的过失表现在同喻上便是所立法不成，缺无正确的同喻依。同喻体的主项实际是空类。

唐疏不仅揭示同、异喻依必须除宗有法，九句因、因三相必须除宗有法，而且在窥基的《因明入正理论疏》（后世尊为《因明大疏》《大疏》）中还明明白白地指出同、异喻体也必须除宗有法。可见，

---

① ［古印度］陈那：《因明正理门论本》，页八左。

我在拙著《佛家逻辑通论》中说陈那三支作法中同、异喻体的逻辑形式实际上是除外命题，并非凭空臆想。

四、在你看来，对因明的研究最困难或最大的问题在哪里？

如何将正确的逻辑知识与正确的因明知识相比较，这是因明研究中最大的困难，这直接涉及印藏汉因明的比较研究能否以正确的方式开展。

以舍尔巴茨基的《佛教逻辑》为代表的种种错误解读，根源于违背了陈那因明和逻辑三段论这两方面的基本知识。第一，《佛教逻辑》依据的《正理门论》，是意大利学者杜齐从玄奘汉译转译而来的英译文。汤铭钧博士认为，该英译总体很好，却漏译了第二相"于余同类，念此定有"中的"余"字。这一字漏译，便抹去了陈那因后二相除宗有法的重要规定。第二，因第一相的逻辑形式为"凡 S 是 M"，衡以逻辑，S 必然周延而 M 却不周延。舍氏却宣称违反因第一相的过失在于因法概念不周延（国内居然也有人以为第一相"遍是宗法性"相当于中词周延一次的规则）。第三，他将第二相的逻辑形式与同喻体等同，认为第二相的主项是因同品而非宗同品，整个命题是全称判断而非特称判断。第四，认为因后二相相等，可以互换，换句话说，后二相可缺一。第五，认为陈那因明也容许同法式和异法式可单独成立（这与陈那三支作法必须同、异喻双陈的常识相违背），两者就是三段论的第一格和第二格。舍尔巴茨基在解释法称因明的同法式和异法式时说："每一逻辑标志都有两个主要特征,只与同品(同类事物)相符而与异品(异类事物)相异。陈那认为这是同一个标志,决非两个标志。"① 似乎陈那自己就认为同喻体和异喻体在逻辑上是可以等值互换的。舍尔巴茨基又说:"这整个的认识领域是由契合差异法所制约的。但既然其肯定与否定两方面是均衡的,只须表属其一方面也就够了。或者相异或者相符,其反对面都可以必然地暗示出来。这便是每一比量式均有两个格的原因所在。"② 该书还认为,这两格就相当于三段论的两个公理。③ 第六,三支作法既是归纳的又是演绎的,因后二相和同、异喻体便构成了契合差异并用的归纳推理,等等。如是种种误读,却恰恰为国内的众多因明研究者全盘接受。

上述错误不仅几乎全面影响到当代的汉传学者,而且全面影响到尝试做因明与逻辑比较研究的藏传学者。长期以来,除了唐代和日本的文献以外,印度的、欧美的,还有我国藏传的论著对玄奘法师的因明成就都不了解甚至毫无所知。在玄奘回国后才兴起的法称因明七论,没有片言只字提及玄奘大师在印度的行事;藏族学者多罗那它的《印度佛教史》、印度史家威提布萨那的《印度逻辑史》、苏联科学院院士舍尔巴茨基的《佛教逻辑》、渥德尔的《印度佛教史》都完全没有记载。近百年来,大多数汉传因明研究者也都未能准确地评价玄奘的历史贡献。现当代的藏传学者不熟悉玄奘法师在印度佛教因明发展史上的历史地位,不熟悉汉传因明的历史和典籍,个别研习者甚至对陈那和玄奘的成就不屑一顾。

---

① [俄]舍尔巴茨基著,宋立道、舒小炜译:《佛教逻辑》,第 327 页。
② 同上书,第 328 页。
③ 同上书,第 331 页。

有的研习者完全不了解汉传因明,无视唐代文献,仅凭主观猜测,就认为:陈那因明"出生不久尚未成熟",玄奘所学不过半生不熟的东西,整个汉传因明也就不甚了了,无足轻重;玄奘对陈那因明的理解水平"应未达到"法称的水平,潜台词是玄奘误解了陈那因明;玄奘解读陈那因明中最关键的两个初始概念同品、异品"必须除宗有法"观点错误,法称不屑于讨论这一"旁支问题"①。

先来回答陈那因明"出生不久尚未成熟"的质难。众所周知,陈那因明前期以《理门论》为代表,以逻辑为中心,重在立破;后期以《集量论》为代表,以量论即认识论为中心。比较二论可知,《集量论》的立破理论与《理门论》完全相同。可见,在陈那看来,《理门论》的立破学说是成熟的。陈那在前期代表作《理门论》中明确指出,遵守新的因三相规则就能"生决定解",即取得辩论的胜利。陈那新因明的逻辑纠正了古因明全面类比和无穷类比的错误,大大提高推理的可靠程度,可以说史无前例。这在国内外都是有定论的。陈那被印度逻辑史家称为"中古逻辑之父",绝非浪得虚名。衡量陈那的这一历史功绩,应以他对古因明有何重大突破作为标准,而不是以他是否达到后起的法称因明作为标准。

再来回答玄奘与法称对陈那因明的理解水平谁高谁低的问题。这是一个复杂问语。就理解其本义而言,完全可以无高低之分。玄奘述而不作,是述论者。述者,叙先有之理。要了解陈那因明的本来面目,得听听述论者对陈那因明著作怎么解读,考察其解读是否言之成理,是否持之有故。总之是看其是否忠于原著。

---

① 宝僧:《论同品异品中除宗有法之说》,《吴越佛教》,北京:九州出版社,2009年。

法称则是造论者。造者，制作义，创立、阐述新的理论，不同于述。法称的因明七论创建了与陈那因明有重大区别的新的因明体系。这是我比较陈那的《理门论》《集量论》与法称《正理滴论》等著作所得出的结论。因此，就"对陈那因明的理解水平"而言，说玄奘不及法称，这一比较本身很成问题，因为两者无法简单比较，两个人身负的历史使命不同。陈那因明的本来面目是怎样的，法称与玄奘有完全相同的答案，是完全可能的事情。事实上，用法称因明来解释陈那因明，或者把陈那因明拔高为法称因明，都不能正确描述两者的联系与区别。

最后来答复第三个质难。该论的中心议题是同、异品是否除宗有法，该论作者认为玄奘误解陈那因明的证据就是主张"同品异品中除宗有法"。我以为这是丐词。陈那的前期代表作《理门论》和后期代表作《集量论》中明言同、异品除宗有法，认真读过二论的研习者都没有理由否认。法称因明体系中同、异品不除宗有法，能不能等同于陈那因明，是有待论证的问题。该文通篇不见有论证。既然承认"同品异品中除宗有法"是"旁支问题"，那就还是个"问题"，尽管不承认是主流问题。其实，在法称看来，这是一个事关因明体系的重大的根本问题。在他的因明体系中，为什么要提出新的三种正因（自性因、果性因、不可得因），就是为了要满足同、异品不除宗有法。

在汉传因明中，九句因理论是陈那因明体系中的奠基石。没有九句因理论就不可能创建新因明体系。可是，藏传学者对阐发九句因理论的《因轮图》评价不高，认为它不过是"巧妙排列"，其意义仅在于排列成图表的"技巧性和趣味性"，"是一个早期因明推理方面的游戏"。"《因轮论》只讲宗法成立前提下因与所立法之间的种种关系,即正因、不定因、相违因等在同品异品上的不同现象,藏传因明在论述正因和似因时,对上述现象作了全面的归纳和分析,其价值远远超过《因轮论》。《因轮论》只是因明发展史上的一页插图,它的作用被以后发展起来的藏传因明《因正理论》思想所取代。"

以上见解关键在于不分陈那新因明的前后期,不重视九句因理论对改造古因明的重大作用,未重视其对《理门论》并且延续到对《集量论》的重大作用。

九句因理论对应陈那因明体系,三种正因对应法称因明体系。用历史主义的观点看问题,在佛教逻辑发展史上,两座高峰代表各自时代的最高水平,不能因为有了后者就否定前者的历史地位。藏传因明是在印度法称因明基础上发展起来的,不能因为《因正理论》的逻辑思想对应于演绎论证而否定九句因理论的历史价值。

五、你认为哪个领域会从对因明的研究中获益?反过来,因明研究可以从哪些学科的研究中获益?

我们先来简要地回答前半个问题,再来详细地回答后半个问题。第一,汉传因明的研究,为我们如实理解印度佛教逻辑的历史发展,提供了一个重要的视角。这对于因明与逻辑的比较研究,对于纠正国内外百年来的种种理论误解,均有重要意义。第二,因明研究对于汉、藏文化的比较和沟通,对于世界三大逻辑传统的比较和沟通,对于阐明演绎逻辑在印度的产生和发展,均有重要意义。这将是我们对于世界逻辑研究可能有而且应当有的一大贡献。第三,因明研究,对于晚期佛教哲学研究、印度哲学研究和东西方哲学比较研究,也有重大意义。特别是佛教因明的哲学基础以及相关的知识论和语言哲学问题,在国内因明研究领域中还是一片亟待开垦的处女地,第四,因明研究对于世界逻辑史、世界佛教史、逻辑学、佛教哲学、辩论学、民族学、敦煌学等领域的研究均有帮助。

至于因明研究可以从哪些学科的研究中获益,这个问题牵涉到因明研究本身的方法论问题,牵涉到我们下一步应当如何来从事因明研究的问题。我们认为,以文献研究为基础进行义理分析,并将义理分析落实到文献的层面,将成为我们下一步开展因明研究的基本理念、基本方法。因明研究作为逻辑史研究的一个分支,它所研究的义理,主要是古代的佛教逻辑学家有关推理的各种理论,研究的依据就是这些逻辑学家的各种著作。这些著作以及相关的诠释文献,便构成了研究的文献依据。然而,在我们下一步展开研究的过程中,一定会遇到以下三方面的困难:

第一方面,大部分因明原典在它们最初被撰写的那种语言(主要是梵文)中,或者已完全佚失,或者仅有一些零章断句通过后来作家的援引而被保存下来。这一点突出体现在陈那的著作中。尽管陈那晚年的集大成之作《集量论》被翻译成了藏语,但是在法称之前,离陈那最近的诠释陈那的文献却已佚失,甚至连这些诠释文献的名称和作者,我们大都无从得知。这就使得当代学者在诠释陈那的因明学说时，大多只能以法称的因明学说来参照。其流弊就是将陈那因明等同于法称因明。就汉语学界来看，我们固然有得天独厚的优势。因为，玄奘所传的因明，正是在法称之前的印度本土对于陈那因明的诠释，这些诠释通过玄奘的译讲得以保存在唐代因明疏记中。因此，对陈那因明的正确理解，一定是以汉传因明为依据才能获得。

但是，我们又不得不指出，以汉传文献为基础的因明研究，又终将或已经遇到了研究上的瓶颈，遇到了西方学者曾经遇到过的文献缺乏的瓶颈。这是因为：一、陈那以后的因明著作，主要是保存在藏文和梵文中，假若不熟悉这两种语言，对于晚期因明的研究，最多只能是依赖一些二手文献来转相贩售、陈陈相因，而无法开展真正彻底的研究；二、即便是已经译成汉语的因明文献，尤其是那些古代译师的翻译，还必须要参照现有的梵、藏文献，才能得到真正清楚明白的理解。我们不能满足于唐代疏记的种种说法，不能仅仅满足于唐人说了什么，还要追问这些说法的文献依据，追溯这些说法在印度的历史源头。这样，才能使汉传因明的义理，真正落实到文献的层面，才能使唐人的要义精义，得到更深入的理解和更完全的阐发。更何况，唐人的说法之间又时常见有龃龉，以梵、藏文献为参照以定其是非，更是在所必行之事。在这方面，吕澂先生的一系列对勘研究①，已为我们作了很好的示范。

因此，对于当前的汉传学界来说，陈那因明的推理性质既已得

---

① 代表作有吕澂、释印沧：《观所缘释论会译——附论唐译本之特征》，《内学》第四辑第三种，南京：支那内学院，1928年；吕澂：《集量论释略抄——附录集量所破义》，载《内学》第四辑第四种，南京：支那内学院；吕澂、释印沧：《因明正理门论本证文》。

到澄清,陈那因明的逻辑体系的大致轮廓也已被刻画出来①,接下来的工作有两项。第一,进一步将研究的触角,伸向陈那以后的因明学说,伸向法称的因明学说。这首先要求我们对现有的梵、藏文献,择其要者,做一些深入、细致的译注和研究工作,从而以点带面,将研究推向更广阔的文献领域。第二,将我们所熟悉的汉传因明,与梵、藏文献相比较,从而说明汉传因明对陈那因明的继承和发展,指出汉传因明对印度因明的发挥哪些符合本文、哪些又不符合,最终对唐代疏记在因明发展史上的意义作出评价。这就是说,通过文献的对勘来从事义理的对勘,从而将因明的东传,视为中印思想交流史上的一项个案来研究。

以上两项工作简单来说,就是文本译研的工作和义理对勘的工作,两者都以文献研究为基础,其最终指向则是义理的研究。这就是说,文献是因明研究中的"物",通过格因明之"物"来穷因明之"理"。假如无"物"可格,也就无"理"可穷。这就警示我们要尽量避免文献缺乏情况下的义理分析,这是当前因明研究的第一个误区。

第二方面,因明以逻辑学为主要内容,同时也掺杂了辩论术、认识论的内容,它们在因明这门古代的逻辑学中,是作为一个整体

---

① 这方面的工作,参见郑伟宏:《佛家逻辑通论》,上海:复旦大学出版社,1996年;郑伟宏:《因明正理门论直解》(修订本),北京:中华书局,2008年。尽管陈那因明是最大限度的类比推理等一系列重要观点,迄今仍未得到学界的一致认可,但是相关的异见已不再那么重要。关于最近的一场争论,参见郑伟宏:《"因三相"正本清源》,载《哲学研究》2003年增刊,第72—77页;姚南强:《再论"因三相"——对郑伟宏〈"因三相"正本清源〉的几点质疑》,载《华东师范大学学报》(哲学社会科学版)2005年第3期,第25—28、37页;郑伟宏:《再论〈因三相〉正本清源——兼答姚南强先生》,载《华东师范大学学报》(哲学社会科学版)2005年第5期,第111—117页。

呈现给我们的。我们应当如何从中提取逻辑学的内容,如何提升因明研究的逻辑品格,这不仅取决于我们对因明中蕴含的逻辑学说的体系性认识,而且取决于我们是运用何种逻辑方法,取决于这种方法能否精确地刻画因明中蕴含的逻辑概念和逻辑命题。这就涉及如何运用现代逻辑的手段来研究古代逻辑,如何运用西方逻辑的手段来研究东方逻辑的问题,涉及了古今、东西之间的逻辑学说应当如何进行比较的问题。因此,对于任何一种古代逻辑的研究,对于任何一种东方逻辑的研究,在本质上都是一项比较逻辑的任务。

具体来看,比较逻辑的研究又可以区分为两个层面,即:第一,用现代逻辑的手段,来刻画古代的逻辑学说,这是以西方逻辑为研究的方法,以东方逻辑为研究的对象;第二,将西方逻辑和东方逻辑同时作为我们研究的对象,比较双方对于推理的有效性、推理的形式和推理的规则的思考的异同,指出东、西方逻辑在思考方向上的异同,从而说明这种异同对于两种逻辑各自的历史发展的意义。前一个层面的研究,不妨称为逻辑刻画的方法;后一个层面的研究,才是狭义的比较逻辑的方法。

不论从事哪一个层面的研究,我们首先都必须确认:首先,研究的对象是合逻辑的,这要求我们剔除其中非逻辑的内容,将研究的对象作为前后一致(即无矛盾)的整体来把握;其次,研究的手段是合逻辑的,这要求我们所援引的逻辑知识是正确的。这就是说,对于因明的逻辑研究,要求我们具备因明与逻辑两方面都正确的知识。

我们何以能确认研究的对象和方法都合乎逻辑,就需要我们作出这样一个假设：逻辑学的研究以承认人类知性思维的规律性，承认逻辑规律的客观性为前提，至于这些规律何以是客观的，则属于认识论研讨的范围，非逻辑学-知识论的视角所能解决。我们认为，这一假设不仅能避免我们在研究的过程中，将探讨引向非逻辑的层面，而且能保证逻辑刻画和比较逻辑这两个层面的研究成为可能。

理论史的研究必须要有理论的眼光，因明的研究必须要有逻辑的眼光。对于因明的逻辑研究，要落实到文献的层面；对于因明的文献研究，更一定要提升到逻辑的层面。这就要求我们：首先，运用逻辑刻画的方法，用逻辑的语言来精确地表达因明的基本概念，通过逻辑的手段来说明陈那、法称各自的因明体系所达到的理论水平，从而说明陈那、法称的异同；其次，运用比较逻辑的方法，通过与传统的西方逻辑相比较，说明佛教逻辑的特质，从而说明佛教逻辑的历史发展的内在理据。通过这两种方法的运用，就能切实地提升因明研究的逻辑品格。

第三方面，颇有论者指出，因明研究不应局限于逻辑研究，而应与佛教通过因明这种工具所表现的思想相联系来理解；或指出，仅仅局限于逻辑学的视角，便无法对因明获得真正的理解，因为因明与西方传统的逻辑有实质的差别。我们认为，第一，因明的主要内容是对于有效的推理形式及其规则的研究，就这一点来说，因明与西方逻辑还是相通的。即便认为双方有实质的差别，那也是对于相同的问题，双方在思考方式上有实质的差别而已。这并不妨碍我们从逻辑的角度来研究因明，不妨碍我们根据因明的主要内容而称之为"佛教逻辑"。第二，因明的核心内容既是西方逻辑所谓的推理理论,假如对于这项核心的议题缺乏充分的研究,便无法进而研究因明与佛教哲学的内在关联。就目前的研究现状来看,对于陈那、法称的推理理论所达到的理论水平以及两者的异同,其实还是缺乏充分的研究和公正的评价。如果认为佛教哲学是整体,因明是这个整体中的部分,那么打破这个整体与部分之间的解释学循环的第一步,也必定是对于因明本身的切实研究。如果是未经研究,便质疑这种研究的合法性,显然是不妥的。如果是首先从传统的佛教哲学的角度来研究因明,将因明视为佛教哲学尤其是唯识学的附庸,那么充其量只能限于因明中有关现量的论述,无法触及佛教逻辑学家有关比量的诸多重要创见,更无法进而触及这些创见背后深刻的哲学动机。我们并不否认从认识论、存在论或其他角度来研究因明,也能取得甚为可观的成果。我们只想指出,缺乏逻辑方法的介入,缺乏逻辑研究的品格,实在不能算是完整的因明研究。

总之,因明研究的哲学进路,与其说是最先最重要的工作,不如说是最后最重要的工作。在这方面,我们的初步想法是:以哲学的态度来研究哲学史,以哲学史的态度来研究哲学。具体来说:首先,用哲学诠释的方法,建构一个佛教哲学有关假有与实有之间关系的二谛论的理论框架,在这个框架中定位因明所说的自相和共相;其次,用历史研究的方法,在陈那的著作中追溯自相与共相之截然两分的历史源头,说明陈那是如何从经量部有关施设有的思想中,发现这一截然两分的。

这是因为,自相和共相的截然两分,是因明确立可靠的认识手段唯有现量和比量二种的存在论基础。而自相和共相这两种认识对象的区分,可以追溯到经量部对于名言层面上的存在(施设有,假有)与实在世界中的存在的区分,即经量部有关施设有的理论。施设有即仅仅是名言层面上的存在。施设有的理论又与因明中著名的遮遣论(Apohavāda)有内在关联。遮遣论的实质在于阐明共相何以只是比量的认识对象,因而遮遣论便与比量的本性问题密切相关。因此,二谛论可说是陈那在自相与共相之间作出绝对区分的理论背景,经量部有关施设有的理论则是陈那作出这一区分的理论源头。因而,欲追溯因明与佛教哲学的内在关联,似应以此为起点。

综上所述,我们归纳了三组共六种因明研究的基本方法,依次为:一、文本译研的方法和义理对勘的方法;二、逻辑刻画的方法和比较逻辑的方法;三、哲学诠释的方法和历史研究的方法。将来的因明研究,必将从这六种方法中获取前进的动力。

《正理之门》自序[①]

自玄奘弟子窥基的《因明大疏》于1896年从日本回归汉地重新出版流通以来，汉传因明由绝学而复苏至今百余年，都在回答一个问题：玄奘对印度因明的贡献是什么？我本人正式从事印度佛教因明研究已超过三十年，也一直在做这样一篇大文章。这个题目是有标准答案的。因明既然是逻辑，就像算术的四则运算一样，1+1等于2，只有一个答案。是非对错，泾渭分明。

找到了标准答案，就正确回答了玄奘对印度因明的贡献是什么；就能正确刻画陈那因明的逻辑体系，正确回答陈那因明与后起的法称因明两个体系之间的根本差别；就能一通百通、圆融无碍地理解和解释两个体系之间的关系。否则，荆棘丛生、寸步难行，甚至矛盾百出。

自从有因明与逻辑比较研究以来，一百多年间，国际上著名的因明家在总体上都答错了。例如日本的文学博士大西祝、著名的佛学权威宇井博寿、苏联科学院院士舍尔巴茨基和印度的《印度逻辑史》作者威提布萨那。特别是舍尔巴茨基和威提布萨那完全用法称因明来解释甚至代替陈那因明，陷入了极大的误区。汉传因

[①] 汤铭钧主编：《正理之门——郑伟宏先生从教四十五周年纪念论文集》，上海：中西书局，2016年。根据刘震教授的建议，本退休文集的编纂参照欧洲学者的国际惯例。

明近一百多年的历史,绝大多数研究者都是邯郸学步。学日本、学苏联、学印度,丢掉了玄奘开创的汉传因明优良传统。藏传因明的研究者几乎也是全盘照搬苏联、印度的旧说,完全用法称因明的逻辑体系来解释甚至代替陈那因明的逻辑体系。

百年中国因明研究在国外几乎没有反响,外国学者对中国的因明研究毫无兴趣,不看你的东西,为什么?因为他们是老师,我们是学生。学生照搬了老师的观点,"偷来的锣鼓打不响"。老师为什么要看学生的抄书练习呢?中国学者邯郸学步的结果,反而把唐代玄奘的领先优势和学术精华都丢掉了。近三十年来对汉传因明研究的总结和反思,终于有了足以让国外学界关注的新成果,得到普遍的认同还有待时日;重新弘扬玄奘及唐疏对印度因明伟大贡献的工作,正在重新起步。任重道远,仍需努力。

每一个研究者都是在前人研究的基础上进行研究。我也不例外。当我涉足因明领域之初,我从吕澂先生、陈大齐先生的论著中学到了很多。没有陈大齐在《因明大疏蠡测》中几十个专题研究,在因明的基本理论方面,至少我至今还会在黑暗中摸象。然而在对陈那因明逻辑体系的总体评价方面,我所面对的研究平台,是千篇一律主张陈那因明为演绎推理的观点。胡适有一个看法,就是做学问要在不疑处有疑,而做人却要在有疑处不疑。随着研究的深入,我发现半个多世纪来,在因明与逻辑比较研究方面国内外的传统观点有一巨大漏洞。填补这一漏洞,成为我这辈子吃因明饭的主要动力。

三十年来,我以准确地讲清楚玄奘法师的伟大因明成就为己任。每一个汉传因明的研究者都希望自己找到的是标准答案。有一个故事说,一个小和尚在出家之初,不断地问老和尚同一个问题:"什么是人生的真相?"老和尚给他一块石头,让他去不同市场估价,只问价而不卖。到菜市场给的是可用来做秤砣或者做砚石的价;拿到玉石市场去,给的是翡翠价;钻石师给出的价更高,竟然是钻石价。老和尚对小和尚说:"什么是人生的真相,用菜市场的眼睛、玉石市场的眼睛和钻石市场的眼睛看到的人生真相都是不同的,你到底想用什么样的眼睛来了解人生呢?你要先锻炼的是钻石眼睛,而不是不断地追问呀!"故事在台湾又有不同的版本,其寓意是:有价值的东西,只有在懂价值的人面前,才有价值。古语云:"千里马常有,而伯乐不常有。"

同样,要找到因明的标准答案,也要先锻炼出钻石眼睛——谙熟因明与逻辑两方面的准确知识,再加上善于比较。否则,玄奘弟子所撰的唐疏摆在你面前,斗大的白纸黑字,你也读不出正确的逻辑结论来。

我的观点在汉传因明研究中是独树一帜,与传统的演绎说决裂,而与当代欧美学者的最新研究成果相吻合。欧美学者的最新研究成果以美国理查德·海耶斯的著作为代表。他以梵藏文献为依据,我以汉传文献为指南。他从陈那新因明代表著作大、小二论和《集量论》的字里行间找到了逻辑结论,我是从唐代文献的白纸黑字中读出了同样结论。进路不同,殊途同归,异曲而同工。

限于真假二值的因明与形式逻辑和数学一样,既有标准答案可寻,那么标准是什么?标准答案不是自封的。它必须满足一个基本条件,就是能圆满无缺地解释陈那、法称因明两个逻辑体系间的一切异同。

我确信自己在汉传因明史上第一次讲清楚了陈那因明的逻辑体系,能一通百通、圆融无碍地解答从局部到整体的所有疑难,是实事求是地还陈那因明以本来面目。并且合理准确地解释了陈那因明和法称因明两个高峰的异同。我深信自己的学术观点一定能经得起时间的检验。

反观那些否认陈那因明有逻辑体系,同、异品除宗有法仅限于举例,第二、三相等值,三支作法演绎、归纳合一说等,矛盾百出,经不起一点推敲。

有人一直批评我"哗众取宠""华而不实""急功近利、逞意而言"。

作为一个复旦人,就要努力培养复旦人的品格:"学术独立,思想自由。"一个理论工作者的价值不体现在与别人相同的东西上,而体现在与别人不同的东西上。要知道,人生的许多境界,不在于跟随,而在于自我探求。德国的格言说得好:"踏着别人的脚步前进,超越就无从谈起。"

"相同使我们愚蠢"。固然,相同是进步的基础,有相同才有继承。有人说:"人在生理和心理上,对'不同'极为排斥,只有'相同'才可使人觉得放心和有归属感。这种寻找'相同'的人、事及信息的本能,早已成了人的第二天性。"但是,只有相同没有差异便不可能进步。众所周知,一个优秀科学家的共性是工作勤奋、不畏困难,而更重要的品格是敢于挑战多数意见、挑战现有知识以及拥有发现看似不可能现象的信念。一个社会科学工作者也应如此。真理的发展,往往是多数服从少数。当少数人把多数人的观点推翻了之后,理论研究才能前进。

三十多年来，我不断以文献为依据，充分论证，不断批评古今中外的各种误解，不断答复各种问难。

我很感谢诤友们的鞭策，没有他们的批评，就没有我的几十篇论文和系列专著。没有他们的批评，我甚至要没饭吃。无题目可做，是许多因明研习者常常陷入的窘境。因此，我要尊诤友们为"逆境菩萨"。要说有点遗憾的话，几十年来没有看到诤友们发表一篇质量高一点的学术论文来批评我。我愿奉行佛陀的四依止遗训：依法不依人，依义不依语，依了义不依不了义，依智不依识。在学术讨论方面，我不留任何情面，不愿为尊者讳。"吾爱吾师，吾尤爱真理。"在学术上要做一个没有排斥性的人，一个胸怀坦荡的人。纵论千古也好，横评当代也好，都要出自学术良心。说话行文，都力求多发持平之论。

由于陈大齐的几十个专题讨论几近完满无缺，但又不为因明界普遍接受，而在关于逻辑体系的总体研究方面我又是独此一家，这两个原因必然导致我与绝大多数研究者的学术观点对立。因此，我三十年的论著，被人诟病为批评一切。其实，我是赞其所当赞，纠其所当纠。国外欧美的代表理查德·海耶斯，汉传的陈大齐，他们的著作都是我多年来一直向国内研究者推荐的优秀成果。我期盼有更广泛的反响。

我批评的对象大多是具有代表性的观点本身，论观点而不论人。我很少评论他人的治学态度。偶一为之也是因为所批评观点太离谱并且影响太大。我很在意批评对象的错误根源，指出他们研究方法方面的失误。我有过只评其论而未涉其名的情况，这反被行家误解为毫无新意，因而差点不能发表。为吸取教训，我都竭力遵守学术规范，以免无病呻吟之嫌。

我确实批评过不少名家，例如我尊敬的沈有鼎先生、王森先生等，还有他们指导的巫寿康博士。我以为巫博士的论文修改古人的初始概念而建立一个20世纪80年代的新因明体系（矛盾百出），违背了学术研究的最基本原则。其实，沈先生留下的不过是个草图，并未形成文字，也许只是个设想，但是，巫博士未经论证却把它变成了结论，演绎成洋洋洒洒的博士论文。鉴于我批评的对象是我国第一篇逻辑博士论文，论文的指导者又是中国社会科学院的几个著名教授，挑战一言九鼎的学术权威，冒天下之大不韪，确实是犯了大忌。但我顾不得这些。要知道，这样反历史主义的低级错误对汉传因明研究所造成的障碍有多大，是局外人难以想象的。

马克思说过："偏见比无知离真理更远。"在因明领域，不少有争论的问题其实是不够学术讨论的水平，为逻辑界同仁所不屑。但是，多年来我不得不面对。

有人提出疑问："你老说别人犯逻辑与因明常识错误，怎能让人相信？"

为了证明我说的是大实话，我就举另一篇誉满京城的博士论文为例。文中许多观点反逻辑、反因明。其中之一是把因的第一相"遍是宗法性"解释为同喻体，错谬之甚令人咋舌！想不到的是，这样的谬论竟被京城一批研究员、教授捧上了天。还有个因明专家把因同品、因异品这两个矛盾概念一再用图示法表达为相容概念。犯错误是人之常情，但低级错误还是要尽量避免。

这是旧话。我再举一个典型实例。它涉及名人名言，既是深思熟虑三十多年的老观点，又于最近三次在专著和上海、台湾的佛教杂志上正式发表。内容是关于因三相的命题主项问题。因明界一直在探讨因三相逻辑命题形式的主项各是什么。本来，语句的主语与逻辑直言命题的主项不是一回事。这应该是常识。有人却一再强调因三相的梵、汉语言表述中主语是因法，但是用语句的主语来代替命题的主项，这是不是一个混淆语法与逻辑差别的常识错误？同理，第二相、第三相命题形式的主项也不是因概念。如果我在此失足，我这三十多年来的因明研究就徒劳无功了。

我的因明研究之路走得非常艰辛。我在《复旦学报》上写过一篇《从曹操求名说开去》，议论了求名与成名、名人与名言、名与实、内行与外行等关系。想不到我在治学之路上的许多感慨在这篇文章中都预设了。我何尝不希望有个权威人物能够点石成金，让我这个反传统的新兵一夜成名呢？我尽管没有一蹴而就的幸运，却有了一步一个脚印的坚实步伐。真理的磁石经得起敲打，也避免了沙上建塔，一推便倒的命运。我相信历史的岁月会为我作证。

值得自豪的是，在我的学术之路上有许多贵人相助。在1983年，曾任中国逻辑史学会主任的中国社科院哲学所逻辑室周云之研究员，将国家六五项目"中国逻辑史"现代卷因明部分的编撰任务交给我，使我正式跨入因明研究领域。三年后，复旦大学古籍所所长章培恒先生把我从哲学系调至古籍所专职从事因明研究，对我的因明研究给予鼎力支持。

黄石村先生慷慨馈赠珍贵因明文献，让我顺利完成一系列项目。中国社会科学院南亚研究所原所长黄心川先生提供多种外文图书，让我的研究生们有资料之便，大大拓展了研究领域。

时任中国逻辑学会会长、中国社科院哲学所逻辑室主任的张家龙研究员曾为拙著《因明正理门论直解》写序，他以为该书"讲得透辟，解得精当"，"是呕心沥血的精品"，"是用历史主义观点研究因明的成功范例"，"克服了在比较研究中的削足适履、穿靴戴帽等弊病"。

逻辑史博士曾祥云教授在《世界宗教研究》上发表《在历史中解读，在解读中创新——评郑伟宏的两部因明新著》一文，认为："作者抓住汉传因明研究中的重要理论问题，坚持历史分析与比较研究相统一的原则，摈弃陈见，大胆探索，提出了许多启人颖思的新观点、新思想和新方法。"

中国社科院世界宗教研究所资深研究员韩廷杰发表长篇书评，认为《汉传佛教因明研究》"在继承前人研究成果的基础上，大胆创新，纠正了自唐以来国内外代表性论著的一系列失误，本书在国内外因明研究领域都处于领先地位"，"取得巨大成就"。又认为《因明大疏校释、今译、研究》是"迄今为止对《大疏》注释最详尽、研究最深刻的一部因明专著，完全可以代表二十世纪八十年代以来因明研究领域的最高成就"。

著名逻辑学家王路教授、鞠实儿教授都较早地肯定了我的一家学说，认为在国内只有我的因明研究在逻辑上讲清楚了。①

我的骄傲，是终结了百年来传统观点的束缚，凤凰涅槃，开创

---

① 王路为中国社科院哲学所逻辑室前主任、现任中国逻辑学会副会长、清华大学哲学系逻辑室主任；鞠实儿为中国逻辑学会副会长、中山大学哲学系主任、逻辑与认知研究所所长。

了新生面。

我的悲哀，也在于始终停留于汉传因明的传统，注重立破学说，因而未能及时转向于量论研究，未能急起直追、迎头赶上，与世界潮流接轨。一个人的学术水平有多高，也要由对立面的分量来衬托。始终在因明与逻辑两方面的常识水平上论战，就为逻辑学家们所不屑。

我有信心，对我国因明研究的前景抱乐观态度。我带了五个博士生，前三位已拿到博士学位，还有两位即将毕业。这对别的专业来说微不足道，但在因明这一"绝学"领域，至少是空前的。他们各有所长，全面地推进了因明研究。我为他们打下了基础。他们可以脚踏实地，不再走回头路，不必重复与那些层次不高的因明与逻辑常识错误论战。"海阔凭鱼跃，天高任鸟飞。"他们不必背负因袭的重担，从此可以把精力转向更广阔的新天地。

2014年1月初稿
2014年2月改定

《因明正理门论直解》
再修订前言[①]

在多年的研究中,发现没有一本完整的《因明正理门论》全文可供查阅,深感不便。例如,要查找因三相规则,理应到"因与似因"部分去查找,哪知道它与初习者捉迷藏,竟躲在"似喻"部分。因此,本版特将分章节并标点过以及校订过的《理门论》全文,置于本书前部,可为传习和研究者提供方便。

这个校订本由汤铭钧博士完成。它与我写的《因明正理门论本题解》(原本是为佛光山新版大藏经撰写)从未与读者谋面。这次再修订正好将《题解》填补本书空缺。

经过这十多年的继续研习,在自己的各种论著中又有很多新意。把撒落的满天星一一回拢,便使得这个修订本焕然一新,别具光彩。特别是在完成有关玄奘因明思想研究的国家社科基金重点项目之后,我把最新的几个重大发现加进去,使得本书更加熠熠放光。

[①] 《因明正理门论直解》(再修订版)为国家社科基金重点项目"玄奘因明典籍整理与研究"(16AZD041)系列成果之一,将于2023年底由中西书局出版。本书初版于1999年由复旦大学出版社出版,2008年修订本收入中华书局出版的"真如·因明学丛书"。

在初版前言中，我说过：

> 本书是《佛家逻辑通论》的姊妹篇。分上、下两篇，上篇是对《因明正理门论》的研究。下篇是关于《理门论》的通俗讲解。
>
> 当我殚精竭虑把陈那新因明的代表作《理门论》讲解一过之后，想写点更深刻的研究文字时，便发现自己对陈那新因明体系的理解，在拙著《佛家逻辑通论》中已经作了颇为详尽的阐发。
>
> 经过对《理门论》的反复阅读，反复研究，我自信对《理门论》逻辑体系的刻划在系统性、完整性和明晰性方面都有了进步。

二十年过去，我随后出版了《汉传佛教因明研究》（1999年国家社科基金项目）、《因明大疏校释、今译、研究》（2002年上海市社科基金项目）、《佛教逻辑研究》（2006年教育部人文社会科学重点研究基地重大项目，任主编）、《正理之门》（本人从教45周年退休纪念文集）、《因明大疏校释》（修订本）和《印度因明研究》（2012年国家社科基金项目）。本书修订本作为2016年国家社科基金重点项目《玄奘因明典籍整理与研究》内容之一，吸取了前述著作和诸多论文的成果，面目一新。

这些连珠体的著作和一系列论文有一根红线贯串其间，那就是《佛家逻辑通论》与《因明正理门论直解》这两本书的基本观点。陈那新因明是论辩逻辑。懂得这一学科特点对认识陈那新因明意义重大。陈那新因明对古因明有重大发展，在印度佛教因明史上开辟了新天地。它为印度佛教逻辑乃至印度逻辑有演绎论证打下了基础，而真正成为演绎论证逻辑体系的是后起的法称因明。陈那因明与法称因明是前后相续又在辩论术、逻辑和认识论三方面有显著差异的因明体系。玄奘所传汉传因明是解读印度陈那因明体系和逻辑体系的一把钥匙。

我近四十年的因明学习和研究，除了在1985年于中国社会科学院哲学所逻辑室举办的"因明、中西方逻辑史讲习班"上写的两篇习作外，所有论著都按照上述观点展开，都围绕同一个圆心，好似车轮战法，不断有新战果。又好似剥笋锤钉，逐层深入。

感到欣慰的是，作为连珠体的第二本，《因明正理门论直解》（以下简称《直解》）起到了承上启下的枢纽作用。随着研究的层层推进，我更坚信在《佛家逻辑通论》中所阐发的陈那新因明理论尽管与国内外流行的观点大相径庭，但是基本观点正确，与国外以美国学者理查德·海耶斯为代表的最新成果殊途同归。《直解》从因明体系和逻辑体系上对陈那三支作法的逻辑性质做出了充分的论证。《汉传佛教因明研究》《因明大疏校注、今译和研究》《佛教逻辑研究》和《印度佛教因明研究》又进一步论证，玄奘开创的汉传因明忠实地译传了陈那新因明奠基作《理门论》中的因明思想。

这后几本书的完成，使我更加看明白国外百年来众多很有影响的著作对陈那新因明体系和逻辑体系的误解，更讲清楚了国内流行观点所受到的重大影响。虽说人体解剖是猴体解剖的一把钥匙，但是不能把法称因明等同和代替陈那因明，不能用藏传因明来诠释和代替汉传因明。

藏传因明典籍丰富，举世无双，但是包括藏传学者在内的绝大多数人不仅在历史上而且直到现在都不知道藏地一直存在着梵本的《理门论》。我们希望它早见天日。藏传学者一度把天主的《入论》当作了陈那的《理门论》，不能利用玄奘的《理门论》汉译本，所以历史上藏传学者对陈那因明体系的研究似有先天不足之憾。

在初版前言中的写作体会，至今还很适用。在20世纪即将告别之际，"回顾一下汉传因明研究近百年的历程，可以发现《理门论》研究还处于拓荒阶段。由于《理门论》文字的晦涩艰深更甚于《因明入正理论》（简称《入论》、小论），绝大多数研习者舍大而就小，避难而趋易。以小论作为入门阶梯，固然是一捷径，但是远远不够。治学须探源。不读《理门论》，领悟陈那新因明真谛的把握性便不大。这是因为《理门论》中有好几段文字对理解其逻辑体系起到十分关键的作用，然而绝大多数论著却根本没有涉及"。

初版前言又说："要搞清陈那因明的逻辑性质，不读《理门论》不行，还应看到入虎穴也并非一定得虎子。就拿九十年代出版的两种《理门论》研究专著来说，或者不按其本来面目加以研究，而是将其体系加以根本性的改造，然后建立新的体系。这新的体系又包含了许多矛盾不能自圆其说；或者在因明与逻辑的比较上有重大失误。有此前车之鉴，我以为研读方法就显得特别重要。于是我把《陈那因明的必读书及研读方法》作为上篇的第一章。

"以本人通读之艰辛，度他人深入之不易，我把《理门论述要》作为第二章，或许对大多数初习者了解其全貌会有点帮助。

"《理门论》重在立破，主要讲证明和反驳，因此，全面地、原原本本地描述其逻辑体系应是研究的重点。

"该论通篇以共比量为其讨论的对象。一个正确的论式要求除了宗命题即论题之外，立、敌双方对所有的概念和判断都必须决定共许，否则便有过失。这是陈那因明体系的基本前提。只有把同品、异品这两个最重要的初始概念放在这一前提下来考察，才能理解陈那关于同、异品定义的正确性和内部一致性。可以说，明乎此，一切争论都会迎刃而解。这就是我在第三章《〈理门论〉的逻辑体系》中为什么要首先讲共比量问题的原因。

"在本章中我突出讲解了陈那关于宗法（因概念）和'同品有、非有等'必须共许极成的论述，说明同、异品除宗有法是题中应有之义，陈那体系内部没有矛盾。在《理门论》中，陈那关于同、异品除宗有法是一以贯之的，在九句因、因三相、喻依和喻体中都以此为准则。

"在这一章里我回答了陈那建立新因明意义之所在。陈那新因明克服了古因明无穷类比和两事物所有属性一一类比的弊病，虽然还没有达到演绎水平，仍有一步之差，但是对古因明来说，不失为长足的进步，并非一定要达到演绎水平才有意义，才算进步。作为研习者来说，大可不必为陈那因明的类比性质而感到羞愧。

"上篇第四章是对陈那、法称因明逻辑体系的比较。只有搞清法称因明才是真正的演绎逻辑，才能对法称发展陈那新因明之功作出应有的评价。"

唐疏专门讲解《理门论》的疏记仅存神泰《因明正理门论述记》（以下简称《述记》）半部，是主要的参考书。窥基的《因明入正理论疏》（简称《大疏》）中有不少解释可资参考。文轨的《因明入正理论疏》（简称《庄严疏》）则还有关于十四因过的大部分解释，可谓唐人硕果仅存。

20世纪前半叶，吕澂、释印沧的《因明正理门论本证文》（以下简称《证文》）发表在《内学》刊物上，"本论文句，悉参酌《集量》考正"，"庐面渐真，积疑涣解"，是重要的参考工具。

日本龙谷大学前校长武邑尚邦教授曾赠我日本瑛光寺僧宝云著的《因明正理门论新疏》（以下简称《新疏》）复印件，为我解决了数处疑难。此书用汉语写作，出版于1845年。此外，我的气功朋友、一位旅居日本的英国人亚历山大也为我复印了另一本由宝云述的《因明正理门论新疏闻记》，相信将来会有人读懂它。

"笔墨官司，有比无好。"因明理论的争鸣还没有形成气候，希望多几篇深入探究的文章，少一点随人转语、附会唱和之说。作为独家之言，我很希望拙著能得到来自各方面的批评。真理的燧石不是靠欣赏而是靠敲打才会放出光芒！

"不要人夸颜色好，只留清气满乾坤。"

2021年3月6日初稿
2021年10月10日改定

《因明大疏校释、今译、研究》前言[①]

先说一说本书写作之缘起。1983年,当我接下国家六五重点项目《中国逻辑史》现代卷因明史及资料的编撰任务后,就很迫切地想读懂窥基法师的《因明入正理论疏》(简称《因明大疏》《大疏》)。那时作为一个门外汉,连读懂熊十力先生的《因明大疏删注》和陈大齐教授的《因明大疏蠡测》都很难,要搞通原著更谈何容易。

当时看到中华书局正在编辑出版一套佛典校释丛书,《因明大疏》赫然在列。那时之心情,好似盼星星、盼月亮。可是多少年过去,还是杳无音讯。不久,中国逻辑史学会几乎集会内全体有关专家之力,以数年之功,编撰并出版了《大疏》注释本,收在《中国逻辑史资料卷》中。读这个简注本,我还有大量疑难无法疏通。后来又从台湾古因明研究专家水月法师书中得知,他将公元8世纪时日本僧人善珠所撰《因明入正理论疏明灯抄》(简称为《因明论疏明灯抄》《明灯抄》)释文与《大疏》原文合为一体,为研习者提供阅读之便。融合工作全靠手抄,十分艰辛,进展非常缓慢。直至今日亦未

[①] 本书第一版于2010年由复旦大学出版社出版,繁体修订版《因明大疏校释》(全二册)于2020年由中西书局出版。

闻完工和付梓。① 后来又辗转知道,任继愈先生的一位学生也在注疏《大疏》。任先生心生欢喜,勉励弟子继续努力,争取早日出版。而今国学大师仙逝,先生所殷切期望之事还是未见其成。② 盼望近二十年,《因明大疏》仍像一座云雾笼罩的高山耸立在研习者的面前,"不见庐山真面目"。

  窥基独得玄奘秘传,其因明修养后来居上,超越译场前辈。《大疏》是集唐疏之大成者,代表了汉传因明的最高成就。若不探寻这座大山所蕴藏的珍宝,就无法真正领略到汉传因明的真谛,也不易解读印度陈那论师的新因明体系,要用逻辑与陈那因明作比较研究,更难得其确解。多少年过去,我只好"临渊羡鱼,不如退而结网"。

  当我得到黄石村先生无私援助图书资料,顺利完成《中国逻辑史》现代卷因明部分及资料的编写工作,相继撰写和出版了《佛家逻辑通论》《因明正理门论直解》,又完成并出版了国家社科基金项目《汉传佛教因明研究》之后,终于下定决心进山探宝,做一次深入细致的全景式考察。

  本书作为2002年上海市社科基金项目,于2005年完成并结项。此后又数易其稿。全书分校释、今译和研究三部分。

  先说研究。好多年来,我一直在思考一个问题:为什么千百年来,因明始终是一门高深难治的冷僻学问?它在历史上曾为绝学,长期少有人问津,直至今日中国社会科学院甚至还要把它当作

---

① 水月编:《会本因明论疏明灯抄》,台南湛然寺于2011年出版。
② 梅德愚校释:《因明大疏校释》,北京:中华书局,2013年。

绝学来抢救。其中固然有原因种种,但种种解释还是不能令人信服。说这门学问文字艰深吧,唐代的语言比先秦的好读得多;说它因为与逻辑沾边而难治吧,其实有逻辑三段论的准确知识就够用,要求也不高,会数理逻辑那是锦上添花的事;要说它的一套名词、概念繁多且生涩难解,总比不上周易的术语繁多难解吧,更不要说与先秦逻辑、先秦哲学乃至整部中国哲学史相比了。此外,它的实用性在汉地比较差,确是一个重要原因(藏地喇嘛辩经天天在用)。除了上述,恐怕与《大疏》的形象和地位有关。《大疏》称得上汉传因明的经典著作,它在慈恩宗内被奉为圭臬。因明东传至日本,主要也是以对《大疏》再注疏的方式加以弘扬。《大疏》也就天经地义、理所应当地成了必读书、入门书。把它当必读书对待固然对头。要想登堂入室,必须得其直解,舍此无由。可是,把它当入门书对待,那就上当受骗,误入歧途了。用今天的话来说,《大疏》其实是一本高深的学术专著。初习者一上手便读它,十有八九会打退堂鼓。读这本书是先要有因明的知识储备的。还《大疏》一个本来面目,让它名实相符,或许能为因明研习者解除一点心理障碍。"一本高深的学术专著",是我对它的第一个评价。

对《大疏》的第二个评价是:"一把打开陈那因明体系大门的钥匙。"

唐代玄奘法师西行取经,功德圆满,震古烁今。就因明的成就而言,他既是研习因明的楷模,又是运用因明的典范。玄奘留学印度学成将还之际,代表了当时全印度因明理论的最高水平。回国后,他忠实译讲了陈那的《因明正理门论》(简称《理门论》)和陈那学生商羯罗主的《因明入正理论》(简称《入论》)。《理门论》是陈那新因明代表作,立破学说是本论重点。由于梵本佚失,玄奘汉译本成为当今《理门论》研究的最可靠依据。奘师述而不作,他的大量口义保存在弟子们的疏记中。

他所开创的汉传因明忠实地继承和发展了印度陈那新因明。① 汉传因明的成就对于解读陈那新因明基本理论举足轻重。在众多唐疏中,窥基的《大疏》就是打开陈那新因明大门的最重要的一把钥匙。

印度的法称因明是玄奘回国之后才发展起来的。法称因明继承和发展了陈那因明,它们是佛教因明发展史上的两个不同阶段。通过比较研究,可以发现陈那、法称因明的异同。虽说人体解剖是猴体解剖的一把钥匙,但不能将两者等同,决不能用法称的因明理论来诠释、代替陈那的因明理论。②

藏传因明主要译传法称因明,藏传因明晚于汉传因明。其典籍之丰远胜于汉传。但是古代的藏地学者根本没见过陈那的因明奠基作《理门论》。③ 这对于陈那因明的研究来说又有先天不足之嫌。因此,完全用法称因明体系来诠释陈那因明体系是不可取的。

第三个评价是:"一部记录玄奘辉煌因明成就的史册。"玄奘大师对印度因明的贡献,除了唐代和日本的文献外,不见有记载。法称的因明七论,没有片言只字提及;藏族学者多罗那它的《印度佛教史》、印度史家威提布萨那的《印度逻辑史》、苏联科学院院士舍

---

① 郑伟宏:《汉传佛教因明研究》,北京:中华书局,2007年。
② 郑伟宏:《论印度佛教逻辑的两个高峰》,《复旦学报》2007年第二期。《论法称因明的逻辑体系》,《逻辑学研究》杂志2008年第二期。
③ 吕澂:《因明入正理论讲解》,北京:中华书局,1983年,第1页。

尔巴茨基的《佛教逻辑》、渥德尔的《印度佛教史》都完全没有记载。记载和阐发奘师在因明领域辉煌成就之功劳,应归于唐代文献,又首推《大疏》。

玄奘学成将还之际,印度佛教内部大、小乘之间爆发一场激烈的争论。戒日王指名要那烂陀寺包括玄奘在内的四高僧接受小乘经量部挑战。三位高僧怯战,只有玄奘挺身而出(身在那烂陀寺的法称还默默无闻)。后来,戒日王召开全印度各宗各派代表参加的万人无遮大会,请玄奘坐为论主。奘师提出"唯识比量",十八日无人敢修改一字,捍卫了大乘瑜伽行派的荣誉,声震五印。

玄奘为什么能在无遮大会上取得成功?这与他善于整理、发展和运用三种比量(共比量、自比量、他比量)理论有关。三种比量理论在奘门弟子文轨的《因明入论庄严疏》中已有零星阐述,但阐发富赡者则唯有基疏。《三藏法师传》称窥基独得玄奘因明奥秘。所谓独得奥秘,主要表现于此。

对"唯识比量"如何评价,自唐以来一直有争论。我要强调的是,我的看法又与众不同。有的研究者把复杂问题简单化,评价"唯识比量"或是或非,简单地把研究者按肯定与否定排为两队。① 三种比量有功用大小之分,而无对错之别。大、小乘佛弟子围绕"唯识比量"之争涉及哲学、因明、逻辑和论辩等理论。玄奘的"唯识比量"灵活地运用三种比量理论,使自己立于不败之地。可以说玄奘法师代表了当时印度陈那新因明的最高水平,成为佛教逻辑两座高峰陈那因明与法称因明之间的一座桥梁。玄奘虽然取得辩

---

① 姚南强:《从"真唯识量"的论诤谈起》,《因明》第3辑,兰州:甘肃民族出版社,2009年。

论的胜利,但是未能使小乘学者口服心服。陈那新因明在与外道和佛门内部小乘的论争中所具有的优势和局限,身在那烂陀寺的法称是看得很明白的。佛门内部的这一争论很可能成为刺激印度佛教因明发展的强大动力,玄奘回国以后,法称因明的兴起就顺理成章了。

第四个评价是:《大疏》是"一本未完成之作"。对《入论》的疏解,窥基本人直到谢世尚未完稿,只解释到"能立法不成"处便辍笔,后来由门人慧沼续完全书。作为未成之作,既有义理阐发方面之失误,又有写作方面之欠缺。《大疏》本身的缺陷,也成为《大疏》难治的原因。我要特别指出的是,基师解释同品、异品定义,有蛇足之误。追根究底,发现此一误解,非其创说。原因在于《入论》作者商羯罗主在定义异品处未恪守《理门论》的标准,发挥过当。本来,窥基不仅强调同、异品要除宗有法,而且强调同、异喻也要除宗有法,这是为了避免循环论证,是陈那因明题中应有之义。这给了我们一把开启陈那因明大门的钥匙,但是弟子慧沼未遵师说,以至前后龃龉,有失谨严。

再说校释,我先后采用金陵刻经处本和宋藏遗珍即广胜寺本中、下二卷作底本(同事陈正宏教授的博士生郭立暄为我提供了上海图书馆保存的影印件)。广胜寺本上卷和中卷开头所缺一小部分以金陵刻经处本补足。据我的研究,广胜寺本确实优于目前国内通行的金陵刻经处本。保存在日本的《大疏》有繁本和简本之别。特别是窥基弟子慧沼所续部分,作为繁本的广胜寺本与作为简本的金陵刻经处本有明显区别。我的校释较多地参照慧沼弟子智周的《前记》和《后记》。日僧善珠的《明灯抄》中所引疏文几乎与广胜寺本几乎完全相同。本书还大量注疏采纳《明灯抄》的疏解。此抄在日本因明史上举足轻重。它以《因明大疏》为诠释对象，大体上对《因明大疏》进行了逐句的解释。善珠是日本兴福寺北寺系的代表人物。他对窥基《因明大疏》的弘扬，继承了法相宗二祖慧沼、三祖智周的传统，是唐疏正脉在日域的延续。《明灯抄》为汉传因明在日本的弘扬做出了特殊的贡献。《明灯抄》最后偈中有"述而不作为抄意"一说，表明抄主忠实于慈恩大师的观点，对法相宗的因明学说具有护教性质。最后偈又说"故蒙神笃请采百家"，采纳了唐疏各家之言，为后人读懂大、小二论提供方便。见于书中的引述有泰、文备、文轨、净眼、定宾、玄应、圆测、璧公、元晓、太贤、靖迈、顺憬等数十家。《明灯抄》对唐代因明家的珍贵思想资料有保存之功，是后世研习者深入《大疏》堂奥的必读疏。我对疏文的解释，碰到疑难则博采唐疏和日籍各家之释，经比较后择优录用。尽量做到持之有故，言之成理，尽量避免想当然。

最后说今译。我采取大意今译。力求按原意把难解的原文换成易解的词句。帮助读者扫除路障，是我最大心愿。在"信""达"两方面我竭尽所能，恐怕仍是差强人意。至于用"雅"的标准来衡量，则自愧差距较大。

解读《大疏》，工程浩大，以一己之力，勉为其难，权当一次尝试。"尝试成功自古无"，我还当继续努力，以期逐步完善。

2010 年春于上海新大陆公寓

论因明的同、异品[①]

同品、异品是因明学中最基本的概念。准确地理解这两个概念的内涵和外延,对于把握三支作法的逻辑性,具有重要的意义。

唐代疏家对同品、异品的解释有详尽的探讨,当时可谓注家蜂起,异说纷呈。窥基的《因明入正理论疏》(简称《因明大疏》《大疏》)囊括前人之说加以评判,说法达七种之多,其中既有许多真知灼见,也不乏误解。时至今日,在因明研究者中仍有严重分歧,有的甚至批评陈那的《因明正理门论》(简称《理门论》《门论》)存在矛盾。因此,对同、异品二概念还有详论之必要。笔者不揣愚陋,愿抛砖引玉,以就正于方家。

一、何谓同品

陈那的《理门论》说:

> 此中若品与所立法邻近均等说名同品。以一切义皆名品故。

[①] 原载于上海市逻辑学会编:《逻辑学文选》,上海:百家出版社,1988年。

商羯罗主的《因明入正理论》(简称《入论》)说：

> 云何名为同品异品？谓所立法均等义品，说名同品。如立无常，瓶等无常，是名同品。

《入论》的答话中，前一句与《理门论》一样，给同品下了定义，简明扼要地揭示了同品概念的内涵。宗法有两种，所立法和能立法。所立法是宗中法，即能别，是立论者认为宗上有法所具有的。能立法指因法，是用来成立宗的理由。吕澂先生指出，玄奘在翻译"所立法均等义品"这句话时给简化了，如按梵文原文应这样："具有与所立法由共通性而相似的那种法的，才是同品。"(大意)①《大疏》解释说："所立法者，所立谓宗，法谓能别，均谓齐均，等谓相似，义谓义理，品为种类。"②因此，"所立法均等义品"的意思是，与能别具有相似意义的种类。

品即种类，有体和义之别。这里是以体相似还是以义相似作为同品的标准呢？《门论》后半句说"以一切义皆名品故"，看来是以义为种类。但是，《入论》有两处又明言以体为品，"此中非勤勇无间所发宗，以电空等为其同品"，"勤勇无间所发宗，以瓶等为同品"。《大疏》有一种解释，亦以体类释品。基师说："同是相似义，品是体类义。相似体类名为同品。"③又说："此义总言，谓若一物

---

① 吕澂：《因明入正理论讲解》，北京：中华书局1983年，第13页。
② 〔唐〕窥基：《因明入正理论疏》卷三，南京：金陵刻经处，1896年，页二十左。
③ 同上书，页五右。

有与所立总宗中法,齐均相似义理体类,说名同品。"①

它们之间是否有不一致呢?没有。体与义,就是现今所说的事物与属性。凡事物都有属性,凡属性一定是事物的属性。没有无属性的事物,也不存在不依附于事物的属性。说一事物与他事物相同或相异,就是指一事物在某种或某些属性上与别事物相同或相异。既然义依体而存,不举体便无以显义。因此《入论》在作出同品定义后,便举例说,"如立无常,瓶等无常,是名同品"。这是说,以声是无常宗,具有无常性质的瓶等物是同品,或者说瓶等上的无常义是同品。不论是哪一种说法,都是体义双陈。可以说,《入论》对《门论》的同品定义有所阐述和发挥,更有利于理解《门论》的定义。一个事物是否同品,不以体为转移,而是看其义是否有与所立法相似之点,因此,同品之品,正取于义,兼取于体。

玄应法师《理门疏》中辑录了唐疏中关于同品的不同说法总有四家。玄应的疏早已散佚,其四家之说以及玄应的评论仍保留在日籍《因明入正理论疏叙瑞源记》中:

> 一、庄严轨公意除宗以外一切有法俱名义品,品谓品类,义即品故,若彼义品有所立法与宗所立法邻近均等如此义品方名同品,均平齐等品类同故;二、汴周璧公意谓除宗以外一切差别名为义品,若彼义品与宗所立均等相似,如此义品说名同品,谓瓶等无常与所立无常均等相似名为同品;三、有解云

---

① 〔唐〕窥基:《因明入正理论疏》卷三,页二十左。

除宗以外有法能别与宗所立均等义品双为同品;四、基法师等意谓除宗以外法与有法不相离性为宗同品。后解为正。①

日籍《瑞源记》的作者也赞成玄应的看法,认为前三种说法是错误的,只有窥基的才对。谁是谁非,试作探讨。

这第一家是指文轨的《庄严疏》,该疏释品为体类,主张除宗以外的一切有法,凡是有法上有这宗上所立的法便是同品。

这第二家是指璧公的解释,以义类释品,所谓差别也就是宗中法,即能别,他认为除宗以外的一切法,凡是那法与宗上的法相似,便是同品。

这第三家是佚名的,主张以体和义合释为品,除宗以外一切有法与法总名叫作品,凡是有法(体)与法(义)总与宗相似,便是同品。此说稍稍费解,我们举例来说,若以声是无常为宗,那么瓶无常便是同品,瓶无常与声无常这总宗是相似的。

根据我们前面对同、异品定义的解释,这三家虽然说法不同即下定义的角度不同,实际上都是正确的。

《大疏》、《略纂》、玄应《理门疏》和《瑞源记》都对以上三家作了不正确的批评。其批评文字恐繁不引。其中有两点是要指出的。其一是文轨只是说除宗以外的别的物体只要有与所立法相似的,就是同品。例如,瓶与声尽管有很多不同,但同具无常性,便是同品。他并没有说要全同有法。可是,《大疏》《略纂》等却批评说全同于有法会有怎样的过失。对此,文轨是不应负责任的。其二,

---

① [日]凤潭:《因明入正理论疏叙瑞源记》卷三,上海:商务印书馆,1928年,页二左。

《大疏》不赞成同品以法为同,理由是"若法为同,敌不许法于有法有,亦非因相遍宗法中"①。《大疏》举出的这两个理由完全不相干,根本不能说明为什么不能以法为同。实际上璧公主张以法为同的说法不过是"与所立法邻近均等"的简略说法而已。

那么,这第四家《大疏》的定义是什么意思呢?它是说,除宗以外一切有法与法两者有不相离的关系,叫作品。这有法与法不相离的关系与宗上有法与法的关系相似,便成为同品。例如,声无常宗,有法声与法无常不相离,而瓶等与无常也有不相离的关系,两者是相似的,因此瓶等无常便是同品。可见,《大疏》与前三家没有根本的不同,只是把体与义关系说得更完全罢了。

《大疏》还作了一种错误的发挥,提出与因正所成之所立法相似才得为同品。疏曰:

> 虽一切义皆名为品,今取其因正所成法。②
> 若聚有于宾主所诤因所立法聚相似种类,即名同品。③
> 此中但取因成法聚,名为同品。④

《大疏》的错误在于另立标准,从而缩小了同品的范围,并导致与九句因中同品有非有因等句相矛盾。因为《门论》《入论》的同品定义是与因无涉的,当且仅当与所立法同便得为同品。因的第二

---

① 〔唐〕窥基:《因明入正理论疏》卷三,页六右。
② 同上书,页五右。
③ 同上书,页二十右。
④ 同上书,页二十一左。

相同品定有性才要求宗同品须有因;再有同喻依必须宗因双同,即既是宗同品,又是因同品。一个事物可以是宗同品,但不具有因的性质,例如,《入论》举出电为无常的同品,此宗同品就不具有所作性因义,显然,《大疏》此释把同品与同品定有性和同喻依混为一谈了。这种蛇足之释为熊十力先生的《因明大疏删注》所因循,并一直影响到今天。

最后,还要强调一下《大疏》关于所立法兼意许的观点是值得重视的。这似乎可以说是《大疏》对因明理论的贡献。疏曰:

> 若言所显法之自相,若非言显意之所许,但是两宗所诤义法,皆名所立。……若唯言所陈所诤法之自相名为所立,有此法处名同品者,便无有四相违之因,比量相违,决定相违,皆应无四。①

用语言表现出来的是法之自相,又叫言陈,没有用语言直接表现出来而暗含的意思叫法之差别,又叫意许。宗同品应该包括意许在内,因的四相违过便据此而来,否则便不成四相违过,而只剩下法自相相违过和有法自相相违二过。关于同品的有体、无体问题在下面与异品一并讨论。

二、何 谓 异 品

《理门论》在作出同品的定义之后,又对异品下了定义:

---

① 〔唐〕窥基:《因明入正理论疏》卷三,页五右至页六左。

若所立无,说名异品。

《入论》在定义同品之后也紧接着说:

异品者,谓于是处无其所立。若有是常,见非所作,如虚空等。

本来所立是指宗支,能立是指因支和喻支。这二论关于异品定义中的"所立"指什么呢?文轨的《因明入正理论疏》(简称《庄严疏》)解释说:

所立者,使宗中能别法也。……若于是有法品处但无所立宗中能别。即名异品。①

文轨把"所立"解释为能别法,即所立法。凡无所立法的是异品,不是说凡无所立宗的是异品。二论由于在定义同品之后紧接着定义异品,因此把所立法中的法字省略了。同品是有所立法,异品是无所立法。这样前后才相符顺。

陈那用一个无字来解释异品的异字,是很有讲究的。它与古因明家对异字的解释有根本的区别。有的古因明家把异品的异字解作"相违",也有的古因明家把异品之异解作"别异"。陈那认为这两种定义都是错误的。《理门论》破云:

---

① 〔唐〕文轨:《因明入正理论庄严疏》卷一,南京:支那内学院,1934年,页十八左。

> 非与同品相违或异。若相违者应唯简别,若别异者应无有因。

"若相违者应唯简别",这话很不好理解。我们先来解释相违二字。相违是互相违害的意思。《大疏》解释说:

> 如立善宗,不善违害故名相违。苦乐、明暗、冷热、大小、常无常等一切皆尔。要别有体,违害于宗,方名异品。①

其中苦与乐、明与暗、冷与热、大与小等都是逻辑上说的反对概念。反对概念在外延上互相排斥,并不是非此即彼的,其间有中容品,例如,苦与乐间有不苦不乐,冷与热间有不冷不热。有的古因明家用相当于反对概念的相违来解释异品,认为一种事物若有与所立法相违害的属性,便是异品。

所谓简别,是因明学中对立敌双方所使用概念加以限制说明从而避免过失的一种方法。"若相违者应唯简别"是说古因明家不以无所立法定义异品,而以相违法定义异品,便缩小了异品的范围,只有相违法从同品中简别出来而成为异品。《大疏》所说"是则唯立相违之法简别同品"就是这个意思。

因明学中,同品之外,异品须包摄一切,不许有第三品即中容品。这样的规定是因明三支作法推理的逻辑性所使然。《大疏》说:

---

① 〔唐〕窥基:《因明入正理论疏》卷三,页十三左至页十三右。

若许尔者,则一切法应有三品。如立善宗不善违害,唯以简别名为异品,无记之法无简别故,便成第三品非善、非不善故。此中容品,既望善宗非相违害,岂非第三?由此应知无所立处即名异品,不善无记既无所立皆名异品,便无彼过。①

这里的"不善"不是善的矛盾概念,它相当于恶。善与不善(恶)之间还有既不属于善又不属于不善的中容品无记。若用无所立法来定义异品便把同品善之外的不善、无记都包摄到异品中去了,从而避免了出现第三品的过失。若立声无常宗,常虽然事实上是无常的矛盾概念,它包摄了无常之外的一切,与无常相违害,但因明的异品只限于不是无常上,而不管这异品是不是常。因此,在前面《大疏》仍把常算作无常的相违法。而以无所立法定义异品,便实际上把常当作异品。为什么有第三品便会有过失呢?笔者认为这又要用因的第三相异品遍无性来解释。相违法没有把所有应成为异品的对象都包括进去,便不能满足第三相异品遍无性,因而三支作法就不成其为正能立。《入论》在作出异品定义之后,举例时说"若是其常,见非所作",这是异喻体,有人以为画蛇添足,其实是误解。《入论》有针对性,是为了简相违释异之过,满足第三相异品遍无性。以上解释了第一种错误,以下解释第二种错误。

"若别异者应无有因。"这句是说,以"别异"而不是以无来解释异品便没有正因。《大疏》解释说:

---

① 〔唐〕窥基:《因明入正理论疏》卷三,页十三右至页十四左。

> 如立声无常,声上无我、苦、空等义皆名异品,所作性因,于异既有,何名定因。谓随所立一切宗法,傍意所许,亦因所成。此傍意许既名异品,因复能成,故一切量皆无正因。①

这是说,所立法为无常,而无我、苦等法与无常别异,如果也算作异品的话,那么所作性因于无我、苦上也有,所作性因既成同品无常,又成异品无我、苦,便不成为正因,因为一个正因须同品定有、异品遍无。准此,以别异释异品之异则一切量皆无正因。可见,陈那以无所立法之无释异品之异是非常准确的。

由于异品与同品是矛盾概念,《大疏》关于异品异于不相离性的解释与同品同于有法与法不相离性的解释正相乖返,这是正确的。例如声无常宗,同品瓶与所立法无常具有不相离性,而虚空不具有无常性,即异于瓶与无常的不相离性,所以是异品。《大疏》认为异品和同品一样兼意许,这也是符顺的。前面说过同品为因正所成的解释是混同了同喻依,与九句因不相符顺,而《大疏》关于异品非因所立的解释,同样是蛇足之释。因为异品的标准是无所立法,至于异品无因那是正因的条件之一异品遍无性所要求的。

关于同异品的有无体问题,较为复杂,需要另外撰文专门讨论,这里简略地解释一下。《大疏》解释同品说:

> 以随有无体名同品,由此品者是体类故。②

---

① 〔唐〕窥基:《因明入正理论疏》卷三,页十四左。
② 同上书,页五右。

《大疏》解释异品说：

> 随体有无，但与所立别异聚类，即名异品。①

《大疏》以体类释同品，而以义类释异品，前后义理，不相符顺。同、异品的差别就是有、无所立法，同品有法与法不相离，异品有法与法不具有不相离性，同品正取于义，兼取于体，同样，异品也应当正取于义，兼取于体。前面已经说过，体与义是不能分家的。《入论》说，"若是其常，无其所立"是正取于义，"虚空等"兼取于体。那么《大疏》为什么要把同异品区别为体类和义类呢？究其原因，是因为《大疏》把同、异品的体、义问题与概念的有体、无体问题混为一谈了。

因明三支有共比量、自比量、他比量之分。除宗体而外，宗依、因、喻为立敌双方共许极成的，称为共比量。其中只要有一个仅为立或敌一方承认的，就称为自比量或他比量。双方共许的概念称为有体，双方不共许的概念称为无体。概念的共许包含两层意义：一是指共许其体为实有，二是共许其体有某种义。例如瓶，双方共许其体为有，亦共许其为有无常义。无体分为三种情况：一是立敌双方不共许，二是自许他不许，三是他许自不许。根据同品在三支作法中的地位，即既同所立法，又同因法，不能两俱无体，至少要为一方所承认。因此，《大疏》说同品是"以随有无体"意思是所立法处是有体，同品亦应有体，所立法处是无体，则同品亦应无体，同

---

① 〔唐〕窥基：《因明入正理论疏》卷三，页十三左。

品与所立法必须随顺。异品的情况则不然。根据异品在三支作法中的地位，它必须既无所立法，又无因法，它可以是无体，为一方所不承认，甚至为双方都不承认。例如，声无常宗，无常是两俱有体，而龟毛、兔角是立敌双方都不承认其体为实有，当然也就不会有无常和所作性之义。这里，同品无常之瓶是有体，而异品为无体，因明认为没有过失。《大疏》如此解释同、异品的有、无体无疑是对的。但是说同品是体类、异品是义类则是另一回事。一个东西不存在，自然无义可言。异品虚空尽管无所立法无常，但其常性必依附于体，也是为立敌所认可的。总而言之，单以义类说异品是不能自圆其说的。

三、同、异品除宗有法

同品、异品的外延包不包括宗上有法呢？《门论》和《入论》在解释什么是同品、异品时，虽然没有直接说明这个问题，但从二论关于九句因等的论述来看，还是很明确的。在同品、异品的外延中，应当除去宗之有法。例如，在声是无常宗中，在有所立法无常的同品中，不应该包括声。在无所立法的异品中也不应该包括声。同、异品除宗有法可以从九句因的第五句因上表现出来。第五句因是同品无、异品无。例如在声常宗，所闻性因中，除声以外的一切具有常住性的同品都不具有所闻性因，除声以外的一切具有无常性的异品中也都不具有所闻性因。由于同品有因是正因的必要条件，因此，因明规定九句因中的第五句因同品无（非有）、异品无（非有）犯不共不定过。如果同、异品不除宗有法，那么就不可能存在第五句因。因为同、异品是矛盾概念,非此即彼,其间没有中容品。同品无则异品必有,异品无则同品必有,绝不可能出现同、异品俱无因的情况。

再则,因明是论辩逻辑,在共比量中,证宗的理由必须双方共许。立者以声为常宗,自认声为同品,但敌者不赞成声为常,以声为异品。因此,在立量之际,声究竟是同品还是异品,正是要争论的问题。如果立敌各行其是,将无法判定是非。当立取声为常住的同品时,其所闻性因,同品有非有而异品非有,则成正因;当敌取声为常住的异品时,所闻性因于同品非有而异品有非有,又成相违因,出现过失。同一个所闻性因,既成正因又成相违因,是非无以定论。因此,在立量之际,因明通则,同、异品均须除宗有法。否则,立敌双方都会陷入循环论证,同时,一切量都无正因。因为敌方只要轻而易举地以宗有法为异品,则任何因都不能满足异品遍无性。所立之量便非正能立。

有一种观点认为,九句因中规定同、异品除宗有法,而二论关于同、异品的定义中则没有规定除宗有法,这是《门论》中出现的矛盾,需要加以修正。笔者以为这是不必要的。《门论》在给同、异品下定义之前已经规定了同、异品必须决定同许:

> 此中宗法唯取立论及敌论者决定同许,于同品中有非有等亦复如是。

在这里不仅规定了在共比量中宗法即因法必须立敌共许,还规定了同品有非有等亦须立敌共许。同品有非有等共许包含了好几层意思:首先,双方得共许某物为实有;其次,双方得共许其有所立法,是共同品;再次,还得双方共许其有因,或后有因,或有的有、有的没有因。再从立宗的要求来看,立宗必须违他顺己,立方许所立法于法上有,敌方则不许所立法为有法上有。这就决定了宗之有法不可能是共同品,也不可能是共异品。由此可见,同、异品除宗有法是因明体系中应有之义,二论关于同、异品定义未明言除宗有法并无缺失。二论关于同、异品定义是内涵定义,无须加上除宗有法。按照同、异品的内涵定义,宗有法是否有所立法还是未知数,当然不能算入同、异品。

　　同、异品除宗有法在理论上会带来一些疑难,需要加以解释。例如,有的合乎逻辑推理的三支成为有过失的,而有些诡辩反成为合乎因明规则的。由于异品除宗,又会引起异品遍无性的逻辑形式与异喻体不同,这样从推理规则上又没有保证"生决定解"即取得辩论的胜利。限于篇幅,只能从略。

论印度陈那因明非演绎①

一、百年来因明与逻辑比较研究之得失

自有因明与逻辑比较研究以来,一百多年间,欧洲、印度和日本的研究者普遍认为,印度佛教大论师陈那(约 480—540)创建的新因明是演绎与归纳的结合体,比西方逻辑三段论只演绎无归纳高明。国内因明研究者中绝大多数照搬此说。自 20 世纪 80 年代中期起,少数欧美学者和我一反传统,以实事求是之意,重新刻画陈那新因明逻辑体系的本来面目。

欧美的最新成果以美国理查德·海耶斯教授的《陈那的推理标记》为代表。② 理查德·海耶斯教授从陈那《集量论》藏译文献的字里行间出发,推导出陈那因明的逻辑体系并非演绎论证。我则从唐代玄奘弟子所撰的汉传文献的白字黑字中找到充分证据,

---

① 本文为国家社科基金重点项目"玄奘因明典籍整理与研究"(16AZD041)系列成果。发表于西藏自治区社会科学院主办《西藏研究》2021 年第 1 期。

② Richard P. Hayes, *Dignāga on the Interpretation of Signs*, Dordrecht: Kluwer Academic Publishers, 1988. (理查德·P. 海耶斯:《陈那的推理标记》,荷兰多德雷赫特:克卢沃学术出版社,1988 年)。台湾学者何建兴汉译其第四章,题为《陈那的逻辑》,载台湾《中国佛教月刊》1991 年第 9、10 期。

以准确的逻辑知识，判定陈那因明的逻辑体系既非演绎论证，其三支作法更毫无归纳可言，总体上还未跳出类比推理的窠臼。我们都认为，印度佛教因明自陈那因明之后才发展起来的法称因明才真正达到演绎水平。完全用法称因明来覆盖陈那因明而不懂得两者在辩论术、逻辑和量论即认识论三方面都有根本不同，是当代国内外因明研究的一大误区。

四十年来，因明领域仍存在重大纷争。三十多年前，我发现20世纪当代国内大多数汉传因明研究者邯郸学步，数典忘祖。学日本，学苏联，学印度，最好的没学到，反而丢掉了汉传因明的精华。唐代汉传因明一度领先世界，后来成为绝学。清末从日本回归中土后，焕发生机。欧洲、日本和印度先后有因明与逻辑比较研究。近现代的因明研习者包括当代的藏传学者，都虔诚地向外国学习，对长短优劣兼收并蓄。一大批因明研习者从日本文学博士大西祝著作的中译本中知道了唐疏精华的词句，却又在因明比较研究方面接受了国外的总体误判，并延续至当代。

虞愚先生是现、当代因明研究代表人物。他在20世纪30年代撰写的著作中第一次把印度近现代著名逻辑史家威提布萨那在《中世纪印度逻辑史》中关于因的后二相释文和陈那因明为演绎论证的观点都照搬过来，对汉传因明有很大误导。其照搬行为也曾于1944年民国教育部组织评审时被吕澂先生所批评："不明印度逻辑之全貌，误以论议因明概括一切实为失当，又抄袭成书、谬误繁出，以资参考为用亦鲜，似不应予以奖励。"①

---

① 转引自中山大学人文学院佛学研究中心：《汉语佛学评论》第3辑，上海：上海古籍出版社，2013年，第97页，又见第4辑，上海：上海古籍出版社，2014年，第299页。

中国逻辑史学会第二任会长周文英先生就承认自己的论著,"在评述'论式结构'和'因三相'时有失误之处","这些说法当然不是我的自作主张,而是抄袭前人的,但不正确"。① 这令人肃然起敬,竟承认"抄袭"。在自己赖以成名的研究领域,敢于检讨失误。这需要多大的勇气和魄力,充分体现了一个襟怀坦荡的大学问家实事求是的治学品格。现在讲究学术规范,周文英先生就是值得我们学习的一个杰出榜样。

然而,自 20 世纪 80 年代至今,因明研究基本还是"抄袭前人"。触目皆是日本大西祝和宇井博寿、苏联舍尔巴茨基、印度威提布萨那的观点。美国学者理查德·海耶斯教授的真知灼见尚未引起国人的注意,20 世纪 20 年代北京大学代理校长陈大齐先生的几十个专题研究的优秀成果还未成为共识。日本学者北川秀则的许多正确结论几乎无人知晓。尤其令人不解的是,国内的因明论坛本来应该继承和弘扬玄奘法师开创的汉传因明的优秀遗产,却反而对唐疏精华大兴挞伐,必欲清除而后快。不懂得、不理解、不珍惜汉传因明的伟大贡献,反将精华宝贝弃之如敝屣。这是当前中国因明研究踟蹰不前的一个重要原因。

第二个原因是研究者(甚至连苏联科学院院士舍尔巴茨基也在内)连形式逻辑知识都很成问题。搞因明与逻辑比较研究,两方面的知识都必须正确,这是比较研究最起码的要求。但是,放眼海内外,因明与逻辑的常识错误比比皆是。再加上诸如非历史主义、不讲逻辑体系整体性和内部一致性等研究方法上的常识错误,就

---

① 周文英:《周文英学术著作自选集》,北京:人民出版社,2002 年,第 46 页。

使得因明论坛貌似热闹而无趣,好像高深实际浅薄。

第三个原因是懂因明的人太少,缺乏裁判。在中世纪的印度,辩论是一件很严肃的事。所设场地要求就很高,须设立在七类人之前:王家、执理家、大众中、贤哲者前、善解法义沙门、婆罗门前、乐法义者前。这七类人就是辩论的公证人或曰裁判。他们有能力判定胜负。辩论的胜负对参与者的利害关系也是不得了的事情。输了,被按之入地。有的承诺"割舌相谢",有的甚至发誓"斩首相谢"。赢了,则名利双收。回顾国内因明论坛,外行的权威品评一切。尽管因明与逻辑的常识错误比比皆是,但在学术自由百家争鸣的幌子下,他们都有了存在的理由。所谓"画鬼容易画人难",皆因其为"绝学"。甚至连极其肤浅而错误的一孔之见,都可放卫星,自诩为国际领先。

印度陈那因明体系的原貌是什么?用西方逻辑的眼光来衡量,其逻辑体系是什么性质,或者说是什么种类?国内外多数因明工作者望文生义,都不懂得陈那佛教因明的逻辑性质。他们与当年在印度那烂陀寺学习和实践的亲历者——玄奘不可同日而语。

当玄奘学成回国前,就求学的副产品因明研习的成就而言,他既是研习因明的楷模,又是运用因明的典范。玄奘法师是那烂陀寺中能讲解50部经论的十德之一,是由那烂陀寺众僧推派并由住持戒贤长老选定以抗辩小乘重大挑战的四高僧之一。他是四高僧中唯一勇于出战的中流砥柱。玄奘的学术和论辩水平不仅在那烂陀寺达到了超一流,而且在戒日王召开的曲女城十八日大会(全印度各宗各派参与)上,玄奘坐为论主,不战而胜,被誉为大乘天、小乘天,达到了全印度的最高水平。

对于公元 7 世纪时那烂陀寺所传的陈那因明的本来面目，玄奘最有发言权，他的讲解最有权威。我们可以从唐代玄奘法师译传的汉传因明文献中找到可靠依据。

二、陈那因明与法称因明逻辑体系之根本不同

西方逻辑的创始人亚里士多德在他的《工具论》中把推理分为两种：证明的推理与辩证的推理。他说："当推理由以出发的前提是真实的和原初的时，或者当我们对于它们的最初知识是来自某些原初的和真实的前提时，这种推理就是证明的。从普遍接受的意见出发进行的推理是辩证的推理。"①证明的推理是演绎推理。它的前提真实而原初，反映毫无例外的普遍原理，前提与结论有必然联系。

辩证的推理所用的前提稍有不同。亚里士多德说："所谓普遍接受的意见，是指那些被一切人或多数人或贤哲们，即被全体或多数或其中最负盛名的贤哲们所公认的意见。从似乎是被普遍接受但实际上并非如此的意见出发，以及似乎从是普遍接受的意见或者好像是被普遍接受的意见出发所进行的推理就是争议的，因为并非一切似乎被普遍接受的意见就真的是被普遍接受了。"②亚里士多德认为，辩证的推理是"争议的推论，而不是推理，因为它似乎

---

① ［古希腊］亚里士多德著，余纪元等译：《工具论》，北京：中国人民大学出版社，2003 年，第 351 页。
② 同上书，第 351—352 页。

是推理,其实并不是"①。

陈那因明的三支作法就相当于亚里士多德所说的辩证的推理,并非演绎推理,也即并非演绎论证。法称因明的同法式和异法式就相当于亚里士多德所说的证明的推理,属于演绎推理和演绎论证。

从论式上说,陈那因明与法称因明之根本不同在于同、异喻体的普遍性有差异。法称因明的同、异法式上的同、异喻体反映的是真实而原初的普遍原理,是毫无例外的全称直言命题,作为前提与结论有必然联系。

陈那因明则不同。陈那因明的三支作法的同、异喻体正是亚里士多德所说"从似乎是被普遍接受但实际上并非如此的意见出发,以及似乎从是普遍接受的意见或者好像是被普遍接受的意见出发所进行的推理就是争议的"。陈那因明的同、异喻体并非毫无例外的普遍命题。它是把宗有法即论题主词排除在外的,从前提不能必然推出结论。它避免了辩论中的循环论证。

为什么法称因明又能从前提必然推出结论而不犯循环论证呢?这是因为法称因明创建了三种正因,保证了它的同、异喻体是真实的和原初的。② 稍后我们再加解释。

陈那因明这一特点被玄奘所创建的汉传因明所充分揭示。百年来汉传因明不断争论的"同、异品是否要除宗有法"和"同、异喻体是否是除外命题"即"同、异喻体是否是全称肯定命题",实质上

---

① [古希腊]亚里士多德著,余纪元等译:《工具论》,第352页。
② 郑伟宏:《论陈那因明研究的藏汉分歧》,《中国藏学》2013年第1期。

就是要回答陈那因明是否为演绎论证。

同、异品要不要除宗有法，这不是一个在书斋里讨论的纯粹的逻辑问题。陈那因明是"论辩"逻辑，而非纯逻辑。其中的逻辑规则带有明显的辩论特点。陈那时代，印度人常争辩声音是无常的还是常的。因明中的论题称为"宗"。其主项称为"有法"，其谓项称为"法"。例如，佛弟子对婆罗门声论派立"声是无常"宗。具有"无常"法的属性的对象被称为"同品"，例如瓶等。不具有"无常"法的属性的对象被称为"异品"，例如虚空。在辩论中，该论题的主项声音究竟是无常的同品（同类）还是异品（异类）？由于"声是无常"宗为立方赞成而被敌方声论派反对，立敌双方针锋相对，该宗论题才成为辩论的对象，因此，在辩论结束前，声音既不是无常的同品，又不是无常的异品。如在当下，立敌双方能取得共识，就不要辩论了。辩论时，如立方将声音归为同品，敌方将其归为异品，则双方都导致循环论证，谁也说服不了谁。

以纯逻辑眼光看，声音既不算无常的同品，又不算无常的异品，显然违反了形式逻辑排中律。但是，这是在辩论，立、敌双方都必须避免循环论证。在整个辩论过程中，在辩论未结束前，声音既不算无常的同品，也不算无常的异品，是不违反排中律的。这一为论辩双方都默许的潜规则就被称为"同、异品除宗有法"。

这两个概念借用数理逻辑的术语来说叫初始概念。它们是构建陈那因明大厦的基石。牵牛要牵牛鼻子。对同品、异品概念的正确、全面的阐释，就是玄奘法师的最重要遗训。这个遗训，解读了陈那因明的DNA。

主张同、异品"除宗有法"和同、异喻体"除宗以外"，这并非本人的创见,而是从玄奘弟子的著作中引述出来的。日本凤潭所撰《因明论疏瑞源记》中记载了一条重要史料。这条史料说奘门弟子玄应之疏中有唐代四家疏记主张同、异品除宗有法,加上玄应本身一家,再加上敦煌遗珍中净眼之疏共为六家。众多弟子的疏记白纸黑字写在那里,这"同、异品除宗有法"应当看作玄奘法师的口义。

玄奘法师留给后人的最重要的遗训除了对陈那文本逐字逐句的诠释,还有对文本上没有专门论述的隐而不显的言外之意的阐发。他深知把一门新鲜的学问传回大唐,必须把该理论产生和运用的背景一并介绍清楚,以帮助研习者正确地理解和把握陈那的因明体系。

陈那和唐人都懂得逻辑体系的一致性和无矛盾性。唐疏不仅揭示同、异品要除宗有法,同、异喻依必须除宗有法,九句因、因三相必须除宗有法,而且在窥基的《因明大疏》中还明明白白地指出同、异喻体也必须除宗有法。《因明大疏》在诠释同法喻时说:"处谓处所,即是一切除宗以外有无法处。显者,说也。若有无法,说与前陈,因相似品,便决定有宗法。"① 在诠释异法喻时说:"处谓处所,除宗已外有无法处,谓若有体,若无体法,但说无前所立之宗,前能立因亦遍非有。"②

窥基弟子慧沼在《续疏》中专门讨论过同、异喻体是否概括了声的所作与无常的问题。慧沼的《续疏》未遵师说,认为若除宗,喻还有什么用呢?

---

① 〔唐〕窥基:《因明大疏》卷四,南京:金陵刻经处,1896 年,页二左至右。
② 同上书,页八右。

其实,除宗有法以外之同、异喻反映了因与宗法之间的不相离性(例如,所作性与无常性之普遍联系),避免了古因明将瓶、声全面类比和无穷类譬两个错误。陈那因明比起古因明来说,大大提高了证宗的可靠程度,能助立方取得辩论的胜利。陈那称之为"生决定解"。这就是喻的作用。慧沼的责难是没有道理的。

置上述文献而不顾,有人认为,同、异喻依要除宗有法,而同、异喻体以至整个因明体系却不要除宗有法。他说:"然而现在却有一些学者将原本不是问题的问题问题化,将本来可以直白说清的道理复杂化,乃至撇开原典逞意而言,动辄冒称这是陈那因明体系的题中应有之义云云,令初习者如堕五里雾中,不知所从。如关于'除宗有法'问题,这原本就不成其为问题,却有学者于此大做文章,将举譬时需'除宗有法',扩充到喻体也要'除宗有法',从而又冒出一个所谓的'除外命题'来,以否定陈那因明具有演绎的性质。"①此说显然违背了唐代文献依据和逻辑的一致性和整体性原理。

汤铭钧博士曾发现意大利著名学者杜齐用英语将《理门论》转译时,就漏译了因的第二相"于余同类,念此定有"中那个关键词"余"。这位享誉世界的因明大家稍有不慎就与"同、异品除宗有法"擦肩而过。

有人认为:"陈那只说同品要除宗有法,不说异品也要除宗有法。"②批评我们对因的第三相解释过多。为此,汤博士根据《集量论》对应文句藏译(金铠译本)所作今译因三相如下:"而且在比量

---

① 沈剑英语,转引自姚南强《因明论稿·序》,上海:上海人民出版社,2013年。
② 沈海燕:《论"除外说"——与郑伟宏教授商榷》,载《哲学研究》2014年第6期。

中,有如下规则被观察到:当这个推理标记在所比(有法)上被确知,而且在别处,我们还回想到(这个推理标记)在与彼(所比)同类的事物中存在,以及在(所立法)无的事物中不存在,由此就产生了对于这个(所比有法)的确知。"[1]

汤博士解释说,两个藏译本都将"别处"(gźan du/gźan la, anyatra)作为一个独立的状语放在句首,以表明无论对"彼同类有"还是"彼无处无"的忆念,都发生在除宗以外"别处"的范围内。藏译力求字字对应;奘译则文约而义丰,以"同类"(同品)于宗有法之余来影显"彼无处"(异品)亦于余。两者以不同的语言风格都再现了陈那原文对同、异品均除宗有法的明确交代。可见,批评者对文献的解读太过草率,也不懂汉传因明向有"互举一名相影发故,欲令文约而义繁故"的惯例。窥基释同品不提除宗有法,释异品定义则曰:"异品者谓于是处无其所立"则标明"'处'谓处所,即除宗外余一切法"。以异品除宗来影显同品亦除宗。

从唐疏对陈那因明体系的诠释中我们可以整理出陈那因明的逻辑体系。为了避免循环论证,规定初始概念同、异品必须除宗有法;以此为基础而形成的九句因中的二、八句因、因三相虽为正因,但并非证宗的充分条件;三支作法的同、异喻体从逻辑上分析,而非仅仅从语言形式上看,并非毫无例外的全称命题,而是除外命题;因此,陈那三支作法与演绎推理还有一步之差。

再来看法称因明。法称因明因后二相的建立,出发点就与陈那因明不同,它不是从同、异品出发来看两者与因的关系,而是从

---

[1] 汤铭钧、郑伟宏:《同、异品除宗有法的再探讨》,载《复旦学报》(社会科学版)2016年第1期,第78页。

因出发,考察什么样的因与同品有不相离关系。法称规定,正因的真实性和原初性必须是三种之一,即自性因(因与同品的关系为同一关系和种属关系)、果性因(例如有烟则有火)和二因的反面,即不可得因。自性因、果性因是立物因,得到肯定的结论。法称因明的三类因确保了因的真实性和原初性,从而确保了同、异喻体内容真实且为毫无例外的全称直言普遍命题,再加上形式有效,从而结论是必然得出且符合实际。法称虽未直言同、异品不除宗有法,从整个因明体系来看,他实际上改变了陈那的同、异品概念和因的第二、三相。

印度的逻辑史专家威提布萨那却将法称的三种正因按到陈那名下。这一严重错误早在1928年就被吕澂先生在《因明纲要》中纠正。威提布萨那的失误并非偶然,因为他不懂得陈那、法称因明在辩论术、逻辑和量论三方面的根本差别。他的失误对百年来国内外的因明研究以重大影响。

对陈那因明初始概念的定义,稍有不足或过火,都一定产生内部矛盾。当代有种种偏见。有人主张同、异品均不除,这显然不符合论辩逻辑的性质;有人主张同品除而异品不除,以保证陈那因明为演绎论证。这违反了公平、公正原则,赋予敌方反驳特权。这种反驳也属循环论证;有人甚至说陈那因明内部有矛盾,因此要修改其异品定义。替古人捉刀,这有违古籍整理的历史主义准则,根本就不是古籍研究;有人更以为,说异品要除宗是画蛇添足,因为敌方本来就除宗了。照此说法,立方就不战而胜了。

总之,若是辩论的规则偏袒了一方,使其凭规则稳操胜券,而另一方未辩先输,这样的辩论赛还会有人参加吗?可见,同、异品不除宗有法或只除其一的辩论规则只能是今人在书斋里拍脑袋的产物。

陈那因明的三支作法做到了类比论证的极限。得到这个正确结论,有正确的形式逻辑知识就够了。国内外有好几位用数理逻辑来研究因明的学者,把两个初始概念搞错了,犯了南辕北辙的错误。英国剑桥大学出版的美籍华人齐思贻的著作,把陈那的同品除宗和法称的异品不除宗合在一起,搞了个四不像理论,成了国内不少名家的模板。日本的末木刚博教授用数理逻辑整理陈那因明,由于同、异品都不除宗,其对陈那因明逻辑体系的刻画离题万里。

三、对陈那因明为演绎论证种种理由的辨析

陈那对古因明的改造是否达到演绎论证水平?有两种答案。争论就从这里开始。国内外传统的观点认为达到了。近四十年来才兴起的反传统观点认为未达到,仍然是有一步之差的最大限度的类比论证。

很少有人去关心和研究为何要讨论陈那因明的逻辑体系。要知道,只有搞清楚陈那因明非演绎论证,才能理解它在印度佛教逻辑史乃至印度逻辑史上的地位,才能真正讲清楚法称因明的历史贡献,才能讲清楚法称因明在佛教逻辑史乃至印度逻辑史上的历史地位。

印度佛教因明的发展轨迹是从古因明到陈那因明再到法称因

明,是从古因明的以辩论术为中心,到陈那因明以逻辑为中心,再发展到法称因明以量论即认识论为中心,脉络分明。从陈那因明到法称因明的发展,用亚里士多德的观点来衡量,是从辩证的推理上升到了证明的推理。拔高陈那因明,或用法称因明代替陈那因明,实际上都贬低了法称因明。

汤铭钧博士认为,陈那因明与法称因明的共同点是,要求论证前提的真实性。"两者都从前提的真实性来保证比量的可靠性。但是在陈那的体系中,前提的真实性在于论辩双方的共同认可(共许极成);在法称的体系中,则是在于它与事物本质联系(凭借自性的联系)的'相同表征'。法称使比量推理摆脱了论辩语境的限制,更符合思想活动在把握实在世界的过程中的真实情形。"①

陈那的论证前提的真实性建立在双方主观认可(即使虚假错误也能拿来作为证宗的理由)的基础上。陈那因明为避免循环论证要求同、异品除宗有法,这导致其同、异喻体并非毫无例外的普遍命题。这导致陈那的三支作法的前提在实质上不一定达到原初和真实,再加上同、异喻体并非毫无例外的全称命题,就导致形式也非有效,结论并非一定真实并且并非必然得出。但与古因明的类比论证相比,由于大大增加了证明力,因而大大增加了取胜的砝码。陈那新因明看起来是一小步,在印度逻辑史上显然是一大步。如果不学陈那因明,印度至今还以之为正宗的正理派学说还会陷于类比的窠臼之中。

把陈那因明的逻辑体系判定为演绎的理由多种多样,种种说

---

① 汤铭钧:《陈那、法称因明推理学说之研究》,上海:中西书局,2016年,第126页。

法的一个共用特点都是不懂得或忽略了陈那因明的同、异品概念是除宗有法的。

（一）主张同、异品除宗有法但回避与同、异喻体为全称的矛盾

1906年日本文学博士大西祝《论理学》汉译本在河北译书社问世，拉开了我国将因明与逻辑作详细比较研究的序幕。该书说，"同品有者，皆不可及于为宗之声，而声之为物，须暂置诸谓同品者之范围以外"，"声之为物，无常与否尚未可知，介于二品之间，方为两造所论争。含诸无常者之同品中固自不可，而含诸非无常者之异品中固亦不可也"。① 这即是说，宗是否应归入同品，正是争论的对象。但如果同品中已经包含宗，则"此论直辞费也"。② 意为建立因明论式是多此一举。他进一步指出同、异品除宗难于保证宗的成立，即是说陈那的因三相不能保证三支作法为演绎论证。所言甚是，但是他又认为同、异喻体是全称命题，因此三支作法仍是演绎的。他回避了同、异品除宗有法与因的第三相和同、异喻体为全称的矛盾，回避了这一矛盾的解决办法，直言同、异喻体全称则能证成宗。③ 这一见解开创了20世纪因明与逻辑比较研究重大失误的先河，影响中国因明研究百余年。现代因明家从太虚法师起，绝大多数都因循了大西祝的老路。

最为典型的是对我国的陈大齐教授的深刻影响。陈大齐先生对陈那新因明的基本理论以及它对整个体系的影响都有着较为准

---

① ［日］大西祝著，胡茂如译：《论理学》，河北译书社，1906年，第25—26页。
② 同上书，第24页。
③ 同上书，第31页。

确和较为深刻的理解,他把同、异品必须除宗有法而三支并非演绎论证的理由说得最为充分。他在20世纪30年代完成并于1945年出版于重庆的学术巨著《因明大疏蠡测》中第一次阐发了同、异品必须除宗有法必然导致三支作法并非演绎论证。

他的《印度理则学》是台湾政治大学的教科书。其第四章第二节详细讨论了喻体与因后二相的关系。他说:"从他方面讲来,若用这样不周遍的同喻体来证宗,依然是类所立义,没有强大的证明力量。"①他对同、异品除宗有法导致非演绎的局限看得最明白,说理最充分。与大西祝不同的是,他不回避同、异品除宗有法与同、异喻体为全称的矛盾,而是力图解决这一矛盾。然而他凭空赋予陈那因明体系自补功能,认为因的后二相就是归纳,同、异喻就带归纳。他为自补功能所做的辩护是违反逻辑的。

(二)完全不知道同、异品必须除宗有法

印度逻辑史家威提布萨那的《印度中世纪逻辑学派史》在1909年出版以来,虽然至今还没有汉译本,但是其对陈那因明的误解对现当代汉传因明研究仍有严重误导。威提布萨那用法称不除宗有法的因三相来代替陈那的因三相,这有违陈那本意。他在后来出版的《印度逻辑史》中又误将陈那弟子写的《因明入正理论》当作陈那的著作。此书也不懂得那烂陀寺所传陈那因明原貌,不懂得该因明同、异品必须除宗有法。他将因明三支完全比附逻辑三段论。

舍尔巴茨基的《佛教逻辑》与威提布萨那的《印度中世纪逻辑

---

① 陈大齐:《印度理则学(因明)》,台北:台湾政治大学教材,1952年,第114页。

学派史》一样,也是不讲"同、异品除宗有法"的。舍尔巴茨基甚至认为,从古正理、古因明的五分作法到陈那、法称的新因明始终是演绎的。他说早期正理派经典中"已经有了成熟的逻辑",是"具有必然结论的比量论"。① 其五分作法是"归纳—演绎性的"②,"演绎的理论成为中心部分"③。可是,其列出的五支论式的实例中却看不出演绎的特征。

舍尔巴茨基又说:"陈那进行逻辑改革时,逻辑演绎形式还是正理派确立的五支比量。"所举五分实例中喻支又成为:"如在厨房中等,若有烟即有火。"④凭空又加上了喻体"若有烟即有火"。

《大英百科全书·详卷》(*The New Encyclopædia Britannica: Macropædia*)对《正理经》五分作法的评论与舍尔巴茨基完全相同。⑤ 在国内也有许多有关印度哲学的论著中常见上述误解,这里就不再一一引述。

舍尔巴茨基的说法有两个错误:一是拔高了古正理、古因明的五分作法,否定了陈那的贡献。二是用法称因明来代替陈那因明,既混淆了两者的根本差别,又否定了法称的贡献。

这第一个错误在国内因明、逻辑工作者中倒是无人响应。第二个错误在国内影响巨大,被因明、逻辑工作者照搬了半个多世纪。

---

① [俄]舍尔巴茨基著,宋道立、舒晓炜译:《佛教逻辑》,北京:商务印书馆,1997年,第33页。
② 同上书,第32页。
③ 同上书,第34页。
④ 同上书,第322页。
⑤ 《大英百科全书·详卷》(*The New Encyclopædia Britannica: Macropædia*)第21卷"印度哲学"条,1993年英文版,第191—212页。

舍尔巴茨基等人的误解，并非偶然，是出于对陈那因明和逻辑三段论的多方面的误解。首先，舍尔巴茨基所依据的《理门论》，是意大利杜齐从玄奘汉译《理门论》转译的英译本。汤铭钧博士发现这个英译本漏译了"于余同类，念此定有"中的"余"字。真可谓差之毫厘，谬以千里。

舍尔巴茨基的《佛教逻辑》虽然晚至 1997 年才有中译本，但是上述错误早就几乎为国内众多的因明研究者全盘接受。周文英、沈剑英都把同品定有性解释为同喻体。

舍尔巴茨基完全用法称的因三相来代替世亲、陈那的因三相，不懂得三者之间的区别。王森先生谙熟舍尔巴茨基的《佛教逻辑》，他对陈那三支作法和因三相的解释与舍氏相同。他还在 20 世纪 40 年代就从梵文中试译了法称的《正理滴论》。他说："法称在逻辑原理方面完全接受了陈那的因三相学说，而在逻辑和事实之间的关系方面有不同的看法。在论式方面，对三支比量也有所更改。法称认为，为他比量可以有两种论式（一是具同法喻式，二是具异法喻式），并且以为二式实质相同，仅是从言异路。但是这和陈那同异二喻体依共为一个喻支，已经不是一回事了。"

这一段话是说，不同的论式可以植根于相同的原理，"逻辑原理"与论式无关，也可以说论式独立于逻辑原理。这一观点值得商榷。我的看法是，不同的逻辑原理决定了不同的论证形式。陈那与法称对论式的选择，都不是随心所欲的。不同的论式是两个完全不同的逻辑体系的不同表现。

（三）同、异品除宗有法"暂时说"

大西祝是主张"暂时说"的。前文已提到他主张宗有法要"暂置"同、异品之外,否则"辞费"。日本著名佛教学者宇井伯寿是主张此说的代表人物。他明确说:"新因明开始于世亲,大成于陈那,是完全的演绎论证。"又说,同品和异品是矛盾关系,不存在中间项。"要论证之际,宗有法要暂时从同品和异品中除去,让其暂时与同、异品没有关联,确定同、异品,然后提出能判定应该将宗有法归入同品或是异品的根据,最后明确指出其应该全部归入同品中的理由。"

大西祝和宇井伯寿都更强调除外的暂时性。他们认为,宗有法具不具有所立性,正是要争论或者说要论证的对象,而论证的目的即举出正确的因和喻,让对方明白宗有法具有所立性,从而将其归入同品中。但是,他们都未能解释,在除去宗有法的因、喻中怎么可能又凭空得到全称命题。其实,这种"暂时性"应贯串整个辩论始终。只要辩论没结束,九句因、因三相和同、异喻体都得遵守。宇井博寿之所以认为"是完全的演绎论证",是因为"喻体相当于大前提,必定是全称命题,立敌共许,只出现喻体就足够了,但是喻依是基于喻体的经验实例,这表明其中包含有归纳的性质","同喻和异喻是相互矛盾的关系,因此两者可以换质换位","必定是全称命题",断语容易下,理由却没有。

宇井伯寿的演绎说与舍尔巴茨基的基本相符,都以为喻体是毫无例外普遍命题。舍尔巴茨基根本不知道同、异品要除宗有法,所以会直言喻体全称。宇井伯寿是明知同、异品要除宗有法,却回避了与喻体全称的矛盾。这是"暂时说"的致命伤。

"暂时说"在国内的代表是沈剑英师徒。姚南强说:"陈那的办法是,先暂时地在同喻依中除宗有法而避免了正面论证中的循环论证,再通过对异品中除宗有法,使其再归入同品之列,从而通过'返显'确保同喻体的普遍、必然性,也使立者的推理和立论保持一贯性和有效性。总之,除宗有法并不影响那三支式推理的有效性。"其师沈剑英先生在为其著所作序中大为赞赏。姚南强早在别处就把这一误释自诩为发现了陈那的"一种机巧"。

"再通过对异品中除宗有法,使其再归入同品之列",这几乎未说理由,也根本不成为理由,只能是一种说话的"机巧",于逻辑无补。众所周知,立敌双方只要一坐下来辩论,确定了宗论题"声是无常"或"声常",同、异品概念的内涵和外延就定了。它们都要除宗有法"声"。辩论讲究公平、公正,不能一方除,另一方不除。既然一开始都除了,还有"再通过"一说吗?

(四)同品除宗而异品不除宗

美籍华人齐思贻教授在其著作《佛教之形式论理学》中最早有此方案。不过,齐思贻教授明确指出,自己采用了法称的异品定义。陈那的同、异品定义都除宗有法,而法称都不除宗。齐思贻把两个不同体系中的同、异品概念各取其一,同品除宗而异品不除宗,这样组合起来的体系既非陈那体系的原貌,也非法称体系的原貌。

国内只有少数几个人不完全照搬舍尔巴茨基的错误观点。以巫寿康的博士论文《因明正理门论研究》为代表,他不赞成同、异品均不除宗有法的观点,认为陈那因明中的同、异品除宗有法,使得异品遍无性并非真正的全称命题,使得因三相不能必然证成宗。这对于判定陈那新因明三支作法的推理性质"种类"有重要意义。他还认为因三相是互相独立的。第五句因是满足第一相和第三相，只不满足第二相的因。第五句因的存在，就保证了因的第二相独立于第一相和第三相。

本来他应该循此逻辑，判定陈那新因明三支为非演绎推理。但是他却根据陈那关于遵守因三相就能"生决定解"而判定其有演绎思想。巫博士为满足自己的主观要求，违反历史主义的研究方法，替古人捉刀，修改异品定义，使异品不除宗有法，以保证因三相必然证成宗。这一做法，被称为"解决了千年难题"，其实从根本上说就非古籍研究之所宜，这不是在研究逻辑史，而是在修改逻辑史。况且，修改后的体系包含许多矛盾。

他以为，只有同品不除宗，才会导致循环论证，好像异品不除宗，不会导致循环论证。首先，他们忘记了论辩逻辑的公平、公正原则。其次，异品不除宗，还授论敌以反驳特权。陈大齐教授早就指出，异品不除宗，因的第三相异品遍无性不能满足，任立一量都无正因可言，岂不荒谬？

重读沈剑英先生的《因明学研究》修订本，发现其九句因中第五句因的图解，同品除宗，异品却不除宗。这显然不符合第五句因的原意——同、异品皆无因。前面说过，沈先生赞成姚南强"暂时说"，即"再通过对异品中除宗有法"。究竟要不要除宗有法，前后竟如此矛盾。

（五）同、异喻体为全称命题，主项不除宗有法

宇井伯寿认为，"喻体相当于大前提，必定是全称命题，立敌共许，只出现喻体就足够了，但是喻依是基于喻体的经验实例，这表明其中包含有归纳的性质"。

百年来的汉传因明研习者几乎一见"诸"就以为是"凡""所

有"，一见"若"就视同为充分条件假言命题中的"如果"。这就误把同、异喻体当作了毫无例外的全称直言命题，或充分条件假言命题（可以转换为全称直言命题）。这样一来，三支作法自然就成了演绎论证。这是极大的误解。

请注意，玄奘在《因明正理门论》和《因明入正理论》的汉译中同、异喻体打头的量词是"诸"，也有用"若"的。

在汉语里，"诸"尽管也有"凡""所有"之义，它还有"众多"的意思。"若"在汉语里是多义词，既有"假如"（"如果"）的意思，也有"如同""像""如此""这样""这个""这些"的解释，并非只有"假如"一解。

吕澂先生认定《入论》喻体中"若"只作"假如"解，相当于假言命题联结词"如果"。他强调，整个假言命题"口气就活些"。这是沿用了太虚法师的说法，意思是假言命题比与直言命题相比，模糊了主项除宗有法，又可以保证整个论证为演绎。其实，此说有误解。玄奘译文用"若"字，与"诸"相若，按汤博士的考察，是取举例含义，而非"假如"。

担任玄奘译场证义的神泰对《理门论》"若于其中俱分是有，亦是定因，简别余故"的解释足以说明，玄奘在喻体上用"若"字，与用"诸"同义。

文中所引三支中的同喻打头用"诸"，异喻则用"若"。诸与若同义，没有假言之意。

汤铭钧博士考察梵本，指出吕澂先生的失误在于对于梵文原本的误读："玄奘译文中的'谓若所作，见彼无常'，原文是：tadyathā | yat kṛtakaṃ tad anityaṃ dṛṣṭam，当译为：就像是这样，

凡所作的都被观察到是无常,奘译这一句中的'若'字,当是对应于 tadyatha(如是,就像是这样),亦无假言的意味,不能作为吕先生假言判断说的证据。"

总之,汤博士发现喻体梵文打头就是举例说明的意思。其一,排除了"假言"说。其二,吕先生赞成喻体"除宗以外",把喻体解作毫无例外全称直言命题有缺陷。可见,奘译是准确的,是与他的口义同、异喻"除宗以外"相一致,与他对整个陈那因明体系的理解相一致。在这里,语词的解释必须服从逻辑的解释,必须从属体系的内部和谐。

(六)"本来"演绎说与"初步"演绎加类比说

"认为因明体系本来就具有演绎推理功能。"这是巫白慧先生对张忠义著作《因明蠡测》所作的肯定。该书因循巫寿康博士的看法,陈那自己说遵循了因三相就能"生决定解",意味着"宗就能由因、喻必然地得出"。

"生决定解"一定表示演绎吗?这是望文生义,以自己的主观愿望来代替古人的想法。姑且不论陈那时代还不懂得亚里士多德逻辑有演绎、类比之说,玄奘汉译不过是说能取得辩论的胜利。这样解释符合玄奘忠实弘扬的同、异品除宗有法的陈那因明体系。演绎不演绎是今人的评论,从同、异品除宗有法导致陈那因明体系非演绎是我们今天用逻辑的格来衡量的结果。

最新的一种说法是"初步"演绎说加类比。从古因明到陈那因明,再到法称因明,整个佛教因明发展史就其逻辑内容而言,都属形式逻辑范围。形式逻辑只有真假二值,是就是,不是就不是。是演绎还是类比,两者必居其一。用"初步"限制演绎,那不是形式逻辑而是模态逻辑。在演绎范围内绝对不可以谈程度的不同,其结论就是从前提中必然的得出,不能讲或然,不能有一个例外。类比则不然,可以用一物类比一物,也可以用除宗有法以外的其他全体来类比一物,这后一情形就是陈那因明三支,我称之为最大限度的类比推理。只要除宗有法,用来类比的对象,其数量不论多少,都属类比。若毫无例外,则归属演绎。

至于说演绎之外再加类比,那是蛇足。同喻中的那个例证,逻辑作用不再是类比,也不是可有可无的,而是表明满足了因的第二相,表明喻体的主项存在而非空类,表明排除了第五句不共不定因。

陈那因明体系自带归纳考辨[①]

本文从因明文献出发,讨论印度陈那因明体系自带归纳的常识错误,因明称为成异义过或同所成过。它们不见于玄奘翻译的因明大、小二论,详见于窥基的《因明大疏》。一个三支作法只有一个论证过程,在这一个论证过程之外的归纳说都犯成异义过或同所成过。因和喻都是立敌双方共同认可的已有的经验或知识,不是临时归纳所得,它们来自忆念。这与逻辑三段论的前提内容吃现成饭,借用已有的经验或知识相同。怎样得到真实而又普遍的同、异喻体,与三支作法的使用者的知识背景有关,因明本身不可能提供帮助,这与三段论只管形式不管内容相同。

一、自带归纳说没有文献依据

自汉土有因明与逻辑比较研究以来,一百多年间因明研究者普遍认为陈那因明是演绎论证,并且说它自带归纳,比西方逻辑三

[①] 本文是国家社科基金重点项目"玄奘因明典籍整理与研究"(16AZD041)阶段性成果,发表于《西南民族大学学报》(人文社会科学版)2020年第12期。汤铭钧博士曾将本文标题英译为"归纳推理是陈那因明的一个准备性步骤吗?"(Is inductive reasoning a preparatory step in Dignāga's logic?)表示本文的"归纳"与有的教科书主张非演绎即归纳说有区别。

段论只有演绎高明得多。关于本论标题所提问题,正反双方都没有用专题论文来详细探讨过。说自带的,无非说喻体由喻依归纳而得,或者说由因的第二相"同品定有性"和第三相"异品遍无性"归纳而得。

对上述理由,可以问一问:有文献依据吗?有实例依据吗?用哪一种归纳推理?在印度佛教陈那论师的《因明正理门论》(简称《理门论》)、《集量论》和陈那弟子商羯罗主的《因明入正理论》(简称《入论》)中,甚至在后起的法称因明中你找得到一句关于归纳的理论吗?你找得到一个哪怕是不完全归纳推理的实例吗?如果说找得到,那简直就是挑战了不可能。

请持归纳观点的研习者注意,我们争论的对象是一个三支作法的论证种类或性质是什么。在一个三支作法中,除了说它是演绎或类比外,再没有出现过另外的称为归纳的思维过程。在一个三支作法之外,在陈那因明的理论体系中也从未有过归纳思想。比较陈那因明三支作法与逻辑三段论,有一个共同特点是无归纳。说因明三支作法有归纳的理由,逻辑三段论也具有或者很容易具有。在归纳方面因明三支作法并不比逻辑三段论高明。

先简评一下喻体由喻依归纳而得的说法。很多因明家都说,同喻里的那个例证,就是归纳的素材,同喻体反映的普遍命题就是通过例证归纳出来的。要知道,在标准的三支作法上,同喻只要举出一个同喻依就够,最多加上"等"字。在异喻处也不见有列举全部的,可见不必穷举。举一个或几个实例就概括出一个普遍命题,这样的归纳结论也太不靠谱了。说喻体直接由喻依归纳而得,显得没有理论色彩,很难让人信服。照此理由,同样可以在一个具体的逻辑三段论大前提上加一个例证，这不是轻而易举地解决了三段论只演绎无归纳的问题吗？这是显而易见的方法。加一个例证，就说三段论大前提由归纳所得，恐怕没人愿意犯这样一种低级错误。

诚然，每一个陈那三支作法在同喻体之后都附有例证，但那不是归纳的标志。举得出合格的同喻依是满足因的第二相同品定有性的标志，是排除九句因中第五句不共不定因（声常，所闻性故）的标志。从逻辑上说，是同喻体主项存在的标志。由第五句因组成的三支作法的同喻体"诸所闻性见彼是常"在除宗有法"声"之后，再也找不到任何一个有"所闻性"的同品，进而再无合格的同喻依，因此，同喻体的主项是空类。总之，陈那三支作法的那个同喻依，不再是古因明五分作法低级类比中的角色而有了全新的意义。

在陈那《理门论》和商羯罗主《入论》中，同喻依之过失只有三种：能立法不成（所举喻依缺因法）、所立法不成（所举喻依缺宗的后陈法）和两俱不成（两者均缺）。同喻依之三过从反面证明，同喻依根本不要求数量有多少，只要有一个合格的例证就满足证宗的要求。在上一世纪，陈大齐先生对陈那因明的论证种类有较为深刻的认识。他的看法是陈那因明既演绎又自带归纳说的代表。他对同、异品除宗有法导致整个三支作法非演绎有过很严密的论证，但是他囿于传统观点又不得不承认陈那因明为演绎。他是怎样来消除这一矛盾的呢？

陈大齐先生认为，陈那因明三支中全称的同、异喻体是由因的后二相归纳而来。他说："因明比量，其根本职务虽在演绎，但于演绎之中兼寓归纳。故逻辑的三段论法是纯演绎的，因明的比量是演绎兼归纳的。这是两者大相悬殊之点。宗因喻三支是演绎的形式,同品定有性异品遍无性是归纳的方法。同品定有性近于逻辑的契合法,异品遍无性近于逻辑的差异法。"①

又说:"在逻辑内,演绎自演绎,归纳自归纳,各相独立,不联合在一起,所以归纳时不必顾及演绎,演绎时不必顾及归纳。因明则不然,寓归纳于演绎之中,每立一量,即须归纳一次。逻辑一度归纳确立原理以后,随时可以取来做立论的根据,所以逻辑的推理较为简便。因明每演绎一次,即须归纳一次,实在烦琐得很。"②

还说:"因后二相是归纳推理,用宗同异品做推理的资料,以同品定有异品遍无做正似的标准,归纳的结果方才获得同异喻体。"③

陈大齐的归纳说有几点值得推敲。其一,"每立一量,即须归纳一次",此说不见于任何文献,于实例和理论两方面都缺乏依据。每归纳一次,用的什么归纳推理,内容是否真实,结论是否可靠,敌论方是否认可,因明没有也不可能建立一套规则来回答以上问题。因此,说"每立一量,即须归纳一次",说了等于白说。

其二,照其说法,三段论理论也"寓归纳于演绎之中"。因明的每一个三支作法都有同、异喻体,实际上是每立一量,即将已有的知识拿来运用一次,并没有临时归纳一次。这与三段论一样。每一次运用具体的三段论,它的大前提的提出不过是把现成的知识拿过来用一用,很少有临时归纳的。即便有,如复合三段论,即连

---

① 陈大齐:《印度理则学(因明)》,台北:台湾政治大学教材,1952年,第97页。
② 同上书,第112—113页。
③ 同上书,第109页。

珠体,那也是增加了另外一个思维过程。同样的道理,这每归纳一次与三支作法无关,它是另外多出来的思维过程。可见,要说因明理论"寓归纳于演绎之中",同样可以说三段论也"寓归纳于演绎之中"。

其三,因的后二相规则的提出不是归纳的结果,后二相本身也不是一个归纳推理,它也没有归纳出同、异喻体。宗以外只要有一个同品有因就满足了第二相,所以第二相同品定有性根本不靠归纳推理得出。它们本身也不归纳出什么结论,它们只是规范了同、异喻体,换句话说,同、异喻体符合二、三相的要求便正确。第二相和第三相异品遍无性是从九句因的二、八正因中概括出来的。陈那创建的九句因理论本身也不是归纳推理。它把因与同、异品的九种情况列举出来加以比较辨析,判定四种不定因、两种相违因,判定只有第二、第八句才是正因。然后从二、八句中概括出因的后二相。可见,整个九句因理论与归纳说没有关系。

因三相规则本身只是个规定,陈那认为,遵守了因三相,三支作法就能"生决定解",即能证成宗,能取得辩论的胜利。同喻要正确,必须同时满足因的后二相,异喻要正确,必须满足第三相。如同三段论第一格第一式的两条规则"大前提必须全称"和"小前提必须肯定",遵守这两条规则其形式便正确,不遵守便错误。应当遵守它们与它们怎么来的和它们能证成什么,毕竟是两回事。总之,"大前提必须全称"这条规则并没有告诉你它是怎么归纳来的。同样,第三相异品遍无性也没告诉你它是怎么归纳来的。怎样得到普遍原理,压根就与陈那因明理论和三段论理论无关。在一个三支作法内,同品是否有因,异品是否遍无因,因明本身也无法断定,这都与论证的内容有关,与实际知识有关。

同、异喻体的实际内容——可以是原初的真实的原理、规律,也可以是已有的普遍知识和经验。它们既然是借来用的,那就不能说陈那因明三支作法自带归纳。三段论的大前提是吃现成饭的,同样,陈那三支作法的同、异喻体也是吃现成饭的。众所周知,运用三段论的人要从百科知识和已有经验中去找那些真实的原初的理由。除非在简单事物上,临渴掘井的事在使用三段论时不太会有。逻辑论证的理由很少是临时归纳来的。能说这两条规则本身是归纳推理吗?当然不能。同样的道理,不能说因的第二相"同品定有性"和第三相"异品遍无性"本身是一归纳过程。至于这百科知识和已有经验怎样由归纳所得,与因明毫无关系。

最后,陈大齐先生在形式逻辑的范围内,凭空借助"归纳的飞跃"来解释不完全归纳推理可以获得全称命题,从而消除同、异品除宗有法与同、异喻体为全称命题的矛盾,显然违背形式逻辑常识。

要回答陈那因明理论中根本没有归纳理论,还得从陈那因明三支作法的组成和整个体系讲起。这是因为,如果在陈那因明三支作法之外再去找归纳理论和归纳推理,那么与本题无关。因的后二相尽管是因明体系内的理论,如上所述,无论它们(尤其是异品遍无性)是否归纳,都与判定本题无关。每一个同、异喻体所反映的较为普遍的命题都涉及具体知识。这具体知识由演绎、归纳、类比哪一种推理方式得出,都与同喻体的组成方式"说因宗所随"和异喻体的组成方式"宗无因不有"无关,而与具体内容有关。这与逻辑三段论理论只管形式对错而不管内容真假完全相同。假如陈那因明还要管怎么自带归纳等,那么学习因明便可代替学习百科知识了。

二、归纳说有"成异义过"或"同所成过"

陈那的三支作法和整个体系中根本就不允许再出现归纳推理，根本就不允许其论据（包括因和喻）的真实性还要靠临时归纳而证得。假如出现这种情况，就有过失。因明把这种过失称为成异义过或同所成过。

成异义过或同所成过是在《入论》所列宗、因、喻的33种过失之外的过失，是立论方和敌论方都力求避免的过失。这是印度佛教因明著作中隐而不显的潜规则。

陈那中的三支作法和整个因明体系，都只限于讨论一个思维过程，就是用满足因三相的一个因和同、异喻来证成当下立、敌双方对诤的宗论题。在陈那的《理门论》和其弟子商羯罗主的《入论》中，规定了一个三支作法的组成，只有宗、因、喻三支。

陈那的《理门论》说："为于所比显宗法性故说因言；为显于此不相离性故说喻言；为显所比故说宗言。于所比中，除此更无其余支分，由是遮遣余审察等及与合、结。"①意为，为了显示宗有法遍有因法，因此要说因支；为了显示因法与宗法的不相离关系，因此要说喻支；为了要显示立论的对象，因此要说宗支。为了论证宗义，除宗、因、喻三支外不需要其他支分。由于这样，便要遣除其余审察支等以及五分作法中的合支和结支。

---

① 吕澂、释印沧：《因明正理门论本证文》，《内学》下册，上海：中西书局，2014年，第1039页。

商羯罗主的《入论》随顺《理门论》,说:"唯此三分,说名能立。"①"唯"字强调只有宗、因、喻这三支组合起来,就成为能立。

在一个三支作法中,只有一个论证过程。例如,在《入论》中,佛弟子立"声无常"宗。由于《入论》只讨论共比量而不讨论自比量和他比量,共比量要求除了宗体"声无常"为声论派反对外,组成宗的"声"和"无常"两个宗依概念的真实性和因支、喻支的真实性都必须得到立论方和敌对双方的认可。三支中的因支、喻支都是为证此宗而立,三支合成一个论证的思维过程,也只有这一个思维过程。如果在整个论证过程中有第二个思维过程出现,那么就有过失。因明称之为"成异义过"。逻辑术语称为转移论题。

《入论》"谓极成有法,极成能别"这一句对论题的组成概念有规定。窥基的《因明大疏》(简称《大疏》)在疏解这一句处首提成异义过。《大疏》说:

> 极者至也,成者就也,至极成就故名极成。有法、能别,但是宗依,而非是宗。此依必须两宗至极共许成就,为依义立,宗体方成。所依若无,能依何立?由此宗依,必须共许。共许名为至极成就,至理有故,法本真故。若许有法、能别二种非两共许,便有二过。一成异义过,谓能立本欲立此二上不相离性和合之宗,不欲成立宗二所依。所依若非先两共许,便更须立,此不成依,乃则能立成于异义,非成本宗。故宗所依,必须共许。依之宗性,方非极成。极成便是立无果故,更有余

---

① 吕澂:《因明入正理论讲解》,北京:中华书局,1983年,第17页。

过。……由此宗依，必依共许，能依宗性，方非极成。能立成之，本所诤故。①

本段大意为，所谓"极"是至极，所谓"成"是成就，有至极的成就因此称为极成。有法和能别这两个名词，只是宗依，而不是宗支。这两个宗依必须立敌双方共许为至极的成就，宗依成立了，才能形成宗论题。如果所依的宗依都不能成立，作为能依的宗体怎么立得住呢？假若允许有法、能别二种并非双方共许，便有二过。一是有成立别的宗义的过失，这是说能立本来要成立由不相分离的二种宗依和合而成的宗体，不是要成立组成宗体的两个所依。假如所依即有法、能别不是先由双方共许，便须另外先来证成这不极成的宗依，乃至使得能立证成别的宗义，没有证成本来要成立的宗。因此宗之所依，必须共许。两个宗依组成的宗体，才是不共许极成的，因为宗体要是立敌共许，便没必要辩论了。除了犯"立无果"，还会有其他过失。因此宗依必须依赖于共许，而作为能依的宗体，才成为不共许的争论对象。因为能立要证成的，就是立敌本来对诤的对象。

窥基在解释似宗所别不极成、能别不极成和俱不极成处说："若此上三不立过者，所依非极，便更须成。宗既非真，何名所立？"②这是说，对于以上三种不成宗过，宗依不共许，便必须重新成立。宗既然不是真宗，怎么能称为所立呢？

因明关于真宗或正宗的规定共三条。一是上述关于两个宗依

---

① 〔唐〕窥基：《因明入正理论疏》，南京：金陵刻经处，1896年，页二—页三。
② 〔唐〕窥基：《因明入正理论疏》卷二，页十四。

必须共许极成。二是由能别差别有法,形成有法与能别的不相离性即宗体,《入论》称之为"差别性故"。三是《入论》所说"随自乐为所成立性",意为,所立之宗是立者当下乐意成立,而且是当下敌对者乐意辩论的题目。如果在上述三支之外,辩论者临阵磨枪,靠临时归纳来证成因和喻,这已不是立论之初立敌双方乐意认可的辩论题目,那么同样转移了论题,也犯成异义过。

对这第三点"随自乐为所成立性",文轨《庄严疏》解释说:"此简滥也。即简因、喻。一释,宗、因、喻言俱成己义,理应三种齐得名宗。为去此滥故以两义简之。一乐为简不乐为,谓所立之宗违他顺已,自所尊重是所乐为,能立喻、因自他共许成宗,故非所乐为。故乐为是宗,余二非也。二所成立性简能成立性,谓宗义既是所成,即唯自所尊主。因、喻既是能立,共许何得名宗?故所立为宗,余二非也。……问,何者因、喻是所成耶?答,如对声显论者立'声无常',因云'所作性故',其声显论不许声是所作,遂更立云'声是所作',因云'以随缘变故',同喻云'如灯焰等',其同喻等准此可知也。"①

文轨的意思是,"随自乐为所成立性"有简滥的作用。一是以乐为简去不乐为。因和喻在这一个三支作法中已为立、敌双方共许,并非双方乐意讨论的对象。二是,宗有所成立性,因、喻则有能成立性,所成立的宗把能成立的因和喻从宗义中简别出去。他举例说,声显论不赞成声音有"所作性",若另立"声是所作"为宗,以"以随缘变故"为因,则此三支作法另立了一个宗。

---

① 〔唐〕文轨:《因明入正理论庄严疏》,南京:支那内学院,1934 年,页十至页十一。

窥基的《大疏》也解释说:"'乐为所成立性',简能成立者。能成立法者,谓即因、喻。因、喻成立自义亦应名宗。但名能立,非所成立,旧已成故,不得名宗。今显乐为新所成立方是其宗。虽乐因、喻非新成立,立便相符,故不名宗。"因、喻是原先已成立的,非当下立敌双方所乐于辩论的对象,若立为宗便有相符极成过。

《大疏》又说:"因既带似,理须更成。若更成之,与宗无别,名同所成。似宗、二喻亦在此摄。"意为,本来举出共许之因,是为了证成宗果。因既然带有过失,此因本身理当另外证成。如果另外来证成其因,则与待证之宗没有区别了,这就叫与所成之宗相同。似宗和似同喻、似异喻也是这个道理。"同所成"是"成异义"的反面说法。一个三支作法只允许一个宗,"同所成"是增加了宗,同样为因明所不许。窥基还用真因、真喻作对比说,真因、真喻由于没有各种过失,它们本身就是立敌共许的,因而不同于所要成立的宗。

三、因和喻必须是共同认可的已有知识或经验

有的归纳说的赞成者如苏联科学院院士舍尔巴茨基和我国的王季同先生主张,同、异喻体是根据逻辑中判明现象因果联系的求同求异并用法得到的。陈大齐先生说:"同品定有性近于逻辑的契合法,异品遍无性近于逻辑的差异法。"许多研究者没有说是哪一种归纳推理,只说是归纳所得。

众所周知,与三段论理论只管推理形式是否有效,只管能不能

必然推出结论,不关心前提内容是否真实不同,陈那因明三支作法要求因和喻必须真实可靠。三支作法关心应该用什么样的理由或论据来证宗,即用符合因三相规则的因和同、异喻来证宗。

《理门论》做了如下规定:"此中'宗法'唯取立论及敌论者决定同许。于同品中有、非有等亦复如是。何以故?今此唯依证了因故,但由智力了所说义,非如生因由能起用……于当所说因与相违及不定中,唯有共许决定言词说名能立,或名能破。非互不成犹豫言词,复待成故。"①

比量只涉及共比量,而未涉及自比量和他比量。共比量的要求是:首先,两个宗依必须同许;其次,因概念必须同许,因概念在宗有法上遍依、遍转即遍是宗法性(所有有法是因法)必须同许;再次,同品、异品必须同许,同品有、同品非有、异品有、异品非有等都得同许。这一条中实际包含了同、异品除宗有法。《理门论》在这一段话里虽未明言同、异品除宗有法,但这是又一条潜规则。最后,同、异喻体要同许,同喻依要同许,异喻依则可以缺无,甚至可以举虚妄不真的对象如兔角、龟毛等。同喻依是一身二任,既是宗同品,又是因同品。同品要除宗有法,同喻依也要除宗有法。同样,异喻依也要除宗有法。

在共比量中,陈那首先规定"宗法"必须立、敌决定共许。"宗法"即因法,《入论》所举实例中的"所作性"。宗法共许极成包含两层意思:第一,因支"所有声是所作性"能成立,满足因的第一相遍是宗法性要求;这第二层意思是强调它是"决定"而没有丝毫的犹

---

① 吕澂、释印沧:《因明正理门论本证文》,《内学》下册,第1043页。

豫不定。陈那首创九句因理论,是为了从中概括出因的后二相。九句因都以满足第一相为前提,正因必须是宗上有法之法。如果一个因只符合第二、三相,而不符合第一相,那么此因与证成此宗毫无关系,成为不相干论证。为了证宗,所举之因必须包含所有宗上有法。

陈那接着说的一句"于同品中有、非有等亦复如是"含义丰富。整个九句因都必须立、敌双方共许。九句因是指因与同品、异品在事实上有九种不同关系。以第一句"同品有因、异品有因"为例,这第一句是说"所有同品都有(是)因并且所有异品都有(是)因"。

首先,同品、异品的范围即外延必须确定,要得到立、敌双方共许。因此,同、异品除宗有法,应当看作是"立论及敌论者决定同许"的内容。

其次,是"所有同品是因并且所有异品都是因"这一联言判断要为立、敌共许。例如,"声常,所量(认识对象)性故",常的同品如空,常的异品如瓶等,立、敌双方都共许所有同品有所量性,也都共许所有异品有所量性。其余八句因都包括这样两层意思。

再以第五句因为例,"声常,所闻性故",这句是说"所有同品不是因,所有异品不是因"。立、敌双方要共许这一句,只有满足一个条件,即同、异品除宗有法。九句因都作如是观,然后才能探讨九句因中哪些是正因,哪些是似因。

宗法要共许,九句因都要共许,就是说因法概念和九句因中的正因、似因(判断)都得共许。为什么呢?陈那回答说:"今此唯依证了因故,但由智力了所说义,非如生因由能起用。"[①]这是说,因

---

① 吕澂、释印沧:《因明正理门论本证文》,《内学》下册,第 1043 页。

的证宗作用依赖于敌、证的智了因,当敌论者、证人的智慧了知、赞同立者之因,该因便有证宗之功能;反之,当敌、证之智不了知该因,能立之因便起不到开悟敌、证的作用。智了因不同于言生因。如种生芽,并非由智力知才为因,智力知,它是生因,智力不知,种仍为芽之生因。尽管如此,生因能不能成为敌、证解悟的智了因,还有一个能否得到敌、证主观认可的问题,所以因的选择要符合立、敌双方共许极成,以共许因法证不共许宗法。

陈那又进一步解释说,九句因中的每一句所反映的情况都必须立、敌双方共同认可,在此基础上再来判定每一句的真假,然后才能把正因说成能立,把似因说成能破的对象。

《大疏》在引用《理门论》上述论述之后紧接着说:"故知因、喻必须极成,但此论略。"①此论指《入论》。综上所述,一个真实而又正确的三支作法,所用因和喻已经得到了立敌双方的认可,完全不用"每立一量,即须归纳一次"。

四、因明典籍中的"忆念"说

三支作法中的因和喻,是临时归纳来的还是吃现成饭的,不能凭空而论,要有文献依据。请看:

(一)陈那新因明的"忆念"说

1. 陈那《理门论》的"忆念"说

陈那《理门论》说:"若尔,既取智为了因,是言便失能成立

---

① 〔唐〕窥基:《因明入正理论疏》卷二,页九。

义。"①神泰解释说:"别人难云:若尔智为了因,前说由宗等多言说名能立,此之多言便失能成立义。"②神泰的解释说,别人问,在言、义、智三因中,既然你取智了因为因,那么言了因便失去意义了。

陈那回答别人的问难:"此亦不然,令彼忆念本极成故,是故此中唯取彼此俱定许义,即为善说。"③

神泰解释说:"今明言因,令彼敌论人忆念此声上有所作性于瓶等同品上本极成定有、异品通无。此所作性因敌论人亦先成许有,名曰极成。然恐彼废忘,复须多言令彼忆念本极成义。"④

神泰对陈那的答问解释说,言了因没有失去意义,现今言了因被陈述出来,可以使敌论人回忆起此因具备三相,即声有所作,同品瓶有所作性,所有异品无所作性。这个所作性因是敌论人本来就认可的,称为极成。然而担心他们年久忘记,因而要借助因、喻多言使其回忆起共同认可的道理。

以上对话显然表明,陈那三支作法中的因和喻以及支撑它们的因三相都是立、敌双方事先共同认可的理由,"令彼忆念本极成故",并非临时归纳得出。

《理门论》又说:"此有二种:谓于所比审观察智,从现量生或比量生;及忆此因与所立宗不相离念。由是成前举所说力,念因同品定有等故。是近及远比度因故,俱名比量。此依作具、作者而说。"⑤

---

① 吕澂、释印沧:《因明正理门论本证文》,《内学》下册,第1043页。
② 〔唐〕神泰:《因明正理门论本述记》,台南:湛然寺,2005年。
③ 吕澂、释印沧:《因明正理门论本证文》,《内学》下册,第1043页。
④ 〔唐〕神泰:《因明正理门论本述记》。
⑤ 吕澂、释印沧:《因明正理门论本证文》,《内学》下册,第1043页。

比量智的产生分两种情况,其一,显示宗法智的因或者从感觉量生,或者从推论所生,它们都是远因;记忆起因法与宗上之法间不相离关系(同品定有、异品遍无)的念则是近因。此念能增强远因所生之智的力度,因为此念所回忆的是显示因后二相的同、异喻。这近因和远因都是通过比较而成为因的,因从果名都可称为比量。远因与近因的不同是依照工具和使用工具的人与对象之间的亲疏关系来分别的。

2.《集量论》的"忆念"说

汤铭钧博士根据《集量论》对应文句藏译(金铠译本)所作因三相今译如下:"而且在比量中,有如下规则被观察到:当这个推理标记在所比(有法)上被确知,而且在别处,我们还回想到(这个推理标记)在与彼(所比)同类的事物中存在,以及在(所立法)无的事物中不存在,由此就产生了对于这个(所比有法)的确知。"①

在《集量论》中,陈那在讨论火与烟的无则不生关系的形成和运用时说:"'因无错乱者,从法、于余显,彼成、则了解,具彼之有法。'谓火与烟,无则不生之系属,要先于余处显示之后(先在余处见到火与烟无则不生之关系),次于别处,虽唯见有烟,以若处有烟,则彼处有火。亦能显示成立有火。若不尔者,不能显示各别余处,所立火与烟,无则不生也。"②

"先于余处"这四字表明两点,一是除宗有法,二是指已有经验。"余处"明言火与烟无则不生之关系不包括立论之际的此处。

---

① 汤铭钧、郑伟宏:《同、异品除宗有法的再探讨》,《复旦学报》(社会科学版)2016年第1期。
② 法尊译编:《集量论略解》,北京:中国社会科学出版社,1982年,第36页。

"先于"表明火与烟的无则不生关系是已有的经验,并非立论之际当下的经验总结。

3. 窥基《大疏》的"忆念"说

窥基《大疏》关于比量的定义说:"六者比量,用已极成,证非先许,共相智决,故名比量。"①

即比量就是用已知的立敌双方共许的知识来论证尚未被双方认可的宗,由此确定的共相智,就称为比量。正因此,慧沼指出:"缘因之念为智近因。忆本先知所有烟处必定有火,忆瓶所作而是无常,故能生智,了彼二果。"②

《大疏》将"念"称为比量智的"近因"。比量用来证宗的理由依赖记忆即"念"而获得,由记忆回忆起过去的各种已知知识和道理。

窥基"用已极成,证非先许",与《理门论》"令彼忆念本极成故,是故此中唯取彼此俱定许义"一脉相承。可见,窥基认为因和喻的获得并非当下。

(二)法称《正理滴论》的"忆念"说

法称因明虽与陈那因明有不同的逻辑体系,但它们用来证宗的理由的获得有共性。在法称的《正理滴论》中,法称提出自性因、果性因也不是当下即临时归纳出来的,法称建立同法式和异法式的两个喻体,也不是通过运用归纳推理得到的。

法称明确指出:"如是一切能成立法,其为正因,当知唯由此能立法,若为实有,即能与其所成立法,相属不离。此义随宜,先由正

---

① 〔唐〕窥基:《因明入正理论疏》卷一,页九。
② 〔唐〕窥基:《因明入正理论疏》卷三,页二十一。

量,已各成立。"①

　　意思是说,一切能立法只要它是实有的自性因法,就是正因,就能与所立法建立相属不离的普遍联系。这种普遍命题的真实性是由先前的"正量(现、比量)"所证成了的,即已有的真实知识。同样,依果性因和不可得因建立同、异喻体这两个普遍命题也不是当下归纳来的。按照法上的解释,是依照了"正、反两面的经验"。②经验是立论前已有的并为双方认可的。可见,一个普遍命题的获得不应该从法称的比量形式或因三相规则中去找根源。回过头来看,这个道理同样适合陈那因明。

　　为什么法称因明又能从前提必然推出结论而不犯循环论证呢?这因为法称因明创建了三种正因,保证了它的同、异喻体是真实的和原初的。

---

① 李润生:《正理滴论解义》,香港:密乘佛学会,1999年,第130页。
② 同上书,第145页。

论玄奘因明研究的历史地位①

唐代玄奘法师(600—664)在印度求学后期,成为印度首屈一指的因明家(佛教逻辑学家)。国内的因明研究者尽管大都认为玄奘对印度因明有伟大贡献,但是玄奘因明成就究竟如何伟大,恐怕还说不清楚。

"因明"是印度大乘佛教名著《瑜伽师地论》对逻辑学、辩论术与知识论三位一体学说的总称。唐代玄奘法师沿用这一命名法以代替印度通常的名称"正理"。玄奘所传的因明是印度佛教因明第一个高峰陈那(约480—540)因明。陈那因明的前期代表作《因明正理门论》(汉传称之为大论)的主体是论辩逻辑学说。玄奘所传的因明保存了印度在公元6到7世纪这一时期的因明发展形态。这一阶段是印度"中世纪逻辑之父"陈那与法称(约600—660)之间一个起承转合的关键时期。

玄奘回国以后,由于陈那因明被后起的法称因明所代替,再加上佛教整体在印土的衰落,这一过渡时期的因明学说资料,连同陈那因明一起,在印度本土逐渐失传。我国藏地弘扬的主要是法称因明。藏文因明典籍尽管是世上最丰富的宝藏,然而对陈那因明

---

① 本文为2016年国家社科基金重点项目(16AZD041)系列成果之一。发表于《复旦学报》(社会科学版)2018年第2期。

中涉及前期立破学说的本来面目也语焉不详。因此,对玄奘所传因明的研究就成为印度中古逻辑史研究绕不过去的一个环节。

玄奘因明研究包括两方面内容:一是研究玄奘本人的因明思想,二是研究玄奘因明思想在整个因明研究中的地位。

一、玄奘最重要的因明遗训是什么

对印度陈那因明体系的了解,谁最正确?谁最精通?谁的译传最值得我们学习和继承?毫无疑问是玄奘法师及其遗训。玄奘法师西行求法,是以留学生身份去学习佛法的。在他西行之前,就具备了最强大脑,已经挑战了一系列不可能,成为誉满大江南北的青年高僧。当他进入北印度迦湿弥罗国初学因明就一鸣惊人。高僧僧称称赞他有世亲遗风。

玄奘法师是那烂陀寺能讲解五十部经论的十德之一,是由那烂陀寺众僧推派并由戒贤选定以应付小乘重大挑战的四高僧之一,也是四高僧中唯一勇于出战的代表人物。在其余三位高僧中,有一位叫师子光。他曾在那烂陀寺宣讲龙树空宗而贬斥瑜伽行大义。玄奘应戒贤法师之请,登台宣讲唯识要义,会通空、有二宗,"数往征诘",使得师子光无言以对。玄奘又著三千颂《会中论》,令师之光"惭赧"。师之光仍不服气,往东印度搬救兵。哪里知道,救兵到来竟成冬蝉,"惮威而默,不敢致言"。这则史料说明,即使那烂陀寺内顶尖的善辩高僧在玄奘面前也不堪一击。玄奘法师又著《破恶见论》一千六百颂,令上门挑战的小乘代表人物闻风而逃。玄奘的唯识和因明修养,经受住了戒日王在曲女城召开的十八日大会上全印度各宗各派的严峻考验。因此,当玄奘学成回国之前,他的因明造诣,不仅代表了那烂陀寺的最高水平,而且达到了全印度的最高水平。自那时以来,对印度陈那因明体系的理解,唯一的正解出自玄奘法师。

玄奘法师对印度陈那因明的弘扬,是全方位的,重点则体现在对其前期代表作中立破学说的译传和阐发。玄奘法师最重要的因明遗训也体现于此。能否把握这一重点,成为衡量玄奘因明研究正确与否、准确与否的分水岭。

汉传因明的研习者除个别外,绝大多数都肯定玄奘的因明成就,但并非人人都能讲清楚玄奘的因明思想有多伟大。玄奘法师留给后人的最重要的遗训是什么?他对大、小二论(陈那弟子的《因明入正理论》称为小论)的准确翻译,这没有疑义;他对大、小二论文本所做的逐字逐句的正确诠释,也几乎没有太多的分歧;他对"因三相"论证规则的翻译,既忠于原著,甚至还创造性地把原著中隐而不显的含义清楚明白地表述出来,也是有口皆碑。以上这些固然都很重要,还算不上最重要的遗训。它必须是牵一发而动全身,即影响整个因明体系的。因的三相规则当然与陈那的因明体系和逻辑体系关系密切,但是比因三相规则更为基础的是组成命题或判断的基本概念。因的第二相"同品定有性"中有"同品"概念,因的第三相"异品遍无性"中有"异品"概念。这两个概念借用数理逻辑的术语来说叫初始概念。它们是构建陈那因明大厦的基石。牵牛要牵牛鼻子,对同品、异品概念的正确、全面的阐释,就是玄奘法师的最重要遗训。

玄奘法师深知把一门新鲜的学问传回大唐,必须把该理论产生和运用的背景一并介绍清楚。中国先秦时期虽然有百家争鸣的风气，但是也缺乏举办印度那种辩论会的传统。在玄奘求学主攻的《瑜伽师地论》中有"七因明"说法，除"论所依"主要讨论逻辑理论外，其余都讨论与辩论相关的言论、辩论场合（涉及公证人、裁判员）、辩论者的修养（包括声音、知识、精神、风度、体质）、失败条件、辩论的准备、辩论者的资格审查等。玄奘求学时，印度已形成一整套有关辩论的理论。

在"论所依"中，更是详细讨论了论证的规则。自从古因明发展到陈那因明，偏偏有一条任何参与辩论的人都必须遵守的最重要的辩论规则，却不见之于文字。这条规则对参辩双方来说又是不言自明的。这就是要求辩论者都必须避免循环论证。这个法则在玄奘法师翻译的因明大、小二论文本中，几乎就没有做过特别的说明。玄奘法师解说这一法则的口义却明明白白地记载在四家弟子的疏记中。这个法则就是同品、异品除宗有法。

陈那因明带有浓厚的辩论色彩，到了法称时代，逻辑的意趣更为突出。陈那时代，辩论的双方，最忌讳的是循环论证。在因明论著中最常见的辩题是"声是无常"，或者"声常"。佛弟子不能用"声是无常"证"声是无常"，婆罗门声论派也不能用"声常"证"声常"。为避免这一过失，要求双方对辩论中所使用的名词、概念和除宗（论题）以外的论据，即因支和同、异喻体都必须共同认可，论证和反驳才有效力。这样的论证方式被玄奘称为共比量。玄奘翻译的因明大、小二论的内容都只限于共比量，而不涉及自、他比量。

印度的规矩，辩论一定要决出胜负。胜负也一定影响到辩论者的实际利益。我们今天在书斋里可以随心所欲制定辩论规则，那是因为你不负责任。印度那时的辩论者很讲究诚信。辩输了就要服输，或接受对方高论，或干脆归顺对方。若是辩论的规则偏袒了一方，使其凭规则稳操胜券，而另一方未辩先输，这样的辩论赛还会有人参加吗？

陈那晚期的集大成之作《集量论》也与《理门论》一样明确规定了第二、三相要除宗有法[①]。印度学者维提布萨那以及苏联学者舍尔巴茨基用法称的同、异品都不除宗有法的因三相来代替陈那的同、异品都除宗有法的因三相，有违陈那本意。

玄奘法师虽然述而不作，但是他的大量口义保存在众多唐疏之中。玄奘的弟子们十分注意《理门论》中关于因、喻必须立敌双方共同许可的要求。这是共比量的总纲。玄奘法师在印度求学时就注重三种比量（共比量、自比量、他比量）的理论和实践。回国弘扬因明时第一次建立和阐发了三种比量理论。共比量总纲的基础就是同、异品都必须除宗有法。玄奘弟子所撰唐疏有四家记载了玄奘这一口义。不仅如此，汉传因明的代表作窥基的《因明大疏》还明明白白地指出同、异喻体（近似于三段论大前提，但不相同）也必须除宗有法。《因明大疏》在诠释同法喻时说："处谓处所，即是一切除宗以外有无法处。显者，说也。若有无法，说与前陈，因相似品，便决定有宗法。"[②]

回答玄奘法师对印度因明的贡献是什么这个问题是有标准答案的。标准答案不是自封的。衡量标准答案的方法是，看其能否完整地无矛盾地刻画陈那因明的逻辑体系，能否完整地无矛盾地

[①] 转引自法尊译编：《集量论略解》，北京：中国社会科学出版社，1982年，第100页。
[②] 〔唐〕窥基：《因明大疏》卷四，南京：金陵刻经处，1896年，页二左至右。

回答陈那因明与法称因明两个体系之间的根本差别。总之,找到了这个标准答案,就能一通百通、圆融无碍地理解和解释两个体系之间的同异关系。有一点不足或过火,便荆棘丛生、寸步难行,甚至矛盾百出。

20世纪五六十年代,在一场关于形式逻辑对象、性质的大讨论中,复旦大学的周谷城教授力排众议,讲清了形式逻辑没有阶级性,只管推理形式、不管推理内容等一系列问题。总之,讲清了这门学科的性质,在全国范围内空前普及了形式逻辑学科的基本知识。从此,形式逻辑领域河清海晏,迎来迄今为止五十多年的太平盛世。有鉴于此,我认为,在因明这一"绝学"领域同样需要在烈火中重生。若能来一场学科性质的大普及,搞清楚陈那因明的论辩逻辑性质,因明领域许多围绕常识问题的重大争论必将迎刃而解。

二、玄奘因明研究学术史回顾

1895年杨文会将玄奘弟子窥基的《因明大疏》从日本取回,刊印流通,重续了汉传因明正脉。此前西方逻辑已经传入中国。20世纪初,逻辑、墨辩与因明,这世界三大逻辑体系的比较研究发轫,此后因明与逻辑比较研究便成为百年中国因明研究的一大特点。百年来从头至尾都在回答一个逻辑问题——陈那因明体系的论证种类,是演绎论证呢,还是类比论证?

20世纪初,我国的因明研习者普遍缺乏自信。引进西方逻辑作比较研究这一大方向是对的。问题出在邯郸学步,数典忘祖。绝大多数研习者把汉传因明的精华即玄奘遗训丢掉了。相反,采取"拿来主义",学日本、学欧美、学印度,照搬了许多现成的错误结论。章太炎、梁启超等有倡导比较研究之功,也开创了错误比较之先河。他们普遍认为,在论证种类上陈那因明三支作法类似逻辑三段论,又高于三段论。

《因明大疏》出版流通十年之后,直到1906年,汉地才出版了一本因明著作。这只是一个翻译本。日本文学博士大西祝的《论理学》(逻辑学旧译)由留日学生胡茂如翻译成中文,在河北译书社出版,拉开了我国将因明与逻辑作详细比较研究的大幕。该书的显著特点是将两者作比较研究。此书优劣互见。

大西祝强调,陈那因明规定了同、异品必须除宗有法,否则建立因明论式便成"辞费",并且正确地指明同、异品除宗有法,就难于保证宗即论题的成立,即是说陈那的因三相论证规则无法保证三支作法是演绎的。我曾撰文指出,大西祝误以为同、异喻体是全称命题,他回避了因的后二相除宗有法与同、异喻体之为全称的矛盾,讳言解决这一矛盾的途径。其研究虽有可圈可点之处,但在总体上未得正解。

大西祝判定陈那因明为演绎论证的重大失误对刚刚起步的汉传因明有严重误导。自明代以来我国学者的第一本因明著作出自佛教学者谢无量所著《佛学大纲》。此书出版于2016年,其卷下本论第一编为《佛教论理学》。此书问世后连出四版,大有益于因明的普及。

该书只字不提同、异品除宗有法。虽未明言陈那因明为演绎,但特别强调陈那三支作法喻体上"冠以'诸'"字的普遍意义[①],将

[①] 谢无量:《佛学大纲·佛教论理学》,《谢无量文集》第四卷,北京:中国人民大学出版社,2011年,第181页。

三支作法与三段论作了简单比较。书中还将"全分"、"一分"判为逻辑的全称、特称,将"表诠"、"遮诠"判为逻辑的肯定、否定,都是错误的比较。

太虚法师1922年初秋于武昌中华大学讲演《因明概论》,其第四章第三节标题为"因明与逻辑之比较":"因明之同喻体多用若如何见如何之字,下复限於所举某某等同喻依,故通于归纳法而有限见已知之经验为确实证明,不落空泛。逻辑之大前提,多用凡如何皆如何之字,使小前提断案所论之物,已确定在凡皆之内,则更言此物之为何所以如何,岂非辞费而毫无所获乎。若未确定在凡皆内,则言凡言皆但空言假拟,由此空言假拟所推定者,宁必有当。故为归纳论所批驳而无以自完也。盖合归纳演绎只当得因明之自悟比量,未能悟他。况彼演绎与归纳又各成偏枯而不一致耶。然则据此不同之点,因明与逻辑胜劣之数已大可知矣。"①

太虚法师虽未明言同、异品必须除宗有法,但他肯定"同喻体多用若如何见如何",意味同品是除宗有法的,否则"岂非辞费而毫无所获乎"。这一点与大西祝一样,接受了玄奘的遗训。他又误以为言"凡"言"皆"的同、异喻体由同、异喻依归纳而来,因而主张因明三支作法高于逻辑三段论。太虚法师这一误解却影响汉传因明研究近百年。

史一如(慧圆居士)作为太虚法师弘法得力助手,撰写了《因明入正理论讲义》,成为武昌佛学院讲义。在释《入论》异品处,引用

---

① 太虚法师:《因明概论》,1922年秋于武昌中华大学的讲演稿,武昌正信印务馆代印。

《大疏》释文"处谓处所,即除宗外余一切法"①。

熊十力《因明大疏删注》既保留了《大疏》释异品原文中的"处谓处所,即除宗外余一切法"②。又在释喻时强调《大疏》的观点:"正取宗外余处,有无所作无常之义,为同异喻故。"③

吕澂先生在其1926年出版的《因明纲要》讲解因的第二相和第三相时分别提到同、异品除宗有法。他解释第二相"同品定有性"说:"此则应观宗外余处,若亦有义,与宗所立(言陈意许皆在其内)邻近均齐,即其处法,名为同品。"④解释第三相"异品遍无性"说:"故应更观,宗外余处,无此所立,即名其处以为异品。"⑤吕澂先生对因明与逻辑的比较没有更多的评论,而对玄奘法师的遗训是坚守住了的。他在梵、汉、藏文本对勘研究方面敢为天下先,独领风骚几十年。

他的短板则是因明与逻辑的比较研究。几十年后,他仍很注意喻体除宗有法,这很值得称道。失足之处是误判了喻体的命题性质。他认为梵、藏本喻体上用"若"而不用"诸"是假言命题而非直言判断(作为前提预先就包括结论的全称肯定判断)。"如说'诸所作者,皆是无常',这个大前提里就包括声在内,而因明三支的假言判断说'若是所作,见彼无常',口气就活些。并且,因明的三支还要求举出例子,'如瓶等',这就兼有归纳推理的意味了。"⑥ "口

---

① 慧圆:《因明入正理论讲义》,上海:佛学书局,1932年,第74页。
② 熊十力:《因明大疏删注》,上海:商务印书馆,1926年,页二十七右。
③ 同上书,页三十二右。
④ 吕澂:《因明纲要》,上海:商务印书馆,1926年,页十二右。
⑤ 同上书,页十三左。
⑥ 吕澂:《因明入正理论讲解》,北京:中华书局,1983年,第48页。

气就活些","归纳推理的意味"脱胎于太虚。

其实,在玄奘的译本中,既用"若",又用"诸",都不作"如果"解。我在梵、汉、藏对勘研究的专题讨论课上曾说过:"因明博士汤铭钧曾发现,梵本的原意是'如同''像',没有假言的意思。在古汉语中,'若'既可解作'如同''像',还可解作代词'如此,这样',或'这个、这些'。参与课堂讨论的印度学专家刘震教授确认,奘译中的'若',在梵文中就是'举例'的意思。玄奘在《理门论》同、异喻体的译文中用'诸'字代替'若'字。'诸'有'众多''各'的意思,不同于'所有''凡',把'诸'断为全称判断量词也显得勉强。无论是'若'还是'诸',这两字的含意都与假言无涉。可见,在玄奘看来,用'诸'用'若'这两种用法都比表示假言的'如果'要贴切。"一般来说,藏译与梵本字字对译,很有参考价值。但此处藏本《入论》译文与奘译有所不同,翻成了"所有",值得探讨。

自吕澂先生对《入论》同、异喻中那个打头的"若"字解作假言命题的联结词"如果"以来,几乎所有的研究者都遵从其说,误入歧途。好在有《入论》的梵本在,懂梵文的可以鉴别对错。

由于《理门论》梵本在汉地绝迹一千多年,虽然近年在藏地有新发现,但是一般人还是看不到。研究者只能猜测"若"和"诸"的梵文同为一字,都没有全称和假言的意思。总之,我们不能一见"若"或"诸",就想当然地断为"全称命题"或"假言命题",进而错误主张因明体系本来就具有演绎证论的功能。

再回到20世纪三四十年代来。陈望道先生在《因明学》一书中指出,以"声是无常"为宗,"声以外的事物而有无常的性质的就都是同品,没有无常的性质的就都是异品"①。

周叔迦先生所著《因明新例》对同品的解释,援引了《大疏》所列唐疏四家说法,周先生在《大疏》关于每一家说法的原文前都加上"除宗以外"②。这表明周先生是很重视玄奘法师的这一遗训的。

龚家骅的《逻辑与因明》,尽管在因明与逻辑两个方面的误解都比较多,但在解释同品、异品概念,都讲到要观察"宗外余法"③。

密林法师的《因明入正理论易解》,在释同品处指出"除宗以外,一切有法,皆曰义品"④,在释异品处,也强调"除现宗以外"⑤。在释同、异喻处,都特别说明"除宗以外"⑥。

虞愚先生是我国著名的因明家,对因明的普及和研究做出了重要贡献。虞愚先生在其1936年由中华书局出版的《因明学》中也继承了《大疏》对异品的解释,"谓除宗外余一切法"⑦,随后又在《印度逻辑》(商务印书馆,1939年出版)中再次作同样表述。本来继承了唐疏的传统,十分难得。可惜仅限于举例,至于同、异品除宗有法对整个因明体系和逻辑体系有何影响则未研究。其错误在于照搬了国外关于陈那因明仍为演绎的观点。在《因明学》一书中,错误的因三相英文表述即引自威提布萨那的《印度中世纪逻辑

---

① 陈望道:《因明学》,上海:世界书局,1931年,第14页。
② 周叔迦:《因明新例》,上海:商务印书馆,1936年,第39页。
③ 龚家骅:《逻辑与因明》,上海:开明书店,1935年,第35、36页。
④ 密林:《因明入正理论易解》,上海:佛学书局,1940年,第31页。
⑤ 同上书,第32页。
⑥ 同上书,第35、36页。
⑦ 转引自刘培育主编:《虞愚文集·印度逻辑》,兰州:甘肃人民出版社,1995年,第21页。

学派史》①。在随后的半个世纪中又完全抛弃了唐疏"除外说"优良传统。这一倾向在百年汉传因明研究中很有代表性。

　　陈大齐（20世纪20年代北京大学代理校长、台湾政治大学校长）对陈那新因明的基本理论以及它对整个体系的影响都有着较为准确和较为深刻的理解。陈大齐在1945年出版的《因明大疏蠡测》博大精深。他率先充分论证了陈那因明"同、异品除宗有法"的合理性。在1952年出版的《印度理则学（因明）》和1970年出版的《因明入正理论悟他门浅解》中又作了更充分的阐发。在因明与逻辑比较研究方面，在汉传因明大半个世纪中独具光彩。可是对陈那因明逻辑体系的判定上他也百密一疏，以致临门一脚踢偏了。他的失误是未能跳出演绎论证的传统格局，没有把"同、异品除宗有法"的观点坚持到底。他在形式逻辑的范围内，凭空借助"归纳的飞跃"来解释不完全归纳推理可以获得全称命题，从而消除同、异品除宗有法与同、异喻体为全称命题的矛盾，显然是不能成立的。他又认为三支作法每立一量则必先归纳一次，于实践和理论两方面都缺乏依据。他重蹈了大西祝的覆辙。

　　综上所述，绝大多数现代因明家都很关注同、异品除宗有法，但是都未能将其贯彻到整个体系中，未能正确判定陈那因明的论证种类。

　　应当看到，除日本以外，印度和欧洲的学者大都不熟悉也许压根就不知道陈那因明中还有这样的潜规则。当代的研习者中，尽

---

① 虞愚：《因明学》，北京：中华书局，1989年，第12页，及其第114页的参考书目。

管也有人知道唐疏有此规定，却知其然而不知其所以然。不可否认，百年来国内外因明家对陈那因明的逻辑体系的研究做了大量有意义的探讨，但是，在总体上还有误解。威提布萨那、舍尔巴茨基等完全忽视陈那时代论辩逻辑的特点。威提布萨那的《印度逻辑史》是关于印度逻辑史的仅有的佳作。但是作者根本不知有陈那《理门论》的玄奘汉译本，他关于因第二相的表述等同于同喻体，这一错误也为我国学者所普遍采用。舍尔巴茨基的《佛教逻辑》作为一本名著，自有其成就。就其错误而言，最大的问题是对印度逻辑的发展史不甚了了。他对印度因明基本概念、基本理论的论述缺乏历史的眼光。这位佛学家、语言学家有关逻辑三段论的理论水平也不高，又忽视同、异品除宗有法，把同、异喻体当作毫无例外的全称命题，把世亲、陈那、法称的因三相规则视为一致，甚至认为从古正理、古因明到陈那因明的论证形式都与法称因明一样，都是演绎论证。这些观点对20世纪的因明研究有重大误导。

汤铭钧博士曾经指出，意大利的杜齐将玄奘汉译本《理门论》做了很好的英译，然而仍有一处严重的漏译，恰恰忽视了奘译的精华。在陈那新因明大、小二论中，本来仅有一处明言同品除宗有法。《理门论》因三相的汉译是："若于所比，此相定遍；于余同类，念此定有；于彼无处，念此遍无。"第二相中的"于余同类"，强调了同品是宗有法之"余"，却为杜齐所漏译。

在英国剑桥大学出版因明专著的美籍华人齐思贻和日本的逻辑学家末木刚博都利用现代逻辑来整理因明，由于没有把握好初始概念，都犯下南辕北辙的错误。

从1949年至今为当代时期。虞愚、吕澂、陈大齐三者都延续了原先观点。从1978年至今四十年间,细分有五种类型。

第一种类型以中国逻辑史学会第二任主任周文英为代表,与虞愚先生的观点相同,即同、异品都不除宗有法。周文英教授在"文革"后率先发表因明论著。在晚年他坦陈自己曾经照抄舍尔巴茨基和威提布萨那的错误观点,他所力求的迷途知返,令人肃然起敬。

第二种类型以沈剑英先生为代表,明确主张同品除宗,而不明说异品不除宗。他在《因明学研究》以及修订本中对九句因里的第五句因作图解说:同品除宗。举例时说"宗(有法)所闻(因)"包含于"无常物(异品)"中。这无异于宣布:异品是不除宗的。这显然不符合第五句因的原意——同、异品皆无因。为了使遵守因的第三相便能保证异喻体是毫无例外的普遍命题,以论证三支为演绎,他悄无声息地把宗有法放到了异品中。

沈剑英先生在其近著中直接认为同品除而异品不除:"宗有法与宗异品属于矛盾关系的两类事物,本来就不在一个集合里,又何来除不除的问题?所以主张异品也要'除宗有法'并声称这是'陈那的因明体系'所规定,恐怕是想当然之言,因为陈那从未说过异品要'除宗有法'的话,而且,说同、异品都要'除宗有法'还会出现悖论。"[①]主张异品不除,立方未辩已输,立方能同意吗?尚未辩论,就奉送敌方反驳的特权,任你举出什么正因都不能满足因的第二相"异品遍无性",使任何正确的论证都被论敌轻易驳倒。这一说法明显违背陈那因明论辩逻辑对立、敌双方都应持有的公平、公

---

① 沈剑英:《佛教逻辑研究》,上海:上海古籍出版社,2013年,第648—649页。

正原则。

我国"文革"后第一篇逻辑博士论文《因明正理门论研究》代表了第三种类型。巫寿康博士深知,陈那因明中的同、异品除宗有法,使得异品遍无性并非真正的全称命题,使得因三相不能必然证成宗。本来他应该据此判定陈那新因明三支为非演绎,但是,他觉得非演绎不符合自己头脑中的观念,仿佛天要塌下来。于是,他不惜违背古籍整理的历史主义方法,替古人捉刀,修改陈那的异品定义,规定异品不必除宗有法,也犯下违背陈那因明论辩逻辑常识之大错。

我的研究生们早就发现,巫博士这一被称为解决千年难题的修改异品定义的方案,实在并非首创,其导师沈有鼎的文集中就先有异品不除宗的图解,而且美籍华裔教授齐思贻早在1965年在英国剑桥出版的《佛教的形式逻辑》中,就已经把陈那的同品除宗和法称的异品不除宗结合在一起。齐思贻还明确指出,其异品定义来自法称学说。这样的初始概念既有异于陈那因明的同、异双除,又有异于法称因明的同、异均不除,不伦不类,有违古籍研究的基本原则。沈有鼎教授是审慎的,他画下草图而未正式发表。巫博士却以此为创新,敷衍成文,岂非草率?

当今,有的研究者一面否认巫博士修改异品定义的错误,另一面又走另一极端。他们认为连"异品也要除宗有法"这句话说都不能说,说了就是"蛇足"。这是第四种类型。他们在《哲学动态》上发文说,立论者的论题本来就认为宗有法不在异品上。我以为,立论者认为宗有法不在异品上,这只是立论者一家之说,否则就不要作为论题拿出来与敌论者辩论了。在辩论过程中,当然要将其从两边包括异品中除去。"蛇足"说错得这样离谱,我还不得不在《西南民族大学学报》上撰文反驳。这就是在"绝学"领域出现的"学术研究"的真实水平。

第五种类型就是我的看法,以陈大齐先生为师,不同之处是我根据逻辑的一致性原理,把除宗有法观点贯彻到整个因明体系。总之,在百年来的汉传因明研究者中,普遍的现象是讲不清玄奘法师在因明领域的伟大贡献,讲不清陈那因明的本来面目。

再来看看藏传文献中关于玄奘因明的记载。古代的藏地学者继承的是法称量论,在法称的因明七论中,没有片言只字提及玄奘其人。元代以前在他们的著作中从未提到过玄奘其人其事。据当今学者介绍,藏文史料中关于玄奘的记载分为元、明时代和清两个时代。最早有玄奘记载的史籍是《红史》(成书于元末1363年),记载非常简略和粗浅,评价也在有神通的译经师鸠摩罗什之下。藏族学者多罗那它(约明末1575—1634年)所撰的《印度佛教史》(撰于1608年)被当今学者称为经典著作,可惜只字未提玄奘其人其事。

清代的藏文史书关于玄奘的介绍多取自《续高僧传》和《大慈恩寺三藏法师传》,并受小说《西游记》影响称其为"唐僧"。与元、明相比,玄奘的形象更丰满,地位也更高。例如土观·罗桑却季尼玛(1737—1802)活佛撰写的《土观宗派源流》(1802年刊版流通)从《大慈恩寺三藏法师传》中辑录千字,简明扼要地介绍了玄奘生平:游学五印,亲承戒贤等,学唯识与因明,受戒日王等礼遇,作《会宗论》《制恶见论》,以及回国后翻译和传播佛经之盛况。还特别提到了"弟子为窥基法师"。文字虽短,但已勾画了玄奘学习和运用因明的成就，实在难能可贵。当然，与我们今天所能描绘的玄奘因明成就的完整辉煌画面相比，就只能算一鳞半爪了。

三、玄奘因明研究前瞻

因明研究是世界三大逻辑体系研究中最薄弱的环节，它是佛学研究中的短板，也是玄奘研究中的短板。玄奘在因明方面的成就是国际学界的一大盲点。对比之下，国际上大多数人所凭借的梵、藏传统都以法称因明为佛教逻辑的唯一解读模式。在国际学界彰显汉传因明的独特价值，有助于彻底改变整个国际因明学界的生态环境。因此可以说，玄奘因明研究在因明领域可以称得上唯此为大、唯此为重。汉传因明研究者很有必要将玄奘的因明成就向世界进一步广而告之。

在整个国际视野的大背景下通过考察国内与国外因明研究之间的历史渊源，在国际学术的论域中，突出玄奘及其所传的汉传因明对于解释印度本土因明学说的重要价值，将有助于提升中国因明研究的整体水平，完成与国际接轨的历史性任务，彻底扭转百年来国外学界对于汉传因明研究不屑一顾的态度。对汉语因明文献的全面把握与深入研究，重续玄奘开创的汉传因明之正脉，为区分陈那与法称因明两个不同的体系提供一个独特的汉传视角，是历史赋予汉传因明工作者的重任，是汉传学者对印度学和世界三大逻辑比较研究的独特贡献。

玄奘因明研究是一根红线，可以串起印度佛教因明两个高峰陈那因明与法称因明的研究，可以串起由他开创的汉传因明与藏传因明比较研究；玄奘因明研究又是一根标杆，可以用它来衡量印度新古因明的异同；玄奘所传的因明保存了法称之前那烂陀寺正统的陈那因明学说的精华，因而玄奘因明研究成为我们今天打开陈那因明大门的一把钥匙；它又是我们批评国内外一系列代表性著作重大误解的利器。

迄今为止，玄奘因明研究散见于国内外的各种论著之中，还没有一本全面深入并有力度的专著。玄奘述而不作，其大量口义保存在弟子们的大量疏记之中，日、韩古代学者继有撰述。这批文献有四十多种，大多未曾系统整理和研究过。

在因明典籍整理与研究基础上，应当总结玄奘对因明的传承、阐释与应用；以立足文献学的义理研究为基本理念指示将来研究的方向；撰写一部真正反映国内外因明研究最新进展的因明通论式的教材，通过区分印度、汉传、藏传的不同文献层次，更好说明因明理论的历史发展与内在逻辑；为培养新世纪的因明人才、为抢救因明这门"绝学"做出实质性的贡献。

汤铭钧博士将对玄奘所传的因明文献分为四个层次，做逐层深入的文献整理与研究。首先，进一步深入研究汉传因明二论，即《正理门论》与《入正理论》，结合新近发现的梵语资料与存世藏文文献，对二论能有更准确的认识。例如撰写《〈因明入正理论〉新论（藏文之部）：北京版与纳塘版对照研究》《〈因明入正理论〉新论（梵文之部）：师子贤〈入正理论释〉译注研究》。

研究唐代诸师的因明疏抄，目前现存较完整的有窥基《因明大疏》、文轨《庄严疏》与净眼的《因明入正理论略抄》和《因明入正理论后疏》，神泰《因明正理门论述记》尚存半部。此外还有大量著作现已散佚,但保存在日本因明著作中的残章断句篇幅仍颇为可观(约有数十万字篇幅)。系统搜集和整理这些残章断句,能对唐代因明文献有一个更好的全局性的把握。撰写《〈因明入正理论〉新论:唐疏古说集抄和注解》。这一部分断章保存了因明唐疏的各种歧见。搜集并释读这些歧见,将我国的《入正理论》研究从讲经式的注解升华为真正的科学研究。为将来印、藏、汉因明的综合研究奠定坚实的文献基础,为世界三大逻辑传统的比较研究开辟新的理论路径。

着重对唐代因明文献(主要是汉传的《正理门论》《入正理论》及其唐代以来的古典注疏文献)进行校勘、释读、理论研讨、梵、汉、藏对勘,以及对新文献(如《集量论》和《释量论》)进行翻译和解读。使我们对于梵、汉、藏经典文献的对勘研究的一系列新发现,逐步成为国内外因明界的共识。

研究玄奘汉译的佛教论书中有关量论(佛教知识论)的相关篇章。这部分文献散在各种佛典之中,迄今尚无系统研究,但与印度和西藏所传的佛教哲学理论在关注的问题上有内在关联,是汉、藏佛学比较研究的一个重要切入点。从跨文化的角度审视国际学界的因明研究。国际学界历来关注因明的印、藏传统,本部分旨在说明玄奘的汉传因明传统对理解印、藏因明而言具有不可或缺的重要参考价值。在因明研究领域形成中西交流互补的良好氛围。

我相信,玄奘因明研究能为新一个百年的因明研究提供一个不再走回头路的稳固的起点。一支有中国特色的研究队伍和一个以汉传因明为研究起点的学派,会在将来的国际学界中脱颖而出。

玄奘因明成就

——印度佛教逻辑述要[①]

一、概　要

玄奘(约 600—664)俗姓陈,本名祎。河南洛州缑氏县(今河南省洛阳市偃师区缑氏镇陈河村)人。玄,深远,深奥,神妙;奘为壮大。人如其名,一生灿烂辉煌。西行取经,前有古人,后有来者;取经的成就,可以说空前绝后。声誉之隆,千古一人。

玄奘法师是中国佛教史上举世公认的佛教理论家、佛经翻译家、旅行家。但是很少人知道他还是伟大的因明家即佛教逻辑学家。他在回国前甚至达到当时印度因明超一流的水平。他取得真经后,不忘初心,拒绝了戒日王的挽留,及时回国传译真经,并开创了汉传因明。玄奘法师的因明成就在民间很少有人知晓,在国外也很少有人宣传。因明界普遍赞扬玄奘取得的因明成就。然而,玄奘因明的主要贡献究竟在哪? 不仅讲不清,他的口义,还在当代遭到批评。因此,对玄奘因明成就有辩明的必要,有大力弘扬的必

[①]　本文是为香港科技大学第二十四期红鸟沙龙(2023 年 1 月 29 日)所作讲座的讲稿,删去与其他论文重复的第四、五部分。

要。向国内外进一步广而告之,这是我们汉传因明工作者责无旁贷的义务。

"因明"是梵文 Hetuvidyā(醯都费陀)的意译。醯都(Hetu)是因,费陀(Vidyā)是明。因指论证的理由。印度所谓"明",即中国所谓学,指学说、学问。因明是印度古代五明(五种学问)之一。因明的内容包括辩论术、逻辑和认识论。

印度佛教因明有两个高峰:陈那因明和法称因明。玄奘学习和弘扬的是陈那因明。玄奘回国以后才兴起的是法称因明。玄奘回国后开创了汉传因明。法称因明在宋代时才开始由印度传入西藏,成为藏传因明。中国是因明的第二故乡。

法称因明以量论为中心,尊释迦牟尼为正量的化身。在藏地研读量论因明是成佛的一个途径。这成为藏传因明长期兴旺的最重要原因。藏文中保存了举世无双的印度因明典籍。藏传因明史上还涌现出许多因明家,达赖一世就是著名的一位。

古今中外,只有玄奘法师最懂得印度 7 世纪时那烂陀寺的陈那因明原貌。玄奘法师的重要遗训是汉传因明的精华,它揭示了印度陈那因明体系的 DNA。掌握了这一 DNA,就有了打开陈那因明逻辑体系大门的一把金钥匙;有了它,可以分清佛教因明两个高峰陈那因明与法称因明的同和异,可以串起由他开创的汉传因明与后起的藏传因明比较研究;它又是我们批评国内外一系列有重大误解的代表性论著的有力武器。它是汉传因明具有文化自信的根源,是当今汉传因明自立于世界因明之林的雄厚资本。

印度陈那因明逻辑体系的真实面目是什么样子的? 20 世纪

印度逻辑史家威提布萨那的《印度逻辑史》和苏联科学院院士舍尔巴茨基的世界名著《佛教逻辑》都讲不清楚。他们完全不了解玄奘与汉传因明。日本名家大西祝和宇井博寿都没有跳出印度和欧洲学者的传统。尽管汉传文献摆在他们面前，还是得不到正解。

一百多年来，绝大多数汉传研究者都是数典忘祖，邯郸学步。学日本、学印度，学苏联，却丢掉了汉传因明优良传统。藏传因明的研究者几乎也是全盘照搬苏联、印度的旧说，完全用法称因明的逻辑体系来解释甚至代替陈那因明的逻辑体系。

百年中国因明研究在国外几乎没有反响，外国学者对中国的因明研究毫无兴趣。为什么？因为他们是老师，我们是学生。学生照搬了老师的观点，"偷来的锣鼓打不响"。老师为什么要看学生的抄书练习呢？

国内外众多名家的因明修养和眼光与当年在印度那烂陀寺学习和实践的亲历者——玄奘不可同日而语。但是，玄奘留下的宝贵遗产，想不到在当代反而成为口诛笔伐的对象。本人的因明研究继承了玄奘留下的宝贵遗产，在国内独树一帜，几十年来就是顶着批评走过来的。

本来，有了陈那因明的DNA，我们可以轻而易举揭示陈那因明逻辑体系的真相，这就像捅窗户纸那样简单。"杀鸡焉用牛刀"，不需要高深的逻辑学问。懂数理逻辑更好，可以看懂你虽然用了数理逻辑工具却犯了南辕北辙的错误。

有人问，既然那么简单，为什么国内外的百年传统都错了？大家都知道，哥伦布有个立鸡蛋的故事。大家在桌面上都无法把鸡蛋立起来,哥伦布把鸡蛋往桌上一敲,鸡蛋就立住了。这不就像捅窗户纸吗?

有一个故事说:一个小和尚在出家之初,不断地问老和尚同一个问题:"什么是人生的真相?"老和尚给他一块石头,让他去不同市场估价,只问价而不卖。到菜市场给的是可用来做秤砣或者做砚石的价;拿到玉石市场去,给的是翡翠价;钻石师给出的竟然是钻石价。故事在台湾有不同的版本,其寓意是:有价值的东西只有在懂价值的人面前,才有价值。

同样,要找到因明的标准答案,也要先锻炼出钻石眼睛——谙熟因明与逻辑两方面的准确知识,再加上善于比较。否则,玄奘弟子所撰写的唐疏摆在你面前,斗大的白纸黑字,你也读不出正确答案来。

我的观点与汉传因明研究百年来的传统演绎说决裂,而与当代欧美学者[以美国理查德·海耶斯(Richard P. Hayes)教授的著作为代表]最新研究成果相吻合。他以藏、梵文献为依据,我以唐代汉传遗著为指南。他从陈那因明代表著作的字里行间找到了正确的逻辑结论,我是从唐代文献的白纸黑字中读出了相同结果。殊途同归,异曲而同工。在国内外,我们至今还是少数派。直到 2014 和 2015 年,甚至在 2020 年国内权威的哲学杂志,还罕见地发表论文批评我。好在我有点免疫力,把它们当作"逆境菩萨"来对待。这免费的特大广告,将我的一家之说推向了国内外哲学界。

毛泽东同志说过:"真理是一个不断要别人接受的过程,无论过去还是现在都一样。"在西方数学史上根号 2 的发现者被毕达哥拉斯学派抛到了大海里。几何公理要是触犯了人们的利益也是要被推翻的。在既得利益的驱使下,错也要错到底。四十年来,由于与传统决裂,我不可避免地得罪很多人。我很尊重老师和前辈们,但是"吾爱吾师,吾尤爱真理"。

二、玄奘求学和弘扬因明的光辉历程

总括玄奘求学和弘扬因明的光辉历程可分为三大阶段:一是国内修学,积蓄资粮;二是西游求法,学习和运用因明;三是主持译讲,培养人才,开创汉传因明。

(一)国内修学,积蓄资粮

玄奘法师之所以在因明领域能取得非凡成就,与他本人所具备的非凡条件密不可分。西行前,他准备了充足的资粮。他自小随兄出家,有常人少见的最强大脑。如果生在今天,他就是中国科大少年班的学霸。他年少便精通并能宣讲很多经论,在西行前就已经成为誉满大江南北的青年高僧。对待旅途上的千难万险,有赖精神支柱,"但念观音菩萨及《般若心经》"。

1. 承儒学传统,揽圣哲遗风

玄奘五岁丧母,十岁丧父。家庭巨变,童年失怙,使得玄奘早熟。玄奘幼小心灵过早地承受了巨大的磨难,这培育了他百折不挠的坚毅品格。他祖上两代做官,早年接受儒学传统教育,非正雅之籍不观,非圣哲之风不习。培育了玄奘谦恭知礼、好学不倦的品行和中国士人的圣哲遗风。十岁随二兄长捷法师学习佛经,于佛法有天然的亲近感。十一岁就熟习《妙法莲华经》和《维摩诘所说经》。

2. 精神高尚，志向恢宏

学佛之人都知道，菩萨之所以成为菩萨，就是因为愿力大。玄奘十三岁时正式出家。主考官问："出家意欲何为？"答曰："意欲远绍如来，近光遗法。"因此在众多应试者中脱颖而出，被破例准许出家。当西行之初，进入方圆八百里环境恶劣的莫贺延碛时，皮囊失手，存水洒尽，耳边响起自己的发愿："若不至天竺，终不东归一步。"便再次发誓，掉头继续迈向西北。

3. "遍谒众师"，"究通诸部"

奘师西行前就先后师从十三位名师。可谓"遍谒众师，备餐其说，详考其义，各擅宗途"。所学经典都"一闻将尽，再览之后，无复所遗"。十三便能登台升座讲述。有两位高僧当面赞许玄奘："汝可谓释门千里之驹。"

4. 博闻强记，穷源竟委

奘师自幼天资聪颖，博闻强记，具有异于常人的最强大脑，如虚空一般，包容接纳一切。更兼好学不倦，穷源竟委。"皆一遍而尽其旨，经目而记于心"。

5. 行脚僧的丰富游学经历

玄奘的西行，可谓波澜壮阔，惊天地、泣鬼神。单身匹马，居然能闯过死亡之地，挑战了一系列不可能。这一壮举，就连现代探险家都无人能比。行脚僧的国内游学实践，为日后的西行在心身两方面都做好了充分准备。还练就了吃苦耐劳的品格、野外生存能力和辨别方向能力。他不仅要应对万里征途上的千难万险，还要应对官府的阻挠和捉拿。在八百里莫贺延碛，四夜五天，滴水未入。《心经》的心理支撑使他突破了生命的极限,终于迎来凉风和甘霖。在绝境中出现的这一灵异现象或许可以说是老天的照应吧。

(二)西行求法,主副兼修

1. 主攻方向明确,求学欲望强烈

研习因明并非玄奘西行求法的主要目的,到印度的佛教中心那烂陀寺向戒贤论师学习《瑜伽师地论》,寻求佛性问题的答案是他的主攻方向。

2. 副业研修,全面精准

奘师主修的副业是因明。陈那新因明在那烂陀寺都算是一门新鲜学问。在玄奘访印的十多年中,玄奘始终十分重视对因明的学习和钻研。

3. 研习的楷模,运用的典范

为了回国弘扬因明这门新鲜学问,玄奘在求学之际显然不允许有似是而非、似懂非懂之处。在西行中,他走一路,便学一路。可谓遍谒众师,观摩溥德。印度佛教中心那烂陀寺主持戒贤法师已是百岁老人,因为身体有病,想告别人生。做梦中文殊菩萨告诫他,你要等待大唐和尚来,为他讲经说法,身体也会不药而医。玄奘来到目的地那烂陀寺,一住五年,得到了佛学权威戒贤在佛学和因明两方面的真传。后来又南游数年,遍访高僧大德,有名字可考的就达十四人,包括与戒贤齐名的胜军。因此,他的学习水平远超当时印度一般的高僧。

玄奘也是运用因明工具宣传其唯识思想的典范。玄奘的留学生涯,可以说,以辩论始,也以辩论终。在辩论中他一而再再而三地捍卫了那烂陀寺大乘瑜伽派的尊严。

因明在当时是一门实用性很强的学问。作为论辩逻辑,能否恰当运用,直接关系到辩者的荣辱甚至生死大事。胜了,就会被请去坐宝象;如果词锋被挫,脸上就会被人涂上红白黏土,被排斥于旷野,或丢弃于沟壑。也有人发誓,倘辩论输了,愿截舌相谢,甚至斩首相谢。

玄奘对待自己的老师,也不盲从。玄奘甚至纠正了胜军师经过四十多年深思熟虑而建立的一个包含错误的论证式。

在他回国前,小乘论师打上门来,向大乘宣战。戒日王邀那烂陀四大德应战。戒贤集众商议,推派海慧、智光、师子光和玄奘四人应战。可是,其他三人怯战。玄奘对大家说,自己在本国和自入北印度以来,遍学小乘诸部三藏,我去应战,"当之必了"。即使输了,自是支那国僧,无损于那烂院寺。

后因戒日王暂缓此事而未成行。就在这当口,又有一顺世派外道打上门来,那烂陀寺不乏饱学之士,但没有舌辩之才。又是玄奘法师降服了这位顺世外道。奘师不耻下问,向其请教小乘义理,写作了《制恶见论》。戒日王看过此论后,向众人公示,论敌闻风而逃。在那烂陀寺内部,四高僧之一的师子光是龙树空宗的忠实信徒,他在那烂陀寺极力贬低瑜伽行派的有宗,甚嚣尘上。应戒贤之邀,玄奘登台宣讲,融会二宗,驳得师子光无言以对。他搬来的救兵也哑口无言,落荒而逃。

不久,戒日王于曲女城为玄奘召开全印度各宗各派参与的辩论大会。请玄奘法师坐为论主,称扬大乘义理。玄奘发誓:"若其间有一字无理能难破者,请斩首相谢。"玄奘立论,使自己立于不败之地。"竟十八日无人发论",不战而胜。这为奘师惊心动魄、艰苦卓绝的留学生涯画上了圆满的句号。十八日无遮大会的胜利,使他名震五印,被大乘人尊为"大乘天",被小乘人尊为"解脱天"。

4. 因明研习特点鲜明

他学习因明,特点鲜明。第一,传授者皆为高僧大德,起点很高;第二,学得全面;第三学深学透;第四,反复学习,究源竟委。

5. 圆融无碍,众缘和谐

玄奘与汉地、西域和印土各色人等打交道,可用众缘和谐来概括。中国礼仪文化赋予玄奘深谙义理的智慧,佛教的慈悲为怀让玄奘具有博大的胸襟,由两者交汇而成的圆融无碍的处世哲学,使得他在西行、求学等方方面面,都能得到各方襄助,能够利用和调动起一切有利因素为我所用。真可谓"玄音净六尘,启示众生开悟,奘志通三学,观摩普德鸣谦"。

由于他尊敬师长,谦恭有礼,所以在国内外求学时,所求之高僧大德都能毫无保留地为其指点要义,解疑排难。他得到的是真知灼见。

他对待听众,总是循循善诱。对待持异见各路众僧,从不恃强凌弱,平等相待,以理服人,从而赢得对方尊重。

对待供养,除供西行旅途之用外,他从不贪图享受,总是少取甚至不取。回国时,戒日王、鸠摩罗王备了重礼,法师都未收受,只收下雨具。

西行之初,新收的弟子石盘陀夜半"拔刀而起"欲加害玄奘。奘师以德报怨,念经止恶。在北印度遇五贼人拔刀相向。贼喊:

"你不怕有贼吗?"奘师回答说:"贼也是人,我连猛兽都不怕,何况人!"以"人"相待,贼人大为感动。

在殑伽河,劫匪选中他要杀他作祭品。"既知不免,语贼'愿赐少时,莫相逼恼,使我安心欢喜取灭'。"他静坐入定后,"须臾之间黑风四起,折树飞沙,河流涌浪,船舫漂覆。贼徒大骇,叩头谢罪"。

在东归路上不久,玄奘那烂陀寺同修师子光、师子月学术分歧上的恩怨并未影响三人的友情。俩人不计前嫌,诚邀玄奘讲授《瑜伽师地论》。玄奘也欣然从命,耗时两个月。

(三)主持译经,开创汉传因明

1. 高度的政治智慧

他不仅仅是一个学富五车、才高八斗、满腹经纶的海归法师,而且是一个有高度政治智慧的高僧,再加上他具有圆融无碍的处世哲学,能够利用和调动一切有利因素,使得他回国后为译传和弘扬佛法,达到史无前例的辉煌成就。

他十分懂得,要弘法必须有皇权的支持。当初犯禁出关,遭遇多大的阻碍;他能西行到达目的地,若无高昌王的襄助,几无可能;没有雄居东印度实力仅次于戒日王的鸠摩罗王的推举,不会有那么大的影响;没有统治五印度的戒日王做强力后盾,更难问鼎全印。

在回归途中,已踏入国境,却滞留于滇(今和田)。他知道高昌国已被唐太宗灭国,而今学成归来,唐太宗会怎样对待自己呢?他完全不知道自己是墙外开花墙内香。唐太宗已从戒日王派遣的使者中知道玄奘留学大获成功,认可了他这位无冕的外交使节。

玄奘载誉归来,先后为唐太宗、唐高宗、武则天所钦重,他们都为译经事业提供了政治上、译经场所、译经人员和物资上的保障。供养优厚,赐号"三藏法师"。玄奘述而不作,遵唐太宗之命费不少时日口述了《大唐西域记》。

在译经的近二十年间,在道、儒、佛三教竞争的局面下,他自始至终竭尽所能维系着与皇权的密切关系。甚至为了译经大局,其得意门生辨机因绯闻被斩,也隐忍心中的巨大悲痛而未向唐太宗求情。

2. 专事译讲　培养人才

玄奘从印度带回了因明著作三十六部。在译经初期,玄奘就译出因明专著二部求法归来,玄奘虽然有很高的因明造诣,但是无暇著书立说,并无论著,他把全部的精力智慧都贯注到译讲活动中。

组建译场时,除个别人外,群贤毕至,群星灿烂。他组织了规模完备的长安译经院,召集了各地名僧二十余人相助,分任证义、缀文、正字、证梵等职。助译者皆为法相之大家。他边译边讲,培养了一大批弘扬陈那新因明的人才,仓括新罗、日本僧人。

三、印度佛教因明三种论证式

印度佛教因明的发展史分古因明、陈那因明和法称因明三个截然不同的阶段,其论证形式经历了从类比到演绎的发展过程。陈那因明是承前启后的中轴。古因明的五支论式是:

宗:声(是)无常,

因:所作性故,

同喻：犹如瓶等，于瓶见是所作与无常，

合：声亦如是，是所作性，

异喻：犹如空等，于空见是常住与非所作，

合：声不如是，是所作性，

结：故声无常。

上述论证使用的推理属于类比推理，从瓶有"所作性"，瓶有"无常性"，声有"所作性"，推出"声无常"。这是论证中常常用到的推理方式。有一定的论证作用。有比无好。类比论证的可靠性程度即证明力比较低。

这有两个弊病：全面类比和无穷类比。主张"声常住"的声论派反驳说，瓶还有"可烧""可见"的属性，完全按照立论方的推理方式同样可推出声也有"可烧""可见"的属性，岂不荒谬？推出声与瓶的所有属性相同，这是全面类比。当追问为什么瓶是所作，瓶会是无常？立方又要回答，例如罐、如灯、如电……这是无穷类比。

中世纪逻辑之父陈那论师（约 480—540）的三支作法：

宗：声是无常，

因：所作性故，

同喻：诸所作者见彼无常，犹如瓶等，

异喻：诸是其常见非所作，犹如空等。

陈那改五支为三支，删去合和结，增加喻体。避免了古因明两个弊病。只说"所作"与"无常"有不相离关系，其他属性一概不论，避免了全面类比；说"诸"（汉译也有用"若"的）所作就概括了一个类的大多数，避免了无穷类比。

从语言表达上来看，把三支作法去掉异喻和同、异喻依（例证），再颠倒次序，好像是三段论。但是它的逻辑形式是不是与三段论一样的演绎形式呢？请注意，同、异喻体打头的量词不是"凡""所有"，而是"诸"。百年来的汉传因明研习者一见"诸"就以为是"凡""所有"，一见"若"就视同为充分条件假言命题中的"如果"。这就误把同、异喻体当作了全称肯定命题，即毫无例外的普遍命题，或充分条件假言命题（可以转换为全称直言命题）。这样一来，三支作法就成了演绎论证。这是极大的误解。

在汉语里，"诸"是众多的意思，并非毫无例外的"凡""所有"。"若"在汉语里是多义词，既有"假如"（"如果"）的意思，也有"如同""像""如此""这样""这个""这些"的解释，并非只有"假如"一解。玄奘译文用"若"字，与"诸"相若，是取举例含义，而非"假如"。汤铭钧博士考察梵本，发现原文那个梵文字就是举例说明的意思。

考察一下陈那为新因明建立的论证规则。因的规则有三条，称为因三相：第一相是遍是宗法性，第二相是同品定有性，第三相是异品遍无性。

什么是同品、异品？印度人喜欢争辩声音是无常的还是常的。因明中的论题称为"宗"。其主项称为"有法"（体），其谓项称为"法"（义）。例如，佛弟子对婆罗门声论派立"声是无常"宗。具有"无常"法的对象被称为"同品"，瓶等一切具有无常性质的对象都是同品。不具有"无常"法的对象被称为"异品"，例如印度人共许的虚空和极微。

什么是除宗有法？佛弟子赞成"声是无常"宗，声论派则反对。声音是无常的还是常的，要靠辩论来回答。只要立论人与敌论者双方坐下来辩论，同品、异品的范围就已经定了。它们都不包括声。同品的外延必须把声除外，异品的外延也必须把声除外。否则，就不要辩论了。不能循环论证，这是一条不言自明的潜规则。是一条铁律。同、异品除去论题主项，贯串整个因明体系。

陈那因明制定的三条推理规则中，第二、三条都涉及同、异品概念。陈那认为，一个正确的三支作法，必须满足因三相。这是我们今天用逻辑的"格"来衡量陈那三支作法得出的结果。尽管离演绎只有一步之差，但是仍非演绎论证。非演绎没什么了不得，天塌不下来。有一篇博士论文认为非演绎不得了。他提出满足演绎的方案，替古人捉刀，要修改陈那关于异品的定义，主张异品不除宗。这违反了古籍研究最基本的历史主义原则。于是这篇论文建立起古代无有、于今毫无用处并且矛盾百出的新因明体系。

法称的三支作法把陈那三支作法的顺序颠倒过来，再把例证去掉，异喻体可单独与因、宗构成论式。今天用逻辑三段论理论来衡量，是标准的演绎论证，等同于三段论第一格第一式（AAA）：

同喻：凡所作皆无常，　　异喻：凡是常者皆非所作，
因：所作性故，　　　　　因：所作性故，
宗：声是无常。　　　　　宗：声是无常。

法称的学历和辈分都比玄奘高，与戒贤同辈，都师从陈那弟子护法。法称出生于婆罗门家庭。他自幼才智敏捷，年轻时便博通婆

罗门学说,后他改信佛教。

法称撰写因明七论,在玄奘回国之后流行印度,有"重显因明"之功。反对派把他的著作绑在狗尾巴上,散落各地,以此羞辱法称。法称则回应说:"我的学说将被传遍世界。"

印度逻辑史上第一个达到亚里士多德三段论水平的演绎逻辑体系应是法称因明。法称因明代表了当时印度佛教逻辑甚至是印度逻辑的最高成就。

四、玄奘的因明成就

玄奘法师是那烂陀寺中能讲解五十部经论的十德之一,是抗辩小乘重大挑战的四高僧之一。他又是四高僧中唯一勇于出战的中流砥柱。四高僧之一的师子光曾被玄奘驳得噤若寒蝉,哑口无言。足见玄奘的学术和论辩水平在那烂陀寺达到了超一流。(以下删略[①])

[①] 见本文集所收《因明研究之我见》和《论玄奘因明伟大成就与文化自信——与沈剑英、孙中原、傅光全商榷》。

论印度佛教逻辑的两个高峰①

一、陈那、法称因明在印度逻辑史中的地位

印度逻辑有两个主要流派：正理和因明。印度的第一个系统的逻辑学说出现在正理派的《正理经》中，而印度有演绎论证式则归功于佛教逻辑。佛教的论辩逻辑称为因明。陈那因明和法称因明是佛教逻辑的两个高峰。陈那因明为印度有演绎逻辑打下基础，法称因明最终使印度逻辑完成从类比到演绎的飞跃，使论证式达到西方逻辑三段论水平。

国外关于印度佛教逻辑史和印度逻辑史的一批重要论著，对陈那、法称因明在印度逻辑史中的地位的评价有失公允。它们对陈那、法称因明的逻辑体系的阐述也不准确。这对国内有关佛教哲学和佛教逻辑的代表性译著都有很大影响。

吕澂先生在《佛家逻辑——法称的因明说》一文中对佛教因明的由来作了解释。吕澂对"因明"这一名称，特地加了一个注释：

---

① 本文为教育部人文社会科学重点研究基地2006年度重大项目"佛教逻辑研究"（06JJD72040002）系列成果之一。发表在《复旦学报》（社会科学版）2007年第6期。

"'因明'一词为佛家所专用，他宗不一定同意，像晚近印度出版的《正理藏》(Nyāyakośa)大辞汇第三版，里面搜罗有关正理学说的术语二千五百多个，却没有'因明'一词。"①这个注释非常有说服力，表明印度人自古以来以正理为正宗，而轻视甚至无视因明，在辞书中都不给它一点地位。

20世纪30年代，杨国宾先生留学印度，回国后他翻译了他的老师阿特里雅博士的《印度论理学纲要》②一书。他在序言中说到："这一本书虽是小，可是关于印度论理学方面的主要思想已搜集无余了。而且这本书体裁简明，印度大学预科用它当作印度论理课之课本的。"③论理学是逻辑学的旧译。可是在这本搜集了印度逻辑学方面主要思想的逻辑教科书中基本上是阐述正理派的逻辑思想，古正理的内容占了相当大篇幅。偶尔提及佛教、耆那教逻辑的异同。十分难得地提及了佛教大论师陈那的五相违宗过。陈那创建的九句因、因三相和新增设的同、异二喻都未提及。书中提及佛教的二支作法（法称论式），但法称对陈那因明的继承和发展都未提及。这说明，印度的一般逻辑学说中是忽视佛教理论家所创建的新因明理论体系的，印度本土的学者不重视佛教因明对印度逻辑的贡献。

在印度逻辑史中不重视陈那、法称因明对演绎逻辑的贡献，与

---

① 刘培育、周云之、董志铁编：《因明论文集》，兰州：甘肃人民出版社，1982年，第214页。
② 华东师范大学出版社2007年1月重印本书时将书名改为《印度因明学纲要》，不符合原意，因为佛教因明不是印度一般逻辑学说的通称。初版译名中的"论理学"作为逻辑学的旧译，意义准确。
③ ［印度］阿特里雅著，杨国宾译：《印度论理学纲要》，上海：商务印书馆，1936年，第4页。

各国的学者大多讲不清印度逻辑史中演绎逻辑的产生和发展的脉络有关。他们误认为古正理的五分论式已有全称命题,因而误认为五分论式已经是演绎论证。

阿特里雅博士的《印度论理学纲要》认为:"他们已把这推理历程弄得很明白。不留丝毫疑点于所对谈人的心中。这种指示推理方式,一切欧几里得原理都包含其中了。"其五分论式的喻支是"有烟必有火,例如灶"。①

舍尔巴茨基的《佛教逻辑》认为早期正理派经典中"已经有了成熟的逻辑",是"具有必然结论的比量论(即演绎推理的理论)"②。其五分作法是"归纳-演绎性的"③,"演绎的理论成为中心部分"④。可是,其列出的五支论式的实例中却看不出演绎的特征:

宗　　此山有火,

因　　有烟故,

喻　　如厨,有烟也有火,

合　　今此山有烟,

结　　故此山有火。

其喻支不过是说厨有烟且厨有火,并非"凡有烟处皆有火",或

---

① ［印度］阿特里雅著,杨国宾译:《印度论理学纲要》,第36—37页。
② ［俄］舍尔巴茨基著,宋立道、舒晓炜译:《佛教逻辑》,北京:商务印书馆,1997年,第33页。
③ 同上书,第32页。
④ 同上书,第34页。

"有烟必有火"。

舍尔巴茨基又说:"陈那进行逻辑改革时,逻辑演绎形式还是正理派确立的五支比量。"所举五分实例中喻支又成为:"如在厨房中等,若有烟即有火。"①"若有烟即有火"相当于"凡有烟处皆有火"。

印度的德·恰托巴底亚耶是当代著名的印度哲学史家。他于1964年出版的《印度哲学》中对古正理论证形式的介绍也未跳出舍尔巴茨基的窠臼。他在书中引述了别的学者的观点:"演绎推理是这种哲学的专门论题,而正理的意思是例证或例举,即是这个体系用以表达演绎推理的五个命题中最重要的一个。"②他认为古正理是演绎推理。陈那以前正理派的五支中喻支为"凡有烟者必有火,如灶","这就留给了佛教逻辑家陈那改革这种论证推理形式的任务,他把支数减少到只有两个"③。除了误以为喻支有全称的必然命题外,还认为陈那对五分的改造只是减少支分,而且误把法称的二支作法归到陈那名上。可见,印度当代著名的哲学史家对印度逻辑的发展史也存有误解。既然古正理五支论式已经是演绎推理,那么陈那、法称的贡献也就微不足道了。

梁漱溟《印度哲学大纲》中五分论式中的喻支是"凡有烟处有火如灶"④。

张春波所译日本梶山雄一《印度逻辑学的基本性质》,在"译者

---

① [俄]舍尔巴茨基著,宋立道、舒晓炜译:《佛教逻辑》,第322页。
② [印度]德·恰托巴底亚耶著,黄宝生、郭良鋆译:《印度哲学》,北京:商务印书馆,1997年,第160页。
③ 同上书,第179页。
④ 《梁漱溟全集》第一卷,济南:山东人民出版社,1989年,第175页。

前言"中指出,正理派五支论证式的喻支是"凡有烟处必有火,如灶",其喻体不仅是全称命题,而且是必然命题。显然认为古正理的五支论证式是演绎推理,但是随后又解释《正理经》的两个著名解说者富差延那和乌地阿达克拉为什么反对把烟与火之类的"不可分的关系"作为推理的一般原则,"这个传统立场是富差延那和乌地阿达克拉一直坚持的,因此他们就不能不拒绝演绎推理"①。原作者和译者都陷入了自相矛盾。

国内当代从梵文本译出的两个《正理经》汉译本,在注释中,所举实例都有喻体和喻依,其同喻体或异喻体都用全称命题。"此山有火;有烟故;如厨,有烟也有火,凡有烟处必有火,如灶;凡无火处必无烟,如湖;此山有烟;故此山有火。"②"声是非常住的,因为它具有被造的特性,一切不具有被造的特性的事物都是常住的,如我。"③其中异喻体用了全称量词"一切"。

从《正理经》三个汉译本来看,对喻支的译文中都不见有命题组成的喻体,更谈不上用全称量词。这说明在直接从梵本译过来的两个汉译本中,为译者所加的注释都是不符合原意的。虽然译注采用的是国外流行的观点,但是并不符合印度逻辑的早期发展。

在国内还有许多有关印度哲学的论著中常见上述误解,这里就不再一一引述。

难得一见的是汤用彤先生在《印度哲学史略》中所引五分实例

---

① [日]梶山雄一著,张春波译:《印度逻辑学的基本性质》,北京:商务印书馆,1980年,第3页。
② 刚晓:《正理经解说》,北京:宗教文化出版社,2005年,第27页。
③ 姚卫群:《古印度六派哲学经典》,北京:商务印书馆,2003年,第68页。

与上述所引舍尔巴茨基的五分实例基本相同,其中喻支为"如灶,于灶见是有烟与有火"①。喻支未用全称命题。这还是类比推理。汤先生指出:"但认因为最重要并特别注意回转关系,恐系佛家新因明出世以后之说,早期正理宗师并未见及此。"②汤先生的说法是有根据的。

印度逻辑史上最早关于五分作法的论述出现在公元前5世纪的一本内科学医书中。此书由一位名叫遮罗迦的名医所著。《遮罗迦本集》把五分作法中的喻解释为:"喻就是不管愚者和贤者对某一事物具有相同的认知,并根据这一认知来论证一切所要论证的事。"③喻就是例证,其五分实例中无喻体判断。

《正理经》中喻的定义是:"喻与所立同法,是具有(宗的)属性的实例。或者是根据其相反的一面而具有相反(性质)的事例。"④未举五分实例。从定义可知,五支论式的喻支中,例证就是喻体,还没有出现反映普遍原理的命题。

佛教大乘空宗代表人物龙树著有论辩逻辑的专论《方便心论》,其汉译本中有五分的实例,喻支中竟然有全称命题。应当指出,这只是偶一为之的灵光乍现,还不是定式,论中远未形成从一般推出个别的演绎观念和论证方式。《方便心论》中所用到的多数推理,是不自觉地运用了命题逻辑的推理方式。

在古因明最高成就的代表作《如实论》(世亲著)中,论式的喻

---

① 汤用彤:《印度哲学史略》,北京:中华书局,1988年,第131页。
② 同上。
③ 沈剑英:《〈遮罗迦本集〉的论议学说》,《戒幢佛学》第一卷,长沙:岳麓书社,2002年,第5页。
④ 晓刚:《正理经解说》,第290页。

支有喻体和例证即喻依组成,在喻支上提供了新的组成方式,成为陈那创建三支作法的重要借鉴。但是,世亲并没有关于普遍命题的理论阐发,知其然而未阐发其所以然。因此,印度逻辑史上一种全新的论证方式的建立,其功绩不能归到世亲名下。

日本的梶山雄一教授指出,古正理五分论式的喻支不反映"不可分的关系"与古正理派的传统立场即实在论倾向有关:只承认个体间关系,不承认一般关系。推理的基础只能是可以经验到的具体事物。因此,"从《正理经》的作者,经过富差延那,一直到乌地阿达克拉,正理派的传统立场始终是拒绝演绎法的理论的。这并不意味着富差延那和乌地阿达克拉对演绎的理论完全无知。特别是乌地阿达克拉很熟悉它,但他显然有意识地反对这种理论"[①]。

在正理的发展史上,直到新正理派出现才吸取陈那新因明喻体的因、宗不相离关系,在新正理的五分论式的喻中才有了普遍命题。

拔高古正理、古因明的逻辑水平,其结果是不能充分肯定陈那对论证式向演绎推理转变的贡献。

二、陈那怎样发展古因明

要知道陈那怎样推进、发展古因明,就要懂得古因明之弊和新因明之利。

古因明要论证"声是无常",以"瓶有所作性"且"瓶有无常性",

---

① [日]梶山雄一著,张春波译:《印度逻辑学的基本性质》,第36页。

来类推"有所作性的声"也会"有无常性"。这样的类推可靠性程度不高。很容易遭到敌方的反驳。古师以瓶类声,没有限定比较的范围,就会出现在"诸品类"即所有属性全面类比的情况。例如,如果瓶有所作性而瓶无常,声也有所作性,可推"声亦无常",准此,瓶有可烧、可见的属性,那么也可推"声亦可烧、可见",岂不荒谬?可见,古因明五分作法的类推,其结论的可靠性程度不高。将两事物所有属性全面类比,从而陷入荒谬。这是古因明固有的弊病。

古因明的第二个缺陷是"无穷类比"。窥基《因明大疏》说:"他若有问:'瓶复如何无常?'复言:'如灯。'如是展转应成无穷,是无能义。我若喻言'诸所作者皆是无常,譬如瓶等',既以宗法、宗义相类,总遍一切瓶、灯等尽,不须更问,故非无穷成有能也。"[①]在同喻中不设立反映因法与宗后陈法不相离关系的命题,只以例证为喻体,就得回答这些例证得以成立的原因,最终陷入无穷类比。

为解决古因明的这两个弊病,陈那创建新因明三支作法,在喻支中增设命题"诸所作者皆见无常"作为喻体,将原来的喻体瓶当作喻依。喻体揭示了因法"所作"与宗法"无常"的不相离性,就限定了瓶与声相比较的范围,而不是越出所立"无常"义在"可烧""可见"等"诸品类"全面类比。说"诸所作者"就将瓶、灯、电等囊括无遗,避免了无穷类比。

陈那创建新因明三支作法,是以同、异品除宗有法、九句因、新因三相等一整套理论作为基础的。

九句因理论中的同、异品是除宗有法的,目的是避免循环论

---

① 〔唐〕窥基:《因明大疏》卷四,南京:金陵刻经处,1896年,页六左至右。

证。在宗论题"声是无常"中,在立论之初,声既不是"无常"的同品,也不是"无常"的异品。否则立、敌双方就不争论了。同、异品除宗有法是九句因的基础。从九句因的二、八正因中概括出新的因三相,以因三相为依据便建立起因法与宗法的非常普遍的联系。二喻即因,在同、异喻中体现了因的同品定有性和异品遍无性,从而大大提高了推理的可靠程度。

陈那在早期代表著作《因明正理门论》(简称《理门论》)中表示,遵守了因三相规则,就能"生决定解",意思是能开悟敌方和证人,从而取得论辩的胜利。但是,应当看到,用逻辑的标准来衡量陈那的因明体系,因、喻还不能必然地证成宗,离演绎还有一步之差。首先,陈那因明的体系中两个初始概念同、异品是除宗有法的。第二相同品定有性在陈那的《理门论》中表述为"于余同类,念此定有",这个"余"字非常重要,全句意为,除宗有法(声)之外的其余的同品(无常)中定有因法(所作性)。这是一个除外的特称肯定命题。同喻依即例证(瓶)就是第二相主项存在的标志,表明同品非空类。它举足轻重,不是可有可无的。举得出正确的同喻依,表明因满足第二相,相反则不满足。它在三支作法中不是归纳的因素,也不是起归纳的作用。因的三相各自独立,后二相不能互推。因为第三相异品遍无性,其喻依允许为空类,也就是说异喻体主项允许为空类,从第三相显然推不出第二相。第二相的逻辑形式(除 s 以外,有 p 是 m)不等于同喻体(除 s 以外,凡 m 是 p),第二项的主项是宗同品,而同喻体的主项是因同品。本来,因的第一相规定宗有法(声)是因同品(所作性),因同品可以不除宗有法,同喻体应是全称肯定命题,由于同品必须除宗有法,同喻依必须除宗有法,这就影响到同喻体中的因同品也须除宗有法，因此，同喻体成了除外命题。显然，一个因虽然满足了三相，并非证宗的充分条件。

在陈那的逻辑体系中，有以下三种情况都与演绎逻辑相冲突：

一是不许等词推理。例如，"声"与"所闻"是同一关系的两个概念，使得第五句因"声常，所闻性故"成为不满足第二相同品定有性的似因。用"所闻"来证"声"，满足演绎的要求，虽合乎逻辑，却是似因。

二是满足因三相的推理居然是诡辩。例如，"水银是固体，金属故"，由于"水银是金属"，满足第一相。"有固体是金属"，满足第二相。"凡非固体皆非金属"，由于异品除宗有法，即在非固体中除去水银，因此满足第三相异品遍无性。"水银是金属故"因虽然满足了因三相，但是改变不了"水银是固体"的谬误。

三是出现相违决定因过。由两个满足因三相的因可以分别证成互相矛盾的两个宗。陈那因明规定这样的两个因是似因，都缺乏证成宗的功能。

国外的因明研究者除极少教外，普遍不能正确的描述陈那因明的逻辑体系。舍尔巴茨基等人的误解，并非偶然，是出于对陈那因明和逻辑三段论的多方面的误解。首先，舍尔巴茨基所依据的《理门论》，是意大利杜齐从玄奘汉译《理门论》中转译的英译本。这个英译本漏译了"于余同类，念此定有"中的"余"字。真可谓差之毫厘，谬以千里。其次，本来第一相的逻辑形式是"凡 s 是 m"，形式逻辑规定，s 必然周延，m 则不周延。舍氏却说违反因的第一相的过失在于因法不周延。第三，他把第二相的逻辑形式等同于同喻体，即主项为因同品而非宗同品；不是特称判断，而是全称判断。第四,认为因的后二相等值。第五,陈那的三支作法也允许有独立的同法式和异法式,相当于三段论的第一格和第二格;《佛教逻辑》解释法称的同法式和异法式时说:"每一逻辑标志都有两个主要特征,只与同品(同类事物)相符而与异品(异类事物)相异。陈那认为这是同一个标志,决非两个标志。"① 按照舍尔巴茨基对这段话的解释,陈那自己就认为同、异喻体在逻辑上是等值的。又说:"这整个的认识领域是由契合差异法所制约的。但既然其肯定与否定两方面是均衡的,只须表属其一方面也就够了。或者相异或者相符,其反对面都可以必然地暗示出来。这便是每一比量式均有两个格的原因所在。"② 还说这两个格就相当于三段论的两个公理。③ 第六,三支作法既是归纳又是演绎,后二相和同、异喻体就是契合差异并用的归纳法,等等。以上错误为国内众多的因明研究者全盘接受。我对这些误解的详尽的批评,有的已见于其他论文,有的将另外撰文。拔高陈那因明为演绎,实际上不能充分肯定法称对陈那的重大发展。

三、法称怎样发展陈那因明

如果说陈那对古因明的改造是以创建九句因从而革新因三相作为基础,那么法称改造陈那三支作法使论证式变成演绎论证,也是以改造因三相作为基础的。

---

① [俄] 舍尔巴茨基著,宋立道、舒炜炜译:《佛教逻辑》,第 327 页。
② 同上书,第 328 页。
③ 同上书,第 331 页。

舍尔巴茨基完全用法称的因三相来代替世亲、陈那的因三相，不懂得三者之间的区别。陈那的九句因、因三相是涉及因与有法和同、异品的外延关系，法称则着重从因的内涵上来规定怎样的因才是满足三相的正因。法称提出了自性因和果性因以及不可得因。法称没有为这三类因下定义。从所举实例来看，自性因指因与宗法有种属关系或全同关系的概念。果性因指宗法与因有因果关系的概念。根据此二因建立的同、异喻体是真正的没有例外的全称命题。以此二因能必然证成宗，保证了前提与结论的必然性。正由于此，法称根本不提同、异品除宗有法，法称的第二相的逻辑形式与同喻体相同，并且与第三相等值，而且同、异喻体也等值。

关于论式，陈那《理门论》规定，三支作法每一支都是不可缺少，同、异喻体不可单独成立论式，同喻依是必要成分，唯有异喻依可以缺无。法称论式则不同，可以分别用同、异喻体组成同法式和异法式。宗则可略而不陈。

在过失论方面，法称不再提单独违反第二相的过失，即不再讨论第五句不共不定因过，这是陈那、法称因明在过失论上的一大不同。这从反面说明法称的后二相是等同的。

法称在建立新规则和新论式时在逻辑上也留下一些不严密之处。他提出的第三种正因不可得因是专用来成立否定的宗论题。这说明把正因分为三类用了两个标准。实际上正因只有两种。用自性因不可得和果性因不可得就可证成否定的宗论题。[①] 又如，在不定因中取消了第五句因，但在讨论相违决定因中又增设了与

---

① 参见李润生：《正理滴论解义》，香港：密乘佛学会，1999年，第232页。

第五句因相似的犹豫因。在不定因中又增设了后二相中一相成就、一相犹豫的不定因。既然二、三相等值，从逻辑上说则不会有一相犹豫、一相成就的情况。这说明这种因过是根据实际讨论的内容来决定的。

陈那后期以量论为中心，为法称量论打下基础。然而，法称对于陈那的量论和因明观点均有改变。第一，陈那不承认外境实有，主张唯识所现。法称则采取经部的立场，承认了外境的实有。这样，玄奘真唯识量所要成立的唯识义，已为法称所否认。第二，陈那因明的三支作法侧重从立、敌共许来谈论证的有效性，法称则是从理由和论题的必然联系来谈论证的有效性。所以，建立在陈那共比量基础上的三种比量理论，在法称因明中已经失去了存在的意义。真唯识量作为三种比量理论应用的光辉典范，只起到"一时之用"，也就不难理解了。

论陈大齐的因明成就[①]

汉传因明在历史上有过两次高潮。第一次发生在唐代，中国从此成为因明的第二故乡。第二次高潮发生在"五四"以后三十年。这一时期，按照中国逻辑史的发展特点，可以称为现代时期。现代因明研究的代表人物为吕澂和陈大齐。

现代因明研究是汉传因明承前启后的重要历史时期。在这一时期，既继承了唐代《因明大疏》的优秀成果，也克服了它的某些缺陷和错误，在佛学与因明、逻辑与因明两方面的研究中一新了面目。

如果说吕澂的因明研究是得力深通佛典、广研诸论，充分利用梵、汉、藏文数据，从而使汉传因明别开生面的话，那么可以说陈大齐的因明研究是以逻辑为指南，在因明与逻辑的比较研究上作出了超越前人的突出贡献。他们扬己之长，各领风骚，其成果似星月交相辉映，全面地把汉传因明研究的水平提到了一个

---

① 本文在1988年《法音》第2期和第3期连载的《陈大齐对汉传因明的卓越贡献——〈因明大疏蠡测〉评介》基础上增订而成。

陈大齐(1886—1983)，中国现代心理学的先驱，1923年任北京大学心理学系主任、哲学系主任。1929年经蔡元培推荐任北京大学代理校长。1948年去台湾，任台湾政治大学首任校长、台湾孔孟学会首任理事长。1961年香港大学授予名誉文学博士学位。

新的高度。

吕澂的因明研究在国内外素享盛誉,而陈大齐则在起初的几十年间鲜为人知,但是,吕澂的不足又恰恰为陈大齐所弥补。

如果说玄奘法师对印度因明的伟大贡献在主要在于整理和发展了三种比量理论,为今人提供一把解读陈那因明体系的钥匙的话,那么陈大齐因明研究的光彩也正在于此。

一、三本著作概述

窥基的《因明大疏》是汉传因明的宏篇巨著,是权衡许多因明义理的最高圭臬。欲掌握因明之真谛,不能不深究《因明大疏》。

陈大齐的《因明大疏蠡测》(以下简称《蠡测》)是《大疏》研究的皇皇巨著,堪称一座博大精深的宝藏。半个多世纪过去,该书的学术价值益发受到学术界的推崇,可谓历久而弥坚。

《蠡测》集中地反映了陈大齐的因明思想。该书于1945年8月在重庆铅印出版,[①]1938年曾以油印本分赠。

本书作者娴熟地运用传统逻辑的工具,研究了因明的体系,探幽发微,阐发宏富,内容博大精深,处处显示出作者的创见,具有重要的学术价值。

《蠡测》并非全面论述因明的书,它深入讨论了42个专题,是一本12万余字的论文集。对绝大多数专题都有精当的诠释,均放射出金色的光芒。没有《蠡测》,我们对许多概念和理论的解释还

---

① 本书由束士方、沈兼士先生采用铅印出版,"有裨学术,无多读者,书贾不乐印行,为其入选准绳"。

会在黑暗中摸索。从文字方面看,如果能读懂义理,则能体会到它语言精练准确,意味隽永;如果读不懂义理,就会觉得它完全模仿《大疏》的行文格式,大多以四字一句,不少地方文字过简,令初习者不能卒读。

《蠡测》作为因明的学术专著,开掘愈深,读者面也就愈窄,也就愈不容易为初学者所接受。曲高和寡,难觅知音。这是所有深奥的因明典籍所免不了的天然弊病。作者于1974年在《因明大疏蠡测重印序》中说:"本书要旨,重在解惑。《大疏》精审,非无缺失,名多歧义,理有挂漏。循文颂读,易滋疑惑。分析补苴,和协可期。本书于此,冀尽绵薄,有惑则解,无惑则止。俾诸可疑,涣然冰释。"①在汉传因明史上,近似于这样分专题讨论的书仅有唐代慧沼的《因明义断》。《蠡测》对于少数理论研究者来说,无异于探寻因明堂奥之南针,对于大多数初学者来说,要真正读懂它,可不是一件轻松的事。对此,作者很有自知之明。陈大齐接着说:"于因明理,未涉全局。斯学始基,更未语及。初学读此,难有所得。来台以后,为初学计,依据本书,别有撰述。"②由《蠡测》衍生出来的书有二种:一是《印度理则学(因明)》,二是《因明入正理论悟他门浅释》。

《印度理则学(因明)》作为台湾政治大学研究所教材于1952年10月在校内出版。此书在大陆已完成大部分,赴台后补充了小部分。《印度理则学(因明)》既介绍了因明的全貌,又重点论述了因明的主要内容,详略得当,深入浅出,胜于其他教科书式的著作。

---

① 陈大齐:《因明大疏蠡测·序》,台南:智者出版社,1997年,第1页。
② 同上。

汉传因明对印度因明的重大贡献突出地表现在对三种比量理论的整理和发展,如果说窥基的《大疏》是这一成就在唐代的最高代表的话,那么可以说,陈大齐的《蠡测》对三种比量理论作了最完整、最准确的阐述。《蠡测》的这一伟大学术成就在《印度理则学》中得到了明白晓畅、淋漓尽致的发挥。它像一根红线贯串于全书七章之中。与"宗"一章相应,第三章"因"中,专设一节讨论有义因、无义因,在第四章"喻"中,对喻依的体、义有无也作详尽讨论。在第五章关于三十三过的阐述中处处可见三种比量理论。在第六章"比量"中,专设一节总论共比量、自比量、他比量的各自组成和各自的功用。三种比量理论是《印度理则学(因明)》最有光彩的内容。在汉传因明史上,自唐以来可以说无出其右。

《浅释》则采用讲经式,对《入论》作逐字逐句的讲解。《浅释》由台湾中华书局于1970年出版。从该书序可知,其书原属一部讲义,只编至似能立,其真能破和似能破二义,未经注释。该书约莫写于1960年前后,是当时在政治大学研究所任课时所用。该书写成之后,久经置于废稿之中,未作问世的打算。1968年马来西亚侨胞发行的《无尽灯》季刊函索刊出。

作者本人说:"得此二书,难读的因明转成易解的学问,其多年辛劳,似尚不致白费。"①

佛学难治,因明尤难。"文字多障,领悟维艰"。深入何其艰辛,浅出谈何容易。陈大齐通过三种不同体裁的著作真正做到了深入浅出,厚积薄发。"其多年辛劳,似尚不致白费"这一句感叹,

---

① 转引自水月:《因明文集》第一册,台南:智者出版社,1989年,第286页。

表达了作者对汉传因明历史教训的深刻认识。唐代因明盛极一时，但是囿于象牙塔中，终究不免迅速衰败，甚至绝响。19世纪末以来，因明在汉地重光。真正有深度的因明学术著作如凤毛麟角，因明的通俗著作尽管已有多种，由于深入不够，浅出也就成了问题。有的因明著作，虽然完全用白话文，也与逻辑作比较，甚至书名就题为《逻辑与因明》，可是在比较方面却说了许多风马牛不相及的话。可见，浅出必须以深入为基础。不以正确观点为指导的浅出或者宣传错误观点的浅出，是浅薄，是浅陋，是误导。在20世纪众多因明著作中，陈大齐的二种通俗著作非同凡响，值得称道。《浅释》一书在北京大学图书馆可以见到，由台湾中华书局赠送。《印度理则学（因明）》问世近五十年，大陆学者四十多年间不知有其书，不能不为之遗憾。

陈大齐在《因明大疏蠡测重印序》中说，《印度理则学（因明）》有三个特点：一是"立破结构，正似由来，因通俗语，述其梗概"；二是"引用来例，悉凭常识"；三是"且与逻辑，时作比较，俾初学者，易于理解"。《浅释》则是"逐字逐句，详加诠释。文字清晰，义理分明，用心阅读，无不可解"。

二书的共同特点是文字清白、义理分明、引用新例和与逻辑比较。这是通俗著作应有的共同特点，是将难读的因明转成易解的学问的必要条件。读一读这两本书，可以发现，陈大齐把难读的因明文字讲解得那样通俗，那样透彻，那样细致，那样条理分明，治学的态度又是那样的谦虚谨慎，言之有据，不武断，不意想，不歪曲，不断章取义，有实事求是之意，无哗众取宠之心，几乎令人无懈可击。

二、因明研究的指导原则及
具体研究方法

陈大齐在《蠡测·序》中概括了该书的写作指导原则以及写作的特点,其实也就是他进行因明研究的指导思想及具体研究的方法。

（一）写作的指导原则

他在序言中说:"遇有艰疑,深思力索,但遵因明大法,不泥疏文小节,参证其他疏记,间亦旁准逻辑,期得正解,以释其疑。"

首先,作者表明了自己的刻苦钻研精神和严谨的写作态度,"遇有艰疑,深思力索",决不浮光掠影,浅尝辄止。因明论、疏,晦涩艰深,学人视为畏途。心气粗浮之人难于登堂入室,往往半途而废。按照熊十力的经验,须要有大心、深心、静心,沉潜往复,从容含玩。陈大齐对因明的研究就经历了艰苦的旅程。玄奘嫡传弟子窥基的《因明入正理论疏》（后世称为《大疏》）内容富赡,为诸疏之冠。陈大齐"取读此书,格格难入,屡读屡辍,何止再三。然研习志,迄未有衰"。他拿来日籍《因明入正理论方隅录》作为入门工具,"悉心诵读,粗有领悟",写成《因明入正理论浅释》,但自觉"殊不惬意",对因明理论尚未彻悟。于是,又细读《大疏》,用数载之功,才写成这本巨著《蠡测》。陈大齐治学因明的成功之路,是有普遍意义的。他的攻坚精神,堪为因明研习者之楷模。没有刻苦严谨的治学态度,是很难得到因明正果的。

其次,作者恰当地把握了对专题研究和对因明体系研究的关系。"但遵因明大法",就是要读原著,要准确地理解因明之论的本来意义,从整体上把握因明的理论。"因明大法"的主要依据是奘译之大、小二论。大论是指陈那新因明代表作《因明正理门论》(简称《门论》或《理门》),小论指陈那弟子商羯罗主的《因明入正理论》(简称《入论》)。《蠡测》所包含的42个专题都是在因明大法的统帅下写成的,对因明本来体系的整体把握促进了对因明专题的深入研究。

第三,不应该全盘接受唐疏的解释。玄奘没有自己的因明著述,他的思想当保留在众多弟子的疏记中。要习因明,唐疏便是入门阶梯,舍此无由。作者对《大疏》的成就与不足有恰当的评价。《蠡测·序》中说:"探源穷委,博征繁引。于因明理,阐发尤多,内容富赡,为诸疏冠,……大疏精神,堪为楷式。"同时,作者对《大疏》的不足也揭之甚明,"名言分别,界限不清。后先阐述,不相符顺。义本连贯,散见不聚。理有多端,挂一漏余。积此诸故,益复难解。且令因明体系,失其谨严,损其贯通",鉴于上述,作者主张"不泥疏文小节"。陈大齐学习前人,又不迷信前人并且敢于纠正前人的错误,这是非常可贵的。

第四,作者主张在研读《大疏》的同时,还要参阅其他疏记。神泰的《因明正理门论述记》(简称《述记》)、文轨的《因明入正理论疏》(世称《庄严疏》)等都成书于《大疏》之前,《大疏》与其一脉相承,又不乏新见,而日籍《因明论疏瑞源记》又是对《大疏》的集注本,其中引用各家注释有几十家之多,以上各书可资相互发明。陈大齐认为,研读《大疏》,"参证其他疏记"也是十分必要的。

第五,把因明与逻辑作比较研究。西方逻辑是一门成熟的科学,逻辑理应成为爬梳、整理因明论、疏的思想武器。因明研究有没有逻辑科学作借鉴,是大有差别的。这是今人胜于古人的地方。中国的名辩、印度的因明和西方的逻辑三者之比较发端于"五四"之前,大成于"五四"之后。因明、逻辑比较研究成绩卓著者要算陈大齐,《蠡测》的最主要的贡献也就在于此。作为逻辑学家的陈大齐,时时自觉地运用逻辑眼光来看待因明理论,甚至还尝试用数理逻辑的观点来对照因明的特点,在汉传因明中实属凤毛麟角。他比较了因明与逻辑之短长,指出:"因明逻辑,二本同理,趋向有别,进展随异。逻辑详密,因明弗如。亦有道理,逻辑未说,如有无体,如自他共。因明发扬光大之可期者,与夫足补逻辑所不逮者,其或在斯。故于此二,尤致力焉。"作者对有体、无体两个重要术语的研究,对自、他、共三种比量的研究,详密精审,在国内著作中,至今雄居首位。

(二)六个具体研究方法

作者在序言中说:"紊者理之,似者正之,晦者显之,缺者足之,散者合之,违者通之。"

1. 紊者理之

以有体、无体两个语词的解释为例。有体、无体是因明术语中最复杂难解的语词。古今因明家异说纷呈,头绪繁多。《大疏》也未集中论述,而是散见各处,显得紊乱。《蠡测》把它们汇集起来,经过爬梳整理,读来便觉条分缕析。该书剥笋锤钉,层层深入,全面、明确地解释了这两个语词的各种含义。

在该书《有体无体表诠遮诠》一节中解释说:"疏言有体无体,其义似有三类。"这在古今因明著作中,第一次明确指出《大疏》中有体、无体两个语词的多义性,一共有三种。

第三种讨论最多,"疏言有无,多属此类"。涉及宗之有法、法、因法和喻依,"立敌不共许其事物为实有者,是名无体",反之为有体。各概念间的有体、无体还须遵循一定的关系,才能无过失,《蠡测》也一一加以讨论。此外作者还讨论了有、无体与有、无义以及表诠、遮诠的关系。

2. 似者正之

《大疏》对《入论》的解释多为真知灼见,但也不乏误解,有的误解甚至在今天仍有回响。例如,《大疏》对宗与能立的关系的解释就是错误的。《入论》"宗等多言名为能立"是指宗、因和喻三支为多言,合为能立,《大疏》却把宗排除在外,违反《入论》之本意。《蠡测》详细分析了《大疏》的错误。又如,《大疏》释同品时,把同品解释成同喻依,熊十力的《因明大疏删注》因循此误,直到今天,有的著作也在此失足。《蠡测》对《大疏》的这一误解也作了详细剖析。

3. 晦者显之

例如,《大疏》解释了宗同品的数种含义,其中之一是同品同于不相离性。《蠡测》认为"说欠明畅,易滋误解"。《大疏》说:"且宗同品,何者名同?若同有法,全不相似,声为有法,瓶为喻故。若法为同,敌不许法于有法有,亦非因相遍宗法中,何得取法而以为同?此中义意,不别取二,总取一切有宗法处名宗同品。"[①]

又说:"是中意说宗之同品,所立宗者因之所立,自性差别不相离性,同品亦尔,有此所立中法,互差别聚不相离性相似种类,即是

---

① 〔唐〕窥基:《因明大疏》卷三,南京:金陵刻经处,1896年,页六右。

同品。"①

《蠡测·宗同品》认为《大疏》说宗同品不同有法,这好理解,因为声有可闻性,瓶则可烧可见,两者差异多于相似。说不同能别,同于不相离性,这不好理解。按照《入论》的说法,"谓所立法均等义品,说名同品"。即是说,宗同品者,同所立法。《大疏》解释说:"所立谓宗,法谓能别。"②宗是所立,是由宗依有法及法(能别)结合而成的。所立法是指能别。所立与所立法是不同的。如果说同品同于有法与能别不相离性"谓法有法属着不离",那就会把所立与所立法等同起来。它们本来"义各有别,今以合释,自相抵触"。③

再则,《蠡测》认为,声是无常,瓶等无常,此二宗体,显有差异。又瓶无常与声无常,离体说义,其义虽一,依体说义,为体所限,即有小异,不复尽同。《大疏》说宗同品既不同于有法,也不同于能别,"总取不相离性",便有过失,称作"一切同品皆有一分所立不成"。④ 这是因为同喻瓶空,但成无常,不成声无常。可见,如果《大疏》所说宗同品是"总取不相离性"的话,那么就会导致严重后果:"一切正量,同喻莫不有过。"⑤陈大齐认为,《大疏》的原意,不应当是上面这种意思。那么,宗同品之间,究竟同于什么呢?《蠡测》引用《纂要》的话说:"即以瓶上无常与声无常法法相似,名为同品"。陈大齐认为此说"与论相契,且符至理,……疏亦应许,法法

---

① 〔唐〕窥基:《因明大疏》卷三,页二十右。
② 同上。
③ 陈大齐:《因明大疏蠡测》,第48页。
④ [日]溶凤谭:《瑞源记》卷三,页三右。
⑤ 转引自《瑞源记》卷三,页一右。

相似,是宗同品"。① 既然《大疏》认为宗同品同于能别法,同品但取于义,但《大疏》又把同品之品释为体类,"瓶等之上,亦有无常,故瓶等聚名为同品"②,这又作何解释呢?陈大齐认为,这一"矛盾"并不是《大疏》杜撰出来的。

《入论》本身就既把同品释为义类,又把同品释为体类。《入论》说,"此中非勤勇无间所发宗,以电空等为其同品"。陈著认为,并非《入论》自相矛盾,其实是"宗同品者,正取于义,兼取于体"。

4. 缺者足之

作者在《蠡测·三十三过与自他共》中指出:"论(指《入论》)说三十三过,但以共比为例,未及自他。《大疏》说过,条析益明。然举过类,犹有未尽,判别正似,间有未当,且说有体无体,未分自他与共。用是不揣简陋,妄作续貂之计。"

例如,《大疏》在讲解"共不定"因过时,分共比量、自比量、他比量依次解释,但在解释共比量时,又只说及"共共"一种。举个例子说,声论师对佛弟子立声常宗,所量性因,立敌双方对声、常、所量等概念都共许极成,因此是共比量。其共同品瓶有所量因,其共异品空亦有所量因,立敌俱许常无常品皆共此因,故曰共共。"共共"意为立敌双方共同承认所量性因为共不定因。为如瓶等,所量性故,声是无常,为如空等,所量性故,声是其常。令宗不决,故名不定。③

陈大齐指出,共比量中的自共不定、他共不定的情况"疏略未

---

① 陈大齐:《因明大疏蠡测》,第 49 页。
② 〔唐〕窥基:《因明大疏》卷三,页二十一左。
③ 参阅〔唐〕窥基:《因明大疏》卷六,页十一左。

说,今试足之"。《蠡测》还指出,《大疏》明言共共、自共为不定过。但"他共何收,疏未及说",便使得后世释者遂多异解,有说是过的,有说非过的。陈大齐认为,"今此他共,异品他有,其第三相,未臻极成,若谓非过,有违理门。是故他共,与自共同,应是共比中过"。意思是,在他共不定中,异品有因,虽然是"异品他有",也没满足异品遍无性,如不算作过失因,便与《门论》相违。因此,《蠡测》认为他共与自共、共共一样,是共不定中共比量里的一种过失因。

5. 散者合之

这是《蠡测》常用的一种研究方法。关于有、无体之解释,关于能立之解释等,都具有"散者合之"的特点,"散者合之"的研究方法体现了作者对论和疏所作的整体研究,避免了一孔之见。

6. 违者通之

例如,在《同品非有异品非有》一节中,陈大齐指出,九句因中"第五句同品非有异品非有,衡以逻辑直接推理,应非可能。同品若果非有,异品必有或有非有,定不同为非有。……异品非有,同品必有或有非有,不能同时亦为非有"[①]。但是"因明设比,盖别有故,且亦不与逻辑相违"[②]。例如,声论派对佛弟子立"声常,所闻性故",世间一切,其可闻者,除声以外,更无别物,因此,常无常品,皆离此因。作者指出:"立宗之始,声常无常悬而未决,故自常宗言之,声是自同品而非共同品,亦是他异品而非共异品,同异未臻共许,是故因明通例,言同异品,除宗有法。……综上所述,其第五句同品非有异品非有,分析言之,在立为同品有非有异品非有,在敌

---

① 陈大齐:《因明大疏蠡测》,第 67—68 页。
② 同上书,第 69 页。

为同品非有,异品有非有,与逻辑理亦复相符。"①

又如,在《宗因喻间有无体之关系》专题中,陈大齐指出,《大疏》论宗因喻间有体无体之关系,计有三则,"第一、第二两则之间,显有不相符顺之处,在第一、第三两则之间,虽无明显的自相矛盾之处,但作详细探讨后,也可见不尽符顺之处"。作者认为,"推其原故,则以泛说有无,未分自他及共,且于随一有无,或说为有,或说为无,不尽一致。又于无宗,或说其总,或但一分,不兼其余,名实不一,遂滋混淆。有体无体,有义无义,……应各分四"②。

二、因明基本理论研究方面的主要贡献

陈大齐的因明研究指导思想及研究方法在今天仍值得借鉴,他在因明基本理论研究方面的许多突破和贡献都亟待发掘和研究。他对陈那因明的逻辑体系的总评价又出现了临门一脚的失误,颇为遗憾。下面我们择其要者加以评介。

(一)关于因明二字的意义

作者说因明学家大体有四种解释:第一说以因为生了二因的总称,以明作阐明解。因和明合起来,解作因的阐明,亦即阐明因的学问。第二说的分释和第一说差不多,其合释则大相径庭。此说谓因阐明一切正理,明是因的功用,可说因即是明。依第一说,

---

① 陈大齐:《因明大疏蠡测》,第69—70页。
② 同上书,第224页。

因是所明,依第二说,因是能明。第三第四两说都解因为生因或言生因,解明为了因或智了因,分释是相同的,合释则不一致。第三说谓由立者的因解发敌者的明,因明即是明的因。第四说谓因是因,明是明,因与明异,因明是研究因与明的。陈大齐认为,"四说之中,第一说似乎最平实且最近理",因为以了因称呼明,与其余四明的明都解作阐明不一致。"就是把明解作声等的功用,说声即是明,医即是明,工即是明,也觉不妥。而且照第一说那样解释,其余三说的意义都可以含摄进去,都可以包括在因字里面。……我们根据此说,可为因明作一定义,因明是研究因的学问。"①

作者还对因明之因与逻辑理由作了比较。因明所说的因,含有原因和理由二种意义。"因明所说的因,其中有所谓生因,因上加一生字,表示生起的意义,这明明是原因,不是理由。又把立敌的智作为因的一部分。立敌的智是心理学上或认识论上的原因,也不是理由学上的理由。……道理义因是理由中的主要部分,言因是理由中的辅助部分。但这二因之上都不可以加生字,因为一加生字,便成原因了。……所以本书此后说因,专指理则学上所云理由而言。因此,可把因明的定义减缩范围,因明是研究理由的学问"。②

(二)关于四似为何称悟他、悟自

"因明所说的悟不是中性的,不是不管是非的。……不论所开悟的是自己或他人,总要启发正智了悟真理,方配得上称之为悟。……四似都不配称悟。然因明犹把这四种分别列入悟他、自

---

① 陈大齐:《印度理则学(因明)》,台北:台湾政治大学教材,1952年,第7页。
② 同上书,第8页。

悟二门,究竟是什么道理。对于这个疑问,因明学家有若干种不同的解答。诸种解答之中,'从本为论'一说,要算最为妥当。四似虽不能启发正智,然其本来目的,似立似破也想有所立有所破,用以开悟他人,似现似比也想使自家认识真理。从功用上看,四似和四真不同,从目的上看,四似和四真没有分别。现在姑且不问其功用如何,专着眼于其原来的目的,所以把似立似破列入悟他,似现似比列入自悟。"①

（三）能立二义

"能立这个名称,在因明里,可用作两种不同的意义。第一种是二悟八义中的能立。立即立得住站得稳的主张,亦即宗、因、喻圆满而没有过失的比量。是故所云能立,其能字是对似字而言,意味非无功能。其立字是树立义,意味树立一种主张。照此义讲,宗既是比量中的一支,便应当和因喻同为能立的一部分。第二种能立,……其能字是对所字而言,其立字作成立或证明讲。宗是所证明的,不是用以证明余事的,故是所立,不是能立。综上所述,宗可称能立,也可称所立。"②最全面地论述了"宗等多言名为能立"的含义,纠正了《大疏》等关于大、小二论中宗只能是所立而不属能立的错误。

《大疏》对《入论》"宗等多言名为能立"作两种解释。第一释为:"宗是所立,因等能立。若不举宗,以显能立,不知因喻,谁之能立。……今标其宗,显是所立。能立因喻,是此所立宗之能立。虽举其宗,意仅所等一因二喻为能立体。若不尔者,即有所立滥于古

---

① 陈大齐:《印度理则学(因明)》,第14—15页。
② 同上书,第10页。

释。能立亦滥彼能立过。为简彼失,故举宗等。"①

《蠡测》把这一解释概括为"显所立而简滥"。如果说在"宗等多言名为能立"一句中"举宗"是为了"简滥",那么会"适得其反"。《蠡测》认为有两点不妥。第一,"盖误以此能立之立解同成立",意思是,《大疏》误作此"能立"为证宗之理由,即宗是所立,而因喻为能立。实际上此能立别有意义。第二,"既言宗等能立,宗益滥于能立,其所立义,更无由显。简滥益滥,应非论旨"。意思是,照《大疏》说,《入论》的本意是要把宗与能立(因、喻)区分开来,如果是这样,那就不应该说"宗等能立"的话。既然说"宗等能立",把宗放到能立中去了,又怎么来显示它是所立呢?如此非但不能简滥,反而违背初衷,陷入自相矛盾的境地。《蠡测》认为这种自相矛盾之说不会是《入论》的本意。

《大疏》之第二释:"陈那等意,先古皆以宗为能立,自性差别二为所立。陈那遂以二为宗依。非所乖诤,说非所立。所立即宗,有许不许,所诤义故。……因及二喻,成此宗故,而为能立。今论若言因喻多言名为能立,不但义旨见乖古师,文亦相违,遂成乖竞。陈那天主,二意皆同。既禀先贤而为后论。文不乖古,举宗为能等。义别先师,取所等因喻为能立性。故能立中,举其宗等。"②《大疏》的意思是,"宗等多言名为能立"从字面上说顺古,实际所表达的意义却不同。

《蠡测》认为《大疏》"曲为解释,于理亦有未顺"。其一,有自教

---

① 陈大齐:《因明大疏蠡测》,第5—6页。
② 〔唐〕窥基:《因明大疏》卷一,页二十二左一右。

相违过。"文以显义,应与义符,今文谓此,义则指彼,文与义违,何以悟人。自教相违,诚为过失。"其二,《大疏》"文不乖古"之释未能一以贯之。疏释宗为乐所成立时,说过"又宗违古,言所成立以别古今"①与"文不乖古"相抵触。其三,"夫惟别创新义,尤应阐述明显,庶令墨守之徒,知新是而旧非。隐约其词,且不足以阐扬新义,暗违明顺,徒为旧说张目而已"②。

《蠡测》将《入论》中十五处涉及能立的说法逐一考察,指出"并摄宗者有九","指因法者有六",并进一步提出能立二义的观点。

(四)关于极成

极成是"立敌共同承认的意思。共同承认,因明术语称之为共许"。宗依不极成,"敌者必先驳宗依,于是论诤的焦点便离开本题","是非不容易判决,胜负不容易决定。因明不许胜负不决,故要求宗中二依均须极成"。③

《印度理则学(因明)》中将极成的意义分为四种:自性极成,境界极成,差别极成,依转极成。

自性极成中的自性,指言许对的自性,是"照言语所显示的意义讲,立敌是共许的",所以前陈有法须自性极成,后陈能别也须自性极成。自性极成含有二义,一是真极,二是共许。真极是指真正有此事物,称为有体,实际上不存在的事物则称为无体。"共许者,立敌同许此事物为实有。故必既是真极有体,又是立敌共许,方得称为自性极成。"由于真极与共许不一定相应,按理单有其一不得

---

① 〔唐〕窥基:《因明大疏》卷二,页十四右。
② 陈大齐:《因明大疏蠡测》,第7页。
③ 陈大齐:《印度理则学(因明)》,第29页。

称为极成,但因明能立的职能在悟敌,所立只要立敌主观上认为共许与真极一致,便是自性极成。概念有名言与义理两方面,"以乌有先生这个名词,就其义理讲,是不极成的,就其名言讲,是极成的,所取的方面不同,极成与否也便随以分别"。此外,疑体不算极成,极成是决定有体。①

"所谓境界极成,即是关于概念范围立敌所见互相一致的意思。……自性极成共许事物之实有,境界极成共许概念范围之有同等宽狭。"②例如,科学家说的动物包括变形虫等原生动物,未受教育的人的动物概念只包括原生动物以外的动物。又如名言适用范围之不同,通常所谓人,专指自然人,法律上所谓人,于自然人之外,兼包括法人。

差别极成中的差别指言许对中的差别,非指宗中后陈。差别是意中所许,未在言语上说出。有两种差别,一种是立者所乐为意许的,另一种是立者所不乐为意许的。这两种差别,又可分为两类。第一类的二种差别为立者所俱许实有,敌者仅许其一种。例如数论对佛家立"眼等必为他用",他用有积聚他和非积聚他(神我)二种差别。数论意许的是非积聚他,而为佛家所不许,积聚他则为立敌双方共许。数论所立言陈极成,意许不极成,所以叫作差别不极成。也可以说,自性极成掩蔽着另一自性不极成,这便是差别不极成。第二类的二种差别,立敌各许其一,但所许却正相反。③

---

① 陈大齐:《印度理则学(因明)》,第32页。
② 同上。
③ 同上书,第37页。

依转极成与前三种有所不同。依转极成是就两个概念间的关系说的。宗的前陈叫作有法,能够有后陈的法。这是从体望义,体能有义,所以称之为有。从义望体,因明称之为依,也称之为转。"倘然立敌共许其义可以依体或于其体上转,便是依转极成,倘然不共许,便是依转不极成。"①作者指出,因明的宗必须是立敌对诤的,所以宗不可依转极成。四种极成中,依转极成为当今一些因明学者所忽略。《理门论》特别强调的因、喻极成,其中就包括依转极成。

(五) 关于有体、无体和有义、无义以及表诠、遮诠

第一次清楚地解释了有体、无体语词的多义性,对使用最多的第所三种含义的有、无体作出正确的定义,并阐明了有体、无体与有义、无义和表诠、遮诠的联系,同时也阐明了宗、因、喻间在有、无体关系上所应遵守的规则。

陈大齐在《有体无体表诠遮诠》专题中指出,对于《大疏》说有体、无体之判别,"后世解者,说本纷纭"。日本的《因明入正理论疏方隅录》加以综结,凡有四种,一以共言为有体,以不共言为无体。二约法体有无,以判有体无体。三以表诠为有体,以遮诠为无体。四以有义为有体,以无义为无体。有义者有可表之义,如声无常,即是表诠,无义者无可表之义,如立我无,亦即遮诠。故第四种可摄于第三之表遮,无烦别立。此三有体无体,就宗因喻三支分别言之,非定一种。宗之有体无体,意取表诠遮诠。因之有体无体,取共言不共言,共言有体之中,复分有无二种,以表诠为有体,以遮诠

---

① 陈大齐:《印度理则学(因明)》,第 37 页。

为无体。喻体之有无体,亦取第三表遮,喻依之有无体,谓物体之有无,有物者是有体,无物者是无体。……陈著认为《方隅录》的缺点是"不依一义,且依宗因喻三,分别判定"。

陈著将散见各处之无体实例九则,加以归纳,"大疏说无体之理由,不外二义。曰无,曰非实有,即谓无此法体,亦即无此事物。曰不许,曰不立,谓立敌不共许。曰不成,则双举二义。……立敌不共许其事物为实有者,是名无体。云不共许,非共不许,故若立敌随一不许,亦是无体。"

陈著从无体的定义出发,又提出了有体的定义。"有体为无体之矛盾概念,若非无体,便是有体。是故有体之义,可从无体推衍而得,有体者谓立敌共许其事物为实有。"

作者还指出,有、无体这两概念与极成、不成两概念是完全一致的。"是则疏云有体无体,以法体有无及共不共许为分别之标准。真极共许合为极成。故亦可简言曰,有体者谓极成之体,无体者不极成之体。"

陈大齐又进一步指出极成所包括之二义即真极和共许的关系:"然自立敌言之,共许者必共信真极,共信真极亦必共许,故极成言,尤重共许。"这样,又可以说:"立敌共许者是有体,不共许者即是无体。"

该书根据以上对有、无体的理解,作为衡量标准对照检查《大疏》中明确说到宗(宗之有法)、因(因法)和喻依有体、无体的大量实例,结果是"殆无有不相切合者"。

陈大齐认为在《大疏》中明确论述有无体者除一例外,皆相切合。这一例外是指有体喻依之例:"如空"——外道对佛法中无空论——立许敌不许。而在无体喻依之例中"如空"——声论对无空论——立许敌不许。同此无空喻,同对无空论,且同是立许敌不许,一作有体,一作无体,岂不自相矛盾?《蠡测》认为,根据《义纂》关于有无体宜分自、他、共的说法,这个矛盾是由于《大疏》没有分自、他、共比量而造成的。

陈大齐根据上述标准考察了宗之谓项即能别(宗上有法之法)的有、无体问题。"能别与因同为宗法,因法既分有体无体,能别义准亦可有二。且若以极成为有体,而以不极成为无体,能别有极成与不成,应亦可作有无之分。"准此,疏中各例,除个别实例之解释偶有失误外,大多数都符合。

有义、无义,表诠、遮诠,有体、无体这三组概念有密切的联系。《大疏》中没有有义、无义的说法,但在其他疏记中常常出现。《蠡测》汇集文轨、义纂、筱山三家之说,加以探讨。"三家之说,义相一致,有义云者,亦遮亦表,无义云者,唯遮不表。是故有义无义,同于表诠、遮诠。"

文轨和筱山二家在有义无义之外,别立第三种通二法,既通有义,又通无义。例如,《庄严疏》说:"三通二法,如言诸法皆是所知,若有若无皆所知故。"《蠡测》认为,这是不能自圆其说的,"有义无义,本属矛盾概念,既入于有,不得复归于无,有无不共,岂得通二。"并且指出,文轨、筱山二家提出通二法,是另立标准。因为有义无义之判别,在于本身是表还是遮,而通二法判别之由在于有法,无关表、遮。陈大齐认为,"大疏不设,独具灼见"。

在《有体无体表诠遮诠》专题的最后,作者研讨了表、遮诠与有、无体之关系,"有体亦表亦遮,无体唯遮不表,与有、无义相同。是故有体无体,有义无义,表诠遮诠,三虽异名,义实相通。有无言其体,表遮述其用,此其别耳"。

《蠡测》在《有体宗无体宗》这个专题中讨论了区分宗支有体、无体的标准,在《宗因喻间有体无体之关系》专题中又根据自、他、共三种比量详论了各概念间有、无体之相互关系。这样,对有、无体的解释就完全了。

(六) 同品、异品

"同品、异品各分为二。同品分为宗同品、因同品,异品分为宗异品、因异品。""所谓宗同品者,即是具有所立法之品,和总宗或有法是完全没有关系的。""品即是类。类可以分为义类和体类两种。此云体义,和宗依中所说体义,意思相同。""应当以义类为主,体类为从。""从同品之所以为同看来,虽应当取义类,从同品在归纳中的功用看来,又不能不兼取体类了。故因明说宗同品,可专取义类,也可兼取体类。"在"声无常"宗的同喻"若是所作,见彼无常,譬如瓶等"中,其喻体中的无常是义类,喻依瓶等是体类。"宗同品有共、自、他之分别。"在共比量内,只许共同品为同品,然在自、他比量中,自、他同品可与共同品有同的效用。自同品有两种,一是有体而自许其依转,二是自许有体并自许依转。他同品也有二种情形。①

宗同品须除宗有法。因为立宗之际,宗体犹为敌者所诤。故在立者看来,声是同品,而在敌者看来,声非无常,便不应是同品。

---

① 陈大齐:《印度理则学(因明)》,第 75—79 页。

声只是立者的自同品,非共同品。其次,以宗有法为同品有循环论证之嫌,因明为了扫除这样的嫌疑,决定不许宗有法为同品。"在自比量内,自同品原可充归纳资料,但宗有法,因为有循环论证嫌疑,依然不可用。"①

异品也要除宗有法,如果不除,则敌方的反驳也可循环论证,以宗有法为异品,则异品有因,立方之因不满足异品遍无性,以致立任何一量都无正因。这一结果显然荒谬。

(七) 同品定有性、异品遍无性

因的后二相以九句因为渊源而加以概括化。九句因是正似并举,后二相是取两种正因而概括之,以为正因的标准,故只举其正,不举其似。

"同品定有性把同品有和同品有非有两句总括起来,称为定有。遍是宗法性和异品遍无性都用遍字,此处独用定字,……定字一方面表示不必遍,即言宗同品有因,只要一部分有了,就可以,不必全部遍有。他方面表示至少一部分必须有因……同品有实际上是遍有,不是定有。现在只说定有,好像没有能够把这一句包括进去,其实不然,定有尚且可以证宗,偏有当然更有力量了。……故说定有,不妨遍有,若说遍有,定有便不合条件。""立者的宗同品必须除宗有法。假使可以不剔除,则此相之完成格外容易了。……只要举有法为例,便已同品定有。"②

第三相取二、八两句中的异品非有,称为异品遍无性。异品非有,意即宗异品遍无此因。

---

① 陈大齐:《印度理则学(因明)》,第80页。
② 同上书,第94页。

正因必须三相具足,后二相应以第一相为先决条件。若不遍是宗法,纵使同品定有、异品遍无,也决不能是正因。

后二相有共、自、他三种比量之分。在共比量中,同品定有应释为共同品定有,自比量可依自异品,他比量可依他异品。列表如下:

共比量——共同品定有——共自他三种异品遍无
自比量——自同品或共同品定有——共自二种异品遍无
他比量——他同品或共同品定有——共他二种异品遍无

(八)同、异喻体的形式与因后二相

作者认为,同法、异法的法字,是总括宗法和所立法而说的。同法即是同于宗法又同于所立法,亦即因同品兼宗同品。异法即是宗异品兼因异品。

同喻体的职务在联合因宗二种同品,以示其必不相离,故其普遍法式应曰"一切因同品必是宗同品",是一个全称肯定判断。纵使从逻辑眼光看来,应当作否定判断的,因明也解作肯定判断。异喻体分离宗异品和因同品,其所重既在分离,故其普遍法式应曰"一切宗异品不是因同品"[①],是一个全称否定判断。若解作肯定判断,其所显示的应当是联合,不是分离,便不能切合异喻体的任务。异喻体的目的并不想就非无常与非所作独创一条原理,只想从反面来辅助同喻体。

---

① 陈大齐:《因明大疏蠡测》,第7页。

在汉传因明史上第一次明确指出同品定有性不同于同喻体，指出同品定有性是逻辑上的特称命题（有 P 是 M），而同喻体是全称肯定命题（凡 M 是 P）。

因中说同品定有性、异品遍无性，喻中说同喻体，异喻体，粗看起来是一事二说，其实同喻体与同品定有性显然不同。同喻体先因后宗，谓因同品必是宗同品，故因同品是能有，宗同品是所有。同品定有性先宗后因，谓宗同品至少有一部分具有因法。故宗同品是能有，因同品是所有。能有所有，两者正相颠倒。同品定有性不但不与同喻体相同，而且也不能单独证明同喻体。同喻体由后二相双证而得。

在《因后二相与同异喻体》中认为："二相既具，随可证明，同异喻体确定无误。然若谓同喻体为第二相单独所能证明，或竟谓同喻体不过第二相之显诸言陈，此违事理，定非确论。"理由如次，其一，"同品定有，出九句因。《理门论》曰'宗法于同品，谓有非有俱。'《大疏》释云：'于同品者，宗同品也。'故同品定有者，谓宗同品有因。同法喻体，先因后宗，其所显示，说因宗随。是故论云'若于是处显因同品决定有性'，谓因有宗，非宗有因。前者自果求因，后者自因求果，其在言陈，主谓位置适相颠倒"。其二，主张从同喻体"一切乙是甲"可换位成"若干甲是乙"，即同品定有，但从同品定有所包括的两种情况"一切甲是乙"或"若干甲是乙"，换位后，但得"若干乙是甲，不同于同喻体一切乙是甲"。因此《蠡测》认为"同法喻体，必摄同品定有，同品定有非必能证同法喻体"。其三，"同品定有性既无力单独证明同法喻体，故必合异品遍无性，积极消极双为之证，而后始收能证之功。……至若异法喻体第三相得独立证明,不烦第二为之协助"。并且认为"第三相双证同异二喻体,故于因明,尤关重要"。

作者设问,今若把第二相也改从因同品望宗,搜集一切因同品,考定其尽具宗义,便可独力证明同喻体,用不着再借助第三相,岂不更直截了当吗?但因明之所以计不出此,似乎也不是完全没有理由。因明的论式宗必在前,因必在后。比量中所涵的归纳作用也便顺着这个次第,搜集宗同异品,考其与因之关系。因此同品定有性之先宗后因,与因明的论式有关,决非偶然。

作者强调指出,既然宗同、异品除宗有法,因同、异品也连带把有法剔除,那么同、异二喻体非真正周遍的全称命题,以此证宗,依然是类所立义,无强大证明力量。为填补这一空隙。陈大齐说:"也只好仿照逻辑的说法,委之于归纳的飞跃。从一部分的事实飞跃到关于全部分的原理,这是归纳的特色。"①陈大齐还认为,因明寓归纳于演绎之中,每立一量,即归纳一次。陈大齐关于同、异品除宗有法贯串九句因、因三相和同、异喻体的观点是值得肯定的,但说依靠归纳的飞跃来弥补缺陷,则没有根据,只是自己的主观臆想。

(九)第一次直接对新因明中的表诠、遮诠作出正确的解释,指出因明中的遮诠近似于逻辑之负概念,纠正了遮诠相当于逻辑否定命题的观点

因明中表诠、遮诠是就概念而言还是相当于肯定、否定命题,能否正确回答这个问题,事关重大,倘若发生误解,则因明、逻辑比

---

① 陈大齐:《因明大疏蠡测》,第 9—10 页。

较研究的大厦便失去基础。

《蠡测》广集论、疏众说,求其意义,认为"遮"或"遮诠"都是就概念而言的①,"故此遮义,与逻辑中所云负名,约略相当"②。"遮诠云者,不仅谓其不尔,且亦非有所目,非有所诠之体。如曰无有,但遮其有,不必世间别有无有之体,指而目之而后始得言无。……表诠返此,必有所目,其所诠者必有其体。如曰常住,表有常体,如曰无常,表有灭体。准因明理,遮诠不兼表,表诠必兼遮。"③

《蠡测》引用了《庄严疏》的一段话:"若诠青共相,要遮黄等方显此青,谓非非青,故名之为青。若不遮非青,唤青应目黄等。故一切名欲取诸法,要遮余诠此,无有不遮而显法也。然有名言但遮余法,无别所诠,如言无青,无别所显无青体也。"④

陈大齐认为"名言表诠之分,不以着非无语与否为断"⑤。意思是,一个名言(概念)是表是遮,不能以有无否定词"非""无"等来判定,这一点与逻辑负概念的判别是有不同的,"依立敌所许而异"⑥。

(十)把因明之全分、一分与逻辑之全称、特称作比较,提出因明全分与逻辑全称有同有异,而一分不同于逻辑之特称,纠正了全分等于逻辑之全称,一分等于逻辑之特称的错误

---

① 在唐疏中,以下三组语词,每组的前一语词表达同一个概念,每组的后一语词又表达另外同一概念:表诠与遮诠,表与遮,遮诠与遮。当用表遮与遮诠相对时,遮诠即是遮,唯遮不表;当用遮诠与遮相对时,遮诠实际是"遮、诠",即亦遮亦表,就是表诠。
② 陈大齐:《因明大疏蠡测》,第206页。
③ 同上书,第202页。
④ 〔唐〕文轨:《因明入正理论庄严疏》卷一,南京:支那内学院,1934年,页二十七右。
⑤ 陈大齐:《因明大疏蠡测》,第202页。
⑥ 同上书,第203页。

陈大齐认为:"疏云全分,可有二义,一就一名说其所指事物全体,他则联系多名总说其为全分。"①他举例说,如所别的极成全分四句之中"我是无常","神我实有"②,如自语相违全分四句中"一切言皆是妄"③。陈大齐认为:"就我名与言名,说其全分,此与逻辑全称,最相切合。"这是一名之全的例子。多名之全,实际是指复合主项的联言命题,这种联言命题可析成若干个全称的简单命题。《蠡测》举例说,其现量相违全分四句中,"同异大有,非五根得","觉乐欲瞋,非我现境"④,前例之有法成自二名,后之有法成自四名。此之多名,非必关带,……第一例可析为二种全称命题,第二例可析为四种全称命题。陈大齐认为:"联系多名,以说全分,此与全称,义已稍异,第其所联本属全称,多全说全,亦尚无违。"⑤

《蠡测》认为:"至若一分,异于特称。"⑥该书引《大疏》说比量相违一分四句之说,"有违共一分比,如明论师对佛法者,立一切声是常。彼宗自说明论声常,可成宗义。除此余声,彼此皆说体是无常,故成一分。或是他全自宗一分"⑦。《大疏》说两俱不成曰:"三有体一分两俱不成。如立一切声皆常宗,勤勇无间所发性因。立敌皆许此因于彼外声无故。"⑧《蠡测》指出:"以上二例,虽标一分,察其宗言,皆是全称。"⑨另外一种情况是复合主项的联言命题,亦

---

① 陈大齐:《因明大疏蠡测》,第110页。
② 同上。
③ 〔唐〕窥基:《因明大疏》卷五,页十左。
④ 〔唐〕窥基:《因明大疏》卷四,页二十一右。
⑤ 陈大齐:《因明大疏蠡测》,第111页。
⑥ 同上。
⑦ 〔唐〕窥基:《因明大疏》卷四,页二十三右。
⑧ 〔唐〕窥基:《因明大疏》卷六,页二左。
⑨ 陈大齐:《因明大疏蠡测》,第111页。

可析成若干个全称的简单命题。同时还指出:"疏于宗因二法,亦说全分一分。"①逻辑的量项,只涉及谓项的范围。这又是两者的不同。《蠡测》还认为:"逻辑全称特称,偏重形式,因明全分一分,偏重实质。其言全分,或谓一名之全,或谓多名之全,一分亦尔,或谓一名之分,或谓多名之分,皆属内义,无关外形。"

(十一)充分论证了《大疏》增设因同品、因异品两术语的合理性。因同异品是现代因明家吕澂、熊十力主张清除的术语

作者从五个方面加以论证:

第一,《入论》之中,可资以助因同品之说者,于"显因同品"外,复有二处。一者说同品一分转异品遍转曰:"此因以电瓶等为同品故,亦是不定。"金陵刻经处版窥基的《因明入正理论疏》、商务印书馆版《因明论疏瑞源记》皆作同品,他本亦有作同法者。两者说同法喻曰:"若是所作见彼无常如瓶等者,是随同品言。"同法喻者,谓宗随因,宗是能随,因是所随。今言随同品,同品是所随,故应是因同品。且如是释,与《门论》"说因宗所随"正相符顺。是故此文,可为一助。

第二,《庄严疏》释"显因同品决定有性",亦云"因者,谓即遍是宗法因。同品谓与此因相似,非谓宗同名同品也"。又曰:"谓若所作,即前显因同品也。"可见,《大疏》说因同品必有所本,非其始创。纵或《大疏》误读,遂以别创新名,然有此名目,于阐述义理,益增方便,亦复可取。

第三,指出《大疏》关于因同异品定义有二。"惟疏说因同异二

---

① 陈大齐:《因明大疏蠡测》,第112页。

品,义涉歧异,不作一解,为可惜耳。"《大疏》一方面说:"因者即是有法之上共许之法,若处有此名因同品。"又言:"有此宗处,决定有因,名因同品。"是则因同兼及宗同,与同法喻一而不二。其言因异品,亦作如是二解。

第四,《大疏》因循《入论》之说,"疏谓论多说因之同品为同法,其因之异品为异法,而论之说同异二法,兼作二解,疏遂因之"。陈大齐认为如果因同异品是同异二法别称,何必增设新名,以益烦琐,而且说因同异品同异宗因,即因同品既同宗又同因,因异品亦既异宗又异因,有名实乖离之嫌。

第五,陈大齐认为,所贵乎别创新名者,意义确定,不可游移,庶足资阐述之方便。《大疏》尝言:"又因宗二同异名法,别同异名品。……次下二因同异,及上宗同异,并别同异,故皆名品。"这里《大疏》规定了宗因双同、异为法,宗因单同、异为品。陈大齐认为,诚能守此界说,以解因同异品庶几义无混淆,而有助于阐述。

(十二)明确提出因的后二相不可缺一

现代许多因明著作把同品定有性等同于同喻体,而同异喻体可以互推,因此势必得出因后二相可以缺一的结论。陈大齐根据他自己提出的关于同品定有性不同于同喻体的独到见解,认为因后二相不可缺一。再从九句因来看,"同品定有,其异品之或有或无,至不一定,无可推知,故必遍集异品,别为检察,以定第三相之能否完成。复据异品遍无言之,同品亦三,非有一定。……衡于常理,同异二品,不得两俱同时遍无,应可据异品遍无,以推定同品定有。然因明法,同异除宗,如声无常,所闻性故,常无常品皆离此因。故异品虽遍无,同品亦遍非有。异品遍无,无以推知同品定有,故必别就同品检察,始足确定第二相之能否完成。此之二相,各别建立,故须并存,不可偏废。"

(十三)指出因明三支作法不具有特称命题,除异喻体外不设否定命题

在《宗因宽狭》专题中,作者指出:"近世符号逻辑,欲令推理轨式,化繁就简,益臻精确,遂改一切判断,先陈后陈相等。否定特称,两皆废弃。此与因明,正相符合。因明二种正量,宗因及同喻体,俱属全称肯定判断,故为逻辑 AAA 式。"在数理逻辑中,只有命题的否定,而不设否定命题,这与因明三支完全相合(除异喻体外)。但数理逻辑既有全称命题又有存在命题(特称命题),而因明只设全称不设特称命题,这是两者之不同。陈大齐以为数理逻辑不设特称命题,这是误解。但他指出因明不设否定和特称命题,是完全正确的。

(十四)最完整地阐述了因明三十三过中自、他、共三种比量的不同情况,弥补了论、疏的不足

作者在《三十三过与自他共》专题中指出,"论说三十三过,但以共比为例,未及自他"。而《大疏》说过,条析益明。然举过类,犹有未尽,制别正似,间有未当,且说有体无体,未分自他与共。《蠡测》根据自、他、共三种比量详细分析了三十三过。

例如,《大疏》在讲解"共不定"因过时,分共比量、自比量、他比量依次解释,但在讲解共比量时,又只说及"共共"一种。《蠡测》补足了自共不定和他共不定的情况。

以上十四条是陈大齐因明理论中最主要的贡献。

三、因明基本理论研究方面的失误

其失误有以下三点。

(一) 关于陈那三支作法的论证种类

本来,陈大齐教授对同、异品除宗进行了深入的研究,发表了许多精辟独到的见解。可惜他未能将这一观点贯彻到底,因而在整体上对三支作法的性质作了错误评价。他在论同、异品除宗有法时谈到其利弊,利在无循环论证之嫌,弊在未能跳出"比论"即模拟推理之窠臼。他说:"同品除宗,既未尽举,自同品定有性而言之,三支作法,仅知特殊以推知特殊,非自普遍以推知特殊,亦即但有比论之力,应无演绎论证之功。"[①]但在《宗因宽狭》这一专题研究中又说:"因明二种正量,宗因及同喻体,俱属全称肯定判断,故为逻辑 AAA 式。"[②]既说同品除宗但有模拟之力,又说相当于三段论第一格第一式 AAA,岂不自相矛盾?统观《蠡测》全书,讲到异品遍无性和异喻体、同喻体时都没有贯彻同、异品除宗的观点。对陈那三支性质未能作出正确评价,这是《蠡测》的最大缺陷。

(二) 关于因的后二相与同、异喻体

陈大齐教授认为要由因的后二相共证同喻体,又主张单由因的第三相便可双证同异二喻体。这在逻辑上是不成立的。承认后者必然否定前者。由此可见,陈大齐对同、异品除宗和因三相理论的理解有其合理性,但并未把这种合理性贯彻到底。我们在前已经论

---

① 陈大齐:《因明大疏蠡测》,第72页。
② 同上书,第143页。

述过,因的第二、第三两相不能互推,同、异二喻体也不能互推。

他在未假定主项存在的条件下,主张由全称肯定命题可以推出特称肯定命题,这是错误的逻辑观点,根据这种错误的逻辑观点,他主张从同喻体"一切乙是甲"可以推出"若干甲是乙",即能推出同品定有的错误结论。

他既认为要由因的后二相共证同喻体,又主张单由因的第三相便可双证同异二喻体,这在逻辑上是不严密的。承认后者必然否定前者。由此可见,陈大齐关于因三相的理解有其合理性,但并未把这种合理性贯彻到底。应该看到,遵守第二相在论式上的表现是举得出同喻依。单由第三相便可双证同异二喻体,是不合逻辑的,因为主项可能是空类的异喻体推不出主项存在的同喻体。

(三)关于因的后二相与归纳推理

他把因的后二相说成是归纳推理,这是没有根据的。因的后二相只是作为正因的条件提出来的,也是检验一个论式是否正确的两个规则,至于这两个条件是怎样来的,特别是异品遍无性这个除外命题是怎样得到,陈那的因明理论中没有回答。正如不能把三段论第一格的规则"大前提必须全称"本身当成归纳推理一样,也不能把因后二相说成归纳推理。从认识论角度来说,要得到一个除外命题,当然要通过归纳。但是,在三支论式之外,陈那并没有任何关于归纳推理的论述。

四、陈大齐先生失误原因探讨

我在前一个专题报告中简要介绍了印度佛教因明的三种论证

式,这能帮助我们恰当地评价陈大齐先生因明研究的历史地位,也能帮助我们探讨陈大齐先生失误的原因。

他清醒地看到,同、异品必须除宗有法会影响到三支不能成为演绎论证。他在《蠡测·序》中就强调要遵从"因明大法",注意"因明体系"之"谨严"。① 他在《印度理则学》第四章第二节详细讨论了喻体与因后二相的关系。他以坚强正当之理由论证宗同、异品必须除宗有法,并连带使因同、异品亦须除宗有法,毫不讳言因后二相亦须除宗有法,甚至不讳言同、异喻体并非毫无例外的普遍命题,有"依然是类所立义,没有强大的证明力量"的缺陷。陈大齐能持有上述见解,在汉传因明史上可谓凤毛麟角,十分难得。但是他并未把这些正确观点贯彻到底。他把因的后二相说成是归纳推理,又说不完全归纳能导致普遍的结论。这不合逻辑,其结果是误判陈那三支作法为演绎推理,以致临门一脚失误,可谓功亏一篑。②

第一,当时国内外传统观点几乎千篇一律都是演绎加归纳说,苏联舍尔巴茨基的《佛教逻辑》、印度维提布萨那的《印度逻辑史》和日本大西祝的《论理学》等都是这种观点。陈大齐先生终未跳出窠臼。

第二,未能区分语言表达与逻辑形式的重大差别。

第三,时代的局限。法称因明研究在19世纪末在欧洲已经起步,20世纪二三十年代苏联舍尔巴茨基、印度维提布萨那完全用法称的演绎体系代替陈那因明,混淆了两个逻辑体系的根本区别。

---

① 陈大齐:《因明大疏蠡测·序》,第2页。
② 陈大齐:《印度理则学(因明)》,第114页。

从陈大齐先生的三本著作来看，他从未涉及法称因明的研究。人体解剖是猴体解剖的一把钥匙，低级形态的事物只有在高级形态中才看得明白。如果陈大齐先生看到了今天我们关于法称因明的研究成果，以他的逻辑修养，他一定会看到两者的不同而作出正确区分。

现当代因明梵、汉、藏对勘研究评介

——巫白慧的梵汉因明对照研究[①]

巫白慧先生的因明论文除《入论汉译问题试解》(以下简称《试解》)发表在论文集《因明新论——首届国际因明学术研讨会文萃》[②]外,大都收集在他本人的论文集《印度哲学——吠陀经探义和奥义书解析》[③](以下简称《印度哲学》)中。该文集的第三部分为"印度佛教",其中最后一个专题为"佛教与当代中国文化"。此专题的第四部分为"独特的逻辑体系——新因明",概述了他本人的因明观点。《印度哲学》的第四部分题为"正理逻辑",内容包括因明的译文、论文、书评、资料整理、国外因明研究述评和词典条目。巫先生因明梵、汉对照研究的成果集中体现在上述作品中。此外,巫先生作为主要评审专家负责撰写了两篇博士论文的评语,也成为巫先生因明思想的主要构成成分。

巫先生的因明梵、汉对勘研究是自吕澂先生以来有较大的影

[①] 本文取自拙著《玄奘因明思想研究》第十一章第六、第七节。
[②] 张忠义、光泉、刚晓主编:《因明新论——首届国际因明学术研讨会文萃》,北京:中国藏学出版社,2006年。
[③] 巫白慧:《印度哲学——吠陀经探义和奥义书解析》,北京:东方出版社,2000年。

响。对陈那因明逻辑的认知在《试解》的后记中有明确的表述。他作为东方哲学家对因明领域大是大非的争论,做出了自己的裁判。这一裁判沿袭了百年来国内外的传统观点,即总体上支持陈那因明为演绎论证,而赞成"异品不除宗有法"的观点,又有违自太虚法师以来绝大多数现代因明家继承唐疏同、异品皆除宗有法的传统。巫先生鼎力支持一篇博士论文违背历史主义研究方法,替古人捉刀,修改陈那的异品定义,即主张异品不除宗。缺乏自己独立的研究成果,总是人云亦云。这样的事例一而再再而三地发生,甚至连自己梵、汉对勘中的正确观点都可以因为别人的一个错误"创见"而随便放弃。

一、因明贡献

(一) 关于因三梵文副词 eva 的作用和翻译

玄奘译文:"此中所作性或勇无间所发性,遍是宗法,于同品定有,于异品遍无,是无常等因。"巫先生对勘梵文,作了汉语直译:"在这里,所作性或勤勇无间所发性,于同品中肯定有,于异品中肯定无。如是因在无常等。"①

巫先生认为:"从梵语原文和对原文的两种译法来看,有两个值得讨论的问题:一个是原文中的两个副词 eva 的作用及翻译A;一个是原文没有'宗法'一语,但在奘法师的译文中却增补了'遍是宗法'。我们先来讨论第一个问题,梵语副词 eva 是一个加强语气

---

① 巫白慧:《入论汉译问题试解》,《因明新论——首届国际因明学术研讨会文萃》,第21页。

的不变词,直译可作'肯定地、确实地'。这节原文有两个 eva,一个插在 sapaksa 与 asti 之间,表示所作性或勤勇无间所发性(因)在同品中定地有;另一个插在 vipakse nasti 之后,表示所作或勤勇无间所发性(因)在异品中肯定地无。在词义上把两个 eva 同样译作'肯定地'是确切的,然而,同品和异品是两个相异的逻辑范畴,两者与因的关系恰好是一正一反的关系。eva 在这两个不同的逻辑范畴里所起的强调作用显然有所区别。如何识别这一区别？如何在汉译中把它合乎因明原理地反映出来？玄奘法师敏锐地观察到这一点,因而把同一梵语语气副词 eva 译成为不同的副词性的汉语单词,即'遍'和'定',并用前者(遍)来修饰第一相(遍是宗法性)的'是'字,和第三相(异品遍无性)的'无'字;用后者(定)来修饰第二相(同品定有性)的'有'字。这一译法完全符合因三相的逻辑原理；因为'遍'字说明了因对宗(有法)的包摄或周延的程度和范围,并且使因与同品和因与异品的一正一反的关系鲜明地揭示出来……。显然,奘师的这一译法——把原文的两个 ewa 分别译作'遍'与'定'在因三相的逻辑关系中,无疑起了画龙点睛的作用。"①

对因三相,吕澂在《讲解》中第一次指出玄奘汉译本与梵本的差异。他在《讲解》中加注:"二本因初相缺此'遍'字。又二三相作定有定无。"②指出奘译本中因的第一相增加"遍"字,第三相改"定"为"遍",反映汉、藏译者对因的第一、第三两相的理解侧重不同。揭示梵、汉、藏本在重要理论表述上的差异,这一首创归功于

---

① 巫白慧:《入论汉译问题试解》,《因明新论——首届国际因明学术研讨会文萃》,第 21—22 页。

② 吕澂:《因明入正理论讲解》,北京:中华书局,1983 年,第 11 页。

吕先生。"又二三相作定有定无",实际上就是解说了两个 ewa 都是"肯定地、确实地"的意思。

巫先生第一次直接把梵本中的两个语气副词 eva 拿出来辨析,它仅有"肯定地、确实地"的意思。这进一步使读者了解到奘师在第二相中加"定",在第三相中加"遍",于梵语原文表达上没有依据。至于奘师把第二相译为"同品定有性"和"异品遍无性",我以为是因为奘师吃透了陈那新因明精髓,能把原著中隐而不发的思想充分准确地表达出来,是对陈那因明九句因理论深刻理解基础上作出的创造性翻译,并非对两个语气副词 eva 词语本身作了创造性翻译。

(二) 关于梵语原文缺"宗法性"问题

巫先生紧接前面所说,讨论了第二个问题,"即原文没有提宗法性问题"。吕澂《讲解》未注意到这个问题,是个缺憾。这是巫先生的一大发现。巫先生引用了柯利贤《入论疏》的一则相关对话。

"问、如果(因)于同品中有,则在此之外、余处(因)于宗有法非有故,法性不能成立。答:不是定理未被理解故;宗法性不言而喻故。"①

巫先生解释说:在这里,有人提出质疑,上节原文没有提及第一相(宗法性)。因除了于同品中有、异品中之外、不与宗法性(宗有法)发生关系;果如是,便缺宗法性,整个论题便不能成立。柯利贤回答:"不是定理未被理解,宗法性不言而喻故。"提问者认为,不提第一相宗法性,"整个论题便不能成立",《入论》原文便有缺陷。

---

① 此注为巫白慧先生所加,说明"此则梵语原文,见(柯利贤)《入论疏》,第 18 页,第 1—3 行"。

在柯利贤看来，不提也可，因为这是"不言而喻"的。

我以为这个问题提得好，柯利贤回答得也好。《入论》这一段讨论的对象是"所作""勤发"两个实例，它们是满足第二、三两相的正因。未说到它们都满足第一相，对熟知陈那因明的读者来说，这是不言而喻的。因为陈那的《因轮论》里已规定，九句因中每一句都以满足第一相为前提。《入论》笔墨省俭，可以理解，不能说有欠缺。对不了解的研习者来说，提出问题很正常。对于汉译来说，增补一句，有利初学者理解，很有必要。从唐至现、当代，不断有人质疑九句因未涉及第一相，足以说明当初奘师为《入论》梵本增益大有必要。巫先生认为："这段原文是对因三相理论的总结，应该三相并提，这样做，又可以和原文初页中最先提出的因三相次序相应、一致。"这样解释是对的。

但是，巫先生对柯利贤"不言而喻"的解释，令人难于理解。巫先生说："不言而喻，似有二层含义：第一，'说因宗所随'这个定理，不言而喻，天主论师是完全理解的；第二，在讨论同、异品时，宗法性（定理）的存在是不言而喻的，但没有必要用具体形式表现出来（这反映柯利贤论师是在遵循'同、异品应除宗有法'的规定）。"①本来是讨论要不要补上第一相的问题，即要不要补充说明因概念包含或全同于宗有法。这与同喻体"说因宗所随"毫无关系，也与"同、异品应除宗有法"毫不相关。把第一相说成同喻体"说因宗所随"是黄志强博士论文的一大错误。巫先生本来认为第一相是讲因与宗有法的关系，"因为'遍'字说明了因对宗（有法）的

---

① 巫白慧：《入论汉译问题试解》，《因明新论——首届国际因明学术研讨会文萃》，第23页。

包摄或周延的程度和范围"①,实例就是"(所有声是)所作性"或"(所有声是)勤发故"。被这篇博士论文一忽悠,把自己原有的正见丢掉了。柯利贤主张"同、异品应除宗有法",应当为之点赞。但在这里讨论第一相的地方,把"同、异品应否除宗有法"问题牵扯进来就离题了。更何况巫先生是为巫博士修改异品定义(主张异品不除宗)高唱赞歌的。

(三)关于奘师译文"若于是处、显因同品,决定有性"的读法

巫先生的汉语直译为:"在这因于同品中的定有性能因示出来。"巫先生解释说:"原文是喻支中同法喻的定义,句型是一个主谓结构、被动态的直言判断句。同样,汉语直译的句型也是一个主谓结构、被动态的直言判断句。柯利贤论师对这句原文有准确的解说,他说:

"所指之因,即所说之相,在同品中的肯定性被揭示出来。在同品中,即所说之相在同品之中;有性,即存,在被揭示出来,即用语言表述出来。②

"柯利贤论师这个解释完全契合原文含义。

"奘法师的译文是主从蕴涵的假言判断句。我国学者很可能据此而误读成两个句子,把'因于同品中'误作一个'因同品'的术语。按原文的句型和句义,这个被动态句子是在于强调

---

① 巫白慧:《入论汉译问题试解》,《因明新论——首届国际因明学术研讨会文萃》,第22页。
② 此注为巫白慧先生所加,说明"此节梵语释文,见(柯利贤)《入论疏》,正文18页,第14、15行"。

因(所作性)在同品中肯定存在,并非在构筑一个'因同品'的术语。基于此,奘法师的译文'显因同品,决定有性',应读作'因于同品中,决定有性'。"①

巫先生的直译和对柯利贤的解释的引用表明,《入论》梵文原本在这句话中就没有"因同品"这个术语。从商羯罗主对异品定义的表述来看,就有蛇足之嫌。巫先生直接辨析梵文原文,这有助于我们进一步探讨《入论》作者商羯罗主在表达方面是否明确,是否准确。

（四）关于宗支译文的删节

奘师译文:"此中宗者,谓极成有法,极成能别,差别性故。随自乐为,所成立性,是名为宗。如有成立声是无常。"

对此段奘译,巫先生对照《入论》梵本作了汉语直译:"在这里,宗是极成有法,以有极成能别及差别性故;按照自己的意愿,所成立性。还应补充:不违现量等。例如,立声是常或是无常。"

巫先生核对原文,认为奘法师在译文中做了两处删节。一处是删去了原文中的补充说明"不违现量等"。另一处是删去了"立声是常",只说"如有成立声是无常"。吕先生《讲解》只注意到第一次删节,"二本次有句云,不为现量等违害。考系后人所补"。《讲解》未注意到第二次删节。

巫先生认为:"奘法师在译文中删去这个句子,似乎是因为他认为宗支的定义中只讲成立极成的所立,即仅仅阐明正宗,不涉及似宗。因此在论述正宗时,'不违现量等'这个前提不言而

---

① 巫白慧:《入论汉译问题试解》,《因明新论——首届国际因明学术研讨会文萃》,第24页。

喻,毋须明言。"①

关于第二处的删节,巫先生认为:按原文,这个例句是一个选言句型,用以说明"随自乐为,所成立性",谁都可以按照自己的意乐成立所立:"声是常",或者"声是无常"。原著作者的用意是显然的:执声常者(尤其是吠陀语法学家或声论师)可以按照自己的意乐成立"声常"宗;持声无常论者(特别是佛教徒)也可以按照自己的意乐成立"声无常"宗。"奘法师的译文中,把原文的选言句型改为直言句型;删去'声常',留下'声无常'作例子。从逻辑和语言角度看,删去'声常'无关宏旨。但从佛教徒的立场说,把'声常'删去,似有特殊意义。"又说:"玄奘法师作为一位伟大的佛教徒和梵汉佛典权威,在译述三藏圣典中自然怀有同样自利利他的崇高愿望。这里,他把'声常'二字删去,突出地反映了他如何高度地热爱佛教教义,如何坚定地维护佛教正统。"②

二、值得商榷的因明观点

巫白慧先生在《入论汉译问题试解》的后记中说:"我选读了一些与会学者的著作和论文,并参加了研讨会的讨论。这使我想起了在上届研讨会上说过的'因明研究有两个重大的理论问题:1.逻辑体系;2.推理性质'。第一个问题,已经得到解决。第二个问题,仍在探讨中。也就是说,第二届因明学术研讨会还没有解决

---

① 巫白慧:《入论汉译问题试解》,《因明新论——首届国际因明学术研讨会文萃》,第25页。
② 同上书,第25—26页。

因明的推理性质问题。现在,在杭州全面观察、分析这第三届国际因明学术研讨会所取得的因明科研成果,我得到一个结论:因明的推理性质问题已经趋向解决。因为在这届研讨会上持'因明推理就是演绎推理'看法的学者提出了可信的科学依据,论证了其看法的正确性。"巫先生接着说,主张演绎的学者提出"用多角度的科学方法(特别是数理逻辑和语言逻辑的方法)来论证因明推理形式中类比残余是可以消除或变换的;而随着类比残余的消失,因明的推理自然变成了纯必然性的演绎推理。"又说:"上述论点可以说是解决因明推理性质的两个科学方案,是本届因明学术研讨会所取得的具有重要学术意义的科研成果。"①

我之所以大段引述巫先生在后记中的结论性意见,是由于完全不赞同。巫先生好似体育比赛的裁判员,对因明领域正在进行的学术讨论作出裁决。真理在谁手里,靠谁宣判一下于事无补。既然"逻辑体系"问题"已经得到解决",怎么又会有"因明的推理性质问题已经趋向解决"?"趋向解决"就是还未解决。难道回答"逻辑体系"离得开"因明的推理性质问题"吗?这本来就是一而二二而一的问题。

巫先生的逻辑是,用了不同于形式逻辑的逻辑工具,即"特别是数理逻辑和语言逻辑的方法"就能够"消除或变换""因明推理形式中类比残余","因明的推理自然变成了纯必然性的演绎推理"。这就犯了古籍研究的大忌——违背历史主义原则。并非用了不同的逻辑工具,就一定能按它的本来面目加以研究。美国的理查

---

① 巫白慧:《入论汉译问题试解》,《因明新论——首届国际因明学术研讨会文萃》,第27页。

德·海耶斯用数理逻辑工具刻画陈那因明，就作出了与巫寿康博士完全不同的结论。如果不懂得因明的基本常识，那么会利用的逻辑工具越好，就越可能犯南辕北辙的错误。这是其一。其二是，以为工具好，不是实事求是地从研究对象出发，而是从研究者主观愿望出发，就可以改变研究对象本身的内容，把它变成自己想要的东西。这还是古籍研究吗？

与巫先生可商讨的问题较多，我们选择三个主要问题加以商讨。

（一）修改异品除宗以保证陈那因明是演绎论证

修改异品定义，即异品不除宗，这是巫博士的一大"发明"。① 这是巫先生鼎力推荐的观点。巫先生认为："借助数理逻辑方法，成功地找到这样的'同品'和'异品'的新定义，从而提供一条可以了结千年议论不休的因明悬案的新途径，实现对《正理门论》体系的完整性的维护。"② 对这一评价，我不敢苟同。巫博士的《〈因明正理门论〉研究》修改异品的定义，牵一发而动全身，其实是搞出了一个20世纪80年代的新因明体系，不仅把古人陈那的因明体系改造得面目全非，而且矛盾百出。

我从1988年发表论文《论因明的同、异品》起，对修改异品定义的研究方案进行了批评。后来在本人的连珠体专著《佛家逻辑通论》《因明正理门论直解》《汉传佛教因明研究》《因明大疏校释、今译、研究》和由我主编的《佛教逻辑研究》中，我一直坚持己见。以下就融合以上论著再作简评。

---

① 巫寿康：《〈因明正理门论〉研究》，北京：生活·读书·新知三联书店，1994年。
② 巫白慧：《佛教哲学与精神文明》，载《佛教文化》第二期，1990年12月。

第一，修改古人绝非古籍研究之所宜。《〈因明正理门论〉研究》(后文简称《研究》)的作者由于有较高的数学和逻辑修养，所以能敏锐地发现按照陈那同、异品除宗有法和九句因、因三相规则不能保证宗命题为真，即从喻和因不能必然地推出宗，三支作法不是演绎推理。这本来是一个值得称道的了不起的发现。但是，该文作者跨入了真理的大门又莫明其妙地重返歧途，最终通向了谬误。《研究》仅凭陈那"生决定解"四个字，就断定陈那三支作法为演绎推理。这个本来需要论证的论题被拿来当作现成的结论，并以此为出发点，去寻找陈那《门论》体系中的"矛盾"，不惜修改陈那因明体系中最重要的最基本的概念异品的定义。这种修改古人以适合自己的主观想法的研究方法，绝非古籍整理之所宜。

第二，《理门论》在给同、异品下定义之前已经规定了同、异品必须决定同许："此中宗法唯取立论及敌论者决定共许，于同品中有非有等亦复如是。"

在这里不仅规定了在共比量中宗法即因法必须立敌共许，还规定了同品有非有等亦须立敌共许。同品有非有等共许包含了好几层意思。首先，双方得共许某物为实有；其次，双方得共许其有所立法，是共同品；再次，还得双方共许其有因，或没有因，或有的有、有的没有因。再从立宗的要求来看，立宗必须违他顺己，立方许所立法于有法上有，敌方则不许所立法为有法上有。这就决定了宗之有法不可能是共同品，也不可能是共异品，由此可见，同、异品除宗有法是因明体系中应有之义，二论关于同、异品定义未明言除宗有法并无缺失。

第三，同、异品除宗有法可以从九句因的第五句因上表现出来。第五句因是同品无、异品无。例如在声常宗,所闻性因中,除声以外的一切具有常住性的同品都不具有所闻性因,除声以外的一切具有无常性的异品中也都不具有所闻性因。由于同品有因是正因的必要条件,因此,因明规定九句因中的第五句因同品无(非有)、异品无(非有)犯不共不定过。如果同、异品不除宗有法,那么就不可能存在第五句因。因为同、异品是矛盾概念,非此即彼,其间没有中容品。同品无则异品必有,异品无则同品必有,绝不可能出现同、异品俱无因的情况。关于九句因我们在后面还要作专题探讨。再则,因明是论辩逻辑,在共比量中,证宗的理由必须双方共许。立者以声为常宗,自认声为同品,但敌者不赞成声为常,以声为异品。因此,在立量之际,声究竟是同品还是异品,正是要争论的问题。如果立敌各行其是,将无法判定是非。当立取声为常住的同品时,其所闻性因,同品有非有而异品非有,则成正因;当敌取声为常住的异品时,所闻性因于同品非有而异品有非有,又成相违因,出现过失。同一个所闻性因,既成正因又成相违因,是非无以定论。因此,在立量之际,因明通则,同、异品均须除宗有法。否则,立敌双方都会陷入循环论证,同时,一切量都无正因。因为敌方只要轻而易举地以宗有法为异品,则任何因都不能满足异品遍无性。所立之量便非正能立。

第四,《理门论》因三相中第二相表述中"于余同类,念此定有",直接讲同品除宗,第三相中异品虽未明言除宗,但亦随顺除宗。①

---

① 参见汤铭钧、郑伟宏:《同、异品除宗有法的再探讨——答沈海燕〈论"除外说"——与郑伟宏教授商榷〉》,《复旦学报》(社会科学版)2016年第1期。

第五,《研究》的错误导向。

同、异品除宗有法不仅是陈那因明中的题中应有之义,而且是从《正理经》到古因明的题中应有之义。《正理经》和古因明的五分作法中的同喻依、异喻依不能是宗有法,正是同、异品除宗有法的体现。同、异品除宗对法称以前一切新古因明家来说,是不言而喻、不言自明的道理。

研究古人的著作切忌用自己的主观想法来代替古人,而应按古人的本来面目加以研究。九句因、因三相是不是使宗为真的充分条件?三支作法是不是演绎推理?陈那本人没有说过,他也不懂得充分条件、演绎推理的概念。九句因、因三相、三支作法具有什么性质,这正是我们要研究的问题,是我们要用逻辑的格加以衡量的问题。这一需要论证的论题被《研究》的作者(根本没有论证过)就事先当作了结论。再以这样的主观的结论作为标准来修改陈那的定义和体系,使之适合这一标准。在这个意义上我们说《研究》的导向是错误的。

按照我们上面的讨论,九句因、因三相不能使宗命题为真,它们是保证宗命题为真的必要条件,是必要条件仍有意义。古因明的因三相不能保证宗为真,但是没有人说它没有意义。

新因明的因三相避免了古因明有无穷类推的弊病,提高了类推的可靠程度,这就是意义所在。同、异品除宗,并不与《门论》基本理论矛盾,而只是与《研究》作者的主观想法矛盾。

当我们仔仔细细来检查《研究》的异品新定义和由此建立起来的新体系时,便发现它捉襟见肘、有很多矛盾。首先,异品不除宗的新定义从根本上就不可能成立。因为,敌方把宗有法当异品,则立方无论用哪一个正因,异品都有因,都不满足第三相,都不可能证宗。其次,新定义使第五句因不可能存在。第五句因特点就是同、异品皆除宗,是不共不定因。没有了第五句,整个九句因理论都被取消。从二、八正中概括出来的第二、三相也不复存在。

综上所述,《研究》对陈那异品定义以至整个体系的修改是不切实际的,它不符合陈那时代因明家的实际思维水平。同品除宗,限制了立方,异品不除宗,偏袒敌方,这样的逻辑工具是不可能为各宗各派所接受的。因明是佛家逻辑,但因明作为思维工具其原理应为各宗各派所共同遵守。但在陈那时代,作为立论者轻易奉送敌方一种反驳自己的特权,这是不可想象的事。

(二) 把第一相"遍是宗法性"解作同喻体

绝大多数论著都把"遍是宗法性"解作"所有的宗上有法都具有因法性质"。以 S 代表宗有法,以 M 代表因法,则第一相的命题形式为"所有 S 是 M"。例如,在"声是无常"宗、"所作性故"因中,"所作性故"省略了主词"声"和全称量词。因支的完整表述应是"所有声都是所作性",满足第一相,第一相涉及宗上有法与因法的关系。

有一种观点较为特殊,把第一相解释成同喻体。"因法是该相中的媒介概念,即是相中被省略的主项,其完整句式是:因法遍是宗法性。"[①]还得到一批专家的赞同,称之为"警世之作","开辟了因明研究的新领域"。[②] 巫先生特别赞同"因法普遍具有宗法性",

---

① 黄志强:《因三相管见》,载《社会科学战线》1997 年第 6 期;《佛家逻辑比较研究》,香港:新风出版社,2002 年,第 85 页。
② 引自《佛家逻辑比较研究》首页推荐书。

他认为"这一解释很接近梵本原本"。①

该文虽然也承认,陈那在《因明正理门论》中把宗之后陈法即宗之谓项和因法都称为"宗法",但又坚持第一相中的"宗法"只能是宗后陈法。该作者在一系列论文和专著中重申:"第一相说的是喻体,即凡因法都具有宗法性。"②

黄文的新解问题很多。他说"遍是宗法性"中省掉的是主词"因法",这完全是主观臆想。新因明的"因三相"源出陈那《理门论》。玄奘汉译本关于第一相的表述是"若所比处此相审定",其中"所比"就是指宗上有法,例如在"声是无常"宗中的主词"声"。"此相"是指宗上有法之法即因相。陈那在阐述一个论式的必要成分时说:"为于所比显宗法性,故说因言。"明明白白告诉我们,因支就代表第一相,"宗法性"意为因概念就是"所比"这宗上有法之法。简言之,这里的"宗法"即因法。

窥基《大疏》在解释一因、二喻与因三相的对应关系以及因外别说二喻的原因处就附带解释了《理门论》关于因支显示第一相,二喻显示第二、第三相。陈那在《理门论》中对古师的问难作了答辩,阐述了因外别说二喻的理由。基疏对古师的问难作了解释,也对陈那的答辩作了申说。古师难云:"若尔,喻言应非异分,显因义故。"基疏解释说:"古师难意,若喻亦是因所摄者,喻言应非因外异分,显因义故。应唯二支,何须二喻?"古师意思是,既然说喻为因所摄,那么因明论式只要二支就行,同、异喻便是多余的。基疏引

---

① 引自《佛家逻辑比较研究》首页推荐书。
② 《三支论式规则探析》,载《广西师范学院学报》(哲学社会科学版)2000年第1期;《三支论式的逻辑本质》,载《十方》2000年第2期。

陈那答难并作解释："喻体实是因尔，不应别说，然立因言，正唯为显宗家法性是宗之因，非正为显同有异无顺返成于所立宗义，故于因外别说二喻。"①这是说，二喻实际是因，但由于因言只表达了第一相，而后二相没有显示出来，因此必须在因外别立二喻以显示后二相。

"遍是宗法性"出自玄奘汉译本《因明入正理论》。《入论》作者商羯罗主忠实地宣传其师陈那的新"因三相"。二论汉译本同出玄奘译场，虽然三相表述文字有异，但精神实质完全一致。可见，第一相就是规定宗上有法与因法的关系。

再从第一相的作用来看，它起到归类的作用。因法只有周遍地把宗有法的外延包括在自己的外延之中，才有可能起到证宗的作用。黄著对第一相的新解，再加上他认为第二相只与宗同品（有论题谓项属性的对象）有关，第三相又只与宗异品（没有论题谓项属性的对象）有关，便使得因的三相全都与宗有法（论题主项 S）风马牛不相及。既然一个因（中词 M）与论题的主项 S 毫无关系，那是不会有一点论证作用的。这是逻辑的基本常识。他还说"因三相"反映了三段论的两个公理，那更是不着边际了。

在《理门论》中，并非如黄文所说只有一处说到因是宗法。我们在上面就举出了一处，真要悉数道来还真是不胜枚举。例如：

"此中'宗法'唯取立论及敌论者决定同许。"②

"决定同许"的当然不是宗上不共许的后陈宗法即宗论题的谓

---

① 〔唐〕窥基：《因明大疏》卷四，南京：金陵刻经处，1896 年，页四左至右。
② 〔古印度〕陈那：《因明正理门论本》，引自吕澂、释印沧：《因明正理门论本证文》，《内学》第四辑，上海：中西书局，2014 年，第 1043 页。

项,而是因法。又说：

"夫立宗法,理应更以余法为因成立此法。"①

这是说因作为宗上有法之共许"余法",可用来成立宗上不共许之后陈宗法。显然,这里的因法也就是宗法(宗后陈法)之外的有法之法。在论及"九句因"的组成时又说:"宗法于同品,谓有、非有、俱。"②

"九句因"专论因与同品、异品的关系,其中"宗法"除了指称因法,绝无他解。在"本颂"中的后两句是:"说宗法相应,所立余远离。"③应读作"说宗法、相应、所立,余远离",意为一个论式包括因、喻和宗三支,此外没有其余支分。其中"宗法"就指因支。对这样明明白白、毫无疑义的指称,可惜该文作者完全不理解。

在汉译因明著作中,一词多义和一句多解的情况随处可见,但应看到,在具体的语言环境中,每一字、词、句其含义又是确定的,不容随意解释。抛开汉传因明的权威经典,仅从字面意义来谈论上述新解与梵文原文"宗法性""很接近",是不可取的。这样的梵汉对勘实在不值得提倡。

在汉译因明中,一个"宗"字,有三种不同含义:一指总宗(命题或判断),二指前陈有法(主项),三指后陈法(谓项)。对于这三种不同的含义,在藏译中,"诸字各异,故无此弊"(法尊语)。"宗法性"单从字面意义理解,不能说省略的一定是因法,不能说"宗法

---

① ［古印度］陈那：《因明正理门论本》,引自吕澂、释印沧：《因明正理门论本证文》,《内学》第四辑,上海：中西书局,2014年,第1044页。
② 同上书,第1042页。
③ 同上书,第1050页。

性"指的就是"凡因法是宗之后陈法"。

整部印度逻辑史,凡涉及"因三相",其第一相皆由因支代表。按照梵文的语法,因支省略的一定是主词,即宗上有法。例如,"声是无常,所作性故",因支"所作性故"就是"声是所作性故",在字面上省掉的是宗有法"声"。不省反倒不合梵文语法。①

黄志强似乎连《入论》的原文都没好好读过,《入论》在讲完宗、因、喻三支时举例说明:"如说声无常,是立宗言。所作性故者,是宗法言。若是所作见彼无常如瓶等者,是随同品言。若是其常见非所作如虚空者,是远离言。唯此三分,说名能立。""所作性故者,是宗法言",因支就代表了第一相。梵文对勘者总不能只顾梵文的一字多义而直截了当反对原著吧!

只顾得"创新",竟然连印度因明的原著都要加以否定,这样的研究实在不够批评的水平。难道要说连《入论》作者本人都没搞清什么是第一相吗?

玄奘译场中的"证义"大德神泰所撰《述记》在解释"了因"时说:"一者义因,谓遍是宗法所作性义。"②明白无误地指出常用实例中的因支"所作性故"就体现了第一相"遍是宗法"。

在因明研习方面,窥基得到玄奘耳提面命的传授,独得薪传。其著作《因明大疏》最具权威性:"遍是宗法性,此列初相。显因之体,以成宗故,必须遍是宗之法性。据所立宗,要是极成法及有法不相离性。此中宗言,唯诠有法。有法之上所有别义,名之为法。

---

① 周叔迦:《因明新例》,上海:商务印书馆,1936 年,第 36—37 页。
② 神泰:《述记》卷一,页一左。

此法有二：一者不共有，宗中法是；两者共有，即因体是。"①

窥基首先阐明第一相是"显因之体"，因支即因体。基师还明确解释"遍是宗法性"中的"宗言"，"唯诠有法"，非常明确地强调只是指称宗有法，而因是成立宗有法之"法"，而且必须遍及宗有法，即所有宗有法"声"都是立、敌对诤的对象。在第一相中，因概念是肯定命题的谓项，衡于形式逻辑，一律不周延。

窥基在《大疏》中还讨论了因法是否遍、是否为宗法的四种情况并举例说明。所用之因如果非宗有法之法，便违反第一相，称为"不成"因。"不成"因又有全分、一分之别。一个因如果不是所有宗有法之法，便是"全分不成"；如果不是一部分宗有法之法，便有"一分不成"因过。例如，"色等实有"宗，"眼所见故"因，此"眼所见"因，于有法上唯"色"上有，"声"等上无。"色等"中包括了"声"，这样，"眼所见"因就不成为"声"的法，就有一分不能成宗之过。可见第一相中"遍"有特定含义，涉及的是宗有法的全部外延，而不是指因法的全部外延。

把"遍是宗法性"中的"遍"解释成遍及因法，这只是望文生义。"遍"即周遍。有法与因法，前者是体，后者是义。从体望义，称有，体为有，义为体有；从义望体，称依，表示义依于体，体为义所依。"遍是宗法"是从义望体，表示因对于有法须周遍依周遍转，换句话说，有法的全体被因所依所转。

值得一提的是，黄文的新解，在古今中外的论著中，尽管十分罕见，却并非前无古人。我在《明代汉传因明概述》一文中说过，明

---

① 〔唐〕窥基：《因明入正理论疏》卷三，页一左。

代的僧人真界把"因三相"全解释错了。关于第一相,他说:"遍是宗法性者,谓能立因全是宗法,如所作因全是无常。以是宗法故,则因遍宗法"。①

"所作因全是无常"即同喻体。现存明代的四种《入论》疏解都作此误解。黄文竟将此糟粕当作精华归为己有,并贴上了当代新解的标签。明代的高僧大德们由于完全缺少唐疏的借鉴,简直是在黑暗中摸象。面对绝学,他们虽竭尽所能,苦苦探究,仍难逃丛生错解的厄运。这是完全可以理解的。但是在唐疏由日本回归中土百年后,再发此论,就是缺乏基本文献常识了。

(三) 玄奘对因明"未予重视"

在《正理逻辑》的第二篇《国外因明学研究》中,第二部分讨论了"印度因明大师的年代问题"。其中讲到玄奘为何从来没有提到法称。巫先生说:"奇怪的是,玄奘为什么没有结识这样一位人物?他是和自己同敬一师(戒贤)、同住一寺(那兰陀)的同窗。商克利谛延那大师推测说,玄奘对法称保持沉默可能有如下几种原因:(1)玄奘留学那兰陀寺的时间是公元635年,此时法称早已去世。(2)玄奘对因明研究不深,因而没有浓厚的兴趣,不然,为什么像《集量论》这样重要的因明经典著作也被忽略而不翻译介绍呢?(3)如果法称和玄奘是同时人,法称也不会很年青(轻),玄奘一定听说过法称在因明学上的巨大成就和崇高声望。玄奘归国后可能谈论过他,但为玄奘传略编写者有意删去。本文作者认为,上述三种原因中,第一种原因可能性大些。在玄奘看来,因明只是一

---

① 郑伟宏:《因明正理门论直解》,上海:复旦大学出版社,1999年,第288页。

种议论工具,无关佛理宏旨。他的正常法事是翻译自己带回来的主要大小乘经论,至于《正理门论》和《因明入正理论》的翻译只被看做一种副业。玄奘不像对因明没有研究,而是未予重视而已。"①

我不赞成商克利谛延那大师的三种推测。以玄奘在印度求学的热忱和经历来看,假定玄奘在印求学期间,法称已有七论并成名,玄奘不向他请教是完全不可能的事。其时,盛行的只能是陈那因明。玄奘不但听讲《集量论》多遍,而且多方请益,排除疑难,穷尽幽微。尽管因明非他主攻方向,但他始终高度重视,否则日后就不会有汉传因明的辉煌成就。

总结巫白慧先生的因明研究,懂梵文是有利条件,但缺乏因明和逻辑的基本常识。因此,其梵汉对勘的一些成果经不起批评,关于陈那因明逻辑体系的观点不利于当代因明研究的推进。

---

① 巫白慧:《印度哲学——吠陀经探义和奥义书解析》,第453页。此段引文后,巫白慧有自注,他本人的看法参考了罗炤论文《玄奘译〈因明正理门论〉年代考》,《世界宗教研究》,1981年,第235页。

因明与逻辑比较研究百年述评①

一百年来,因明与逻辑比较研究集中地表现于陈那新因明三支作法是不是演绎推理,有没有达到逻辑三段论的水平。国内至今较为流行的观点深受东、西方错误理论的影响,未能正确地把握陈那新因明的逻辑体系。

在因明与逻辑比较研究中大致有三种观点。一、陈那三支作法是演绎推理,或者说是归纳与演绎的结合,或者说是类比、归纳、演绎的三结合。这是流行的观点。二、巫寿康先生认为同、异品除宗有法,三支作法不可能是演绎推理。这一批评击中了前一观点的要害,是对因明研究的一大贡献。但是,他又误认为陈那《理门论》内部存在矛盾,主张修改陈那的异品定义,使其不除宗有法(沈有鼎先生首创其说),并使得三支作法成为演绎推理。三、主张同、异品除宗有法,三支作法不可能是演绎推理,应按陈那新因明体系本来面目判定三支作法为类比推理。其结论可靠性程度大大高于古因五分作法,与法称三支作法的演绎推理仍有一步之遥。这是我的观点。我认为,判定陈那因明非演绎,天塌不下来。它仍能"生决定解"。按自己的主观意图去修改陈那因明的初

---

① 本文发表于首届国际因明学术研讨会(2006年6月),收录于《因明新论——首届国际因明学术研讨会文萃》,北京:中国藏学出版社,2006年。

始概念,替古人捉刀,违背了古籍整理的历史主义原则。

一、必须从玄奘汉译本《理门论》中解读陈那的因明体系

(一)《理门论》中的共比量理论

只读《入论》,很难把握陈那的因明体系和逻辑体系。《理门论》的玄奘汉译本是研讨陈那因明体系和逻辑体系的最可靠的依据。玄奘开创的汉传因明成为解读印度陈那因明逻辑体系的关键。

第一,陈那《理门论》有一完整严密的因明体系。在陈那和商羯罗主时代,因明家讨论立破之则事实上仅仅限于共比量。下面一段文字是《理门论》关于共比量的总纲:"此中'宗法'唯取立论及敌论者决定同许。于同品中有、非有等,亦复如是。"①全句意为,九句因中只有由立论者和敌论者双方共许极成的因法才是宗法,在同品中有因或非有因等九句因都必须如此。

这一句话中,不仅规定了在共比量中宗法即因法必须立敌共许,还规定了同品有、非有等亦须立敌共许。同品有、非有等共许包含了好几层意思。首先,双方对所用的品类要共许极成,其次,双方共许其有所立法(宗的谓项),是共同品,再次,还得双方共许其有因,或没有因,或有的有因并且有的没有因。再从立宗的要求来看,立宗必须违他顺己,立方许所立法于有法上有,敌方则不许所立法为有法上有。这就决定了宗之有法不可能是共同品,也不

---

① [古印度]陈那:《理门论》,南京:金陵刻经处,1957 年,页二右。

可能是共异品。由此可见同、异品除宗有法是因明体系中应有之义,宗有法是否有所立法正是要辩论的对象,当然在立论之际既不能算同品,也不能算异品。

第二,就在《理门论》关于"因与似因"这同一节中,先陈述了共比量的总纲,然后再来定义同、异品概念,同、异品除宗有法便是题中应有之义,不能认为省略就等于不承认。

第三,以除宗有法的同、异品为初始概念,建立了九句因学说。其中的第五句因"声为常,所闻性故"被判定为违反第二相的过失因,就是同、异品除宗有法的必然结果。

第四,明确规定因三相中的第二相是除宗有法的。古人真是惜墨如金。统观《理门论》全文,只有在讲述因三相这一处直接讲到同品除宗有法。这是在因三相的第二相的表述中,"于余同类念此定有",①就是说宗有法之余的同类事物中定有因法。第三相的表述是,"于彼无处念此遍无"。虽然未再强调宗有法之余的异类事物中遍无因法,但是理应随顺理解为除宗之余。

在陈那时代,同、异品除宗对立敌双方是平等的。同品若不除宗,则任立一量,都不会有不满足同品定有性的过失,同品定有性这一规定等于白说。立方有循环论证的过失。异品若不除宗,敌方可以以宗有法为异品,异品有因,不满足异品遍无性。则任何比量都无正因。这等于奉送敌方反驳之特权,敌方可以毫不费力地驳倒任何比量。

第五,由于同、异喻依必须宗、因双同,宗同、异品除宗则必影响到同、异喻依除宗。第五句因的过失,表现在同喻上便是举不出

---

① [古印度]陈那:《理门论》,页八左。

正确的同喻依。既然无同品有因,则缺无正确的同喻依。同喻依实际是空类。

(二)玄奘的译讲和唐疏的阐发忠于原著

我认为,玄奘对新因明大、小二论的译讲忠于原著,高于原著。玄奘的弟子们十分注意《理门论》中关于因、喻必须立敌双方共同许可的要求,因此,为了避免循环论证,同、异品除宗有法是唐疏四家的共识;唐疏强调以同、异品都除宗有法为前提的九句因中的第五句因,为古因明所无,为陈那所独创;唐疏不仅揭示九句因、因三相必须除宗有法,同、异喻依必须除宗有法,而且窥基在《大疏》中还明明白白地指出同、异喻体也必须除宗有法。《大疏》在诠释同法喻时说:"处谓处所,即是一切除宗以外有无法处。显者,说也。若有无法,说与前陈,因相似品,便决定有宗法。"①在诠释异法喻时说:"处谓处所,除宗已外有无法处,谓若有体,若无体法,但说无前所立之宗,前能立因亦遍非有。"②可见,我在拙著《佛家逻辑通论》中所说"陈那三支作法中同、异喻体的逻辑形式实际上是除外命题",并非凭空臆想。③

(三)陈那因明的逻辑体系

从唐疏对陈那因明体系的诠释中我们可以整理出陈那因明的逻辑体系。为了避免循环论证,规定初始概念同、异品必须除宗有法;以此为基础而形成的九句因中的二、八句因、因三相虽为正因,但并非证宗的充分条件;三支作法的同、异喻体从逻辑上分析,而

---

① 〔唐〕窥基:《因明大疏》卷四,南京:金陵刻经处,1896年,页二左至右。
② 同上书,页八右。
③ 窥基弟子慧沼的《续疏》专门讨论过同、异喻体是否概括了声的所作与无常的问题,从中可知文轨的《庄严疏》早就主张同、异喻体也除宗有法。但慧沼不赞成其说,认为若除宗,喻还有什么用呢?其实,慧沼的责难没有道理。

非仅仅从语言形式上看，并非毫无例外的全称命题，而是除外命题；因此，陈那三支作法与演绎推理还有一步之差。陈那三支作法的结论的可靠程度比古因明的可靠程度要高得多。陈那是从外延上来确定因、宗的不相离性。法称则进一步从哲学上规定满足三相的正因还必须是自性因，或果性因，或不可得因。这三种因保证了喻体为普遍命题，能必然证得宗。因此说，法称因明发展了陈那因明，最终达到了三段论的水平。其实，陈那所举正因实例都是自性因和果性因，只不过他还没有像法称那样做出进一步的概括。

（四）陈大齐如何看陈那因明体系

陈大齐最清醒地看到同、异品必须除宗有法会影响到三支不能成为演绎论证。陈大齐在《因明大疏蠡测·序》中就强调要遵从"因明大法"，注意"因明体系"之"谨严"。① 他在《印度理则学》第四章第二节详细讨论了喻体与因后二相的关系。他以坚强正当之理由论证宗同、异品必须除宗有法，并连带使因同异品亦除宗有法，毫不讳言因后二相亦除宗有法，甚至不讳言同、异喻体并非毫无例外的普遍命题，有"依然是类所立义，没有强大的证明力量"的缺陷。②

他说："宗同异品必须剔除宗有法。至其何以必须剔除，一则因为有法是自同他异品，立敌所见适正相反，故不得用来做归纳的资料。二则因为若用作归纳资料，又将归纳所得转过来证明宗，这显然是循环论证，算不得真正的证明。宗同异品剔除有法的结果，因

---

① 《因明大疏蠡测》初版于1945年由书商印行于重庆，中华佛学研究所1974年重印，台湾智者出版社1997年再印。
② 陈大齐：《印度理则学（因明）》，台北：台湾政治大学教材，1952年，第114页。

同异品中连带把有法剔除。现在同喻体异喻体是同品定有性和异品遍无性所证明的,所用的归纳资料即是宗因同异品,宗因同异品中既剔除有法,同异二喻体中是否也同样剔除。从一方面讲起来,喻体既以因后二相为基础,后二相复以宗因同异品为资料,资料中既经剔除,结论中当然不会掺入。例如声无常宗的同喻体云,所作的都是无常,此中所涵所作无常二义,应当总括瓶盆等体上的所作无常,不能兼摄声上的所作和无常。易言之,所作和无常都是不周遍的。但从他方面讲来,若用这样不周遍的同喻体来证宗,依然是类所立义,没有强大的证明力量。因为同喻体所表示的不是因同品全部与宗同品具有属着不离的关系,只是一部分因同品必为宗同品所随逐。所作且无常的实例虽然甚多,但既未能树立普遍原理,总说一切所作皆是无常,只以声外其他事物所具的道理来证明,又怎能保证声必与瓶盆等同是无常呢。如此说来,新因明虽增设喻体,岂非依然无所裨益。"①

陈大齐能持有上述见解,在汉传因明史上可谓凤毛麟角,十分难得。但是他对陈那逻辑体系的总评价则不正确。临门一脚出了错,可谓功亏一篑。

二、中外学者对《理门论》因明 体系和逻辑体系的误解

一百年来日本和苏联一些代表性的甚至是举世公认的权威著

---

① 陈大齐:《印度理则学(因明)》,第114—115页。

作对陈那的因明体系和逻辑体系都做了大量有意义的探讨,但是在总体上还有误解。1906年日本文学博士大西祝《论理学》汉译本问世,拉开了我国将因明与逻辑作详细比较研究的序幕。大西祝对陈那新因明基础理论的正确理解和对陈那《理门论》逻辑体系的误判对我国的陈大齐教授有深刻的影响。大西祝的《论理学》影响汉传因明的研习近一个世纪。他强调陈那因明规定同品、异品必须除宗有法,否则建立因明论式是多此一举,并且指出同、异品除宗难于保证宗的成立,即是说陈那的因三相不能保证三支作法为演绎推理。这是正确的。但他又认为同、异喻体是全称命题。他回避了因的后二相与同、异喻体之为全称的矛盾,回避了这一矛盾的解决办法,直言同、异喻体全称则能证成宗。① 这一见解开创了20世纪因明与逻辑比较研究重大失误的先河。

意大利的杜耆(又译图齐)将《理门论》的玄奘汉译倒译成英文时,却漏译了奘译的精华,丢掉了解读陈那《理门论》逻辑体系的钥匙。《理门论》的玄奘汉译关于因三相的表述是:"若于所比,此相定遍;于余同类,念此定有;于彼无处,念此遍无。"②第二相中的"于余同类",强调了同品是宗有法之"余",却为杜耆漏译。

威提布萨那的《印度逻辑史》是关于印度逻辑史的仅有的佳作。但是此书作者根本不知有陈那《理门论》的玄奘汉译本的存

---

① [日]大西祝著,胡茂如译:《论理学》,河北译书社,1906年初版。
② 后二相的英译为:... and we remember that that same characteristic(按:linga) is certainly present in all the notions analogous to that to be inferred, but absolutely absent wherever that is absent(而且,我们念及这同一个推理标记在与所立相类的所有概念上一定存在,而在这些概念不存在的地方绝对不存在),见 G. Tucci, *The Nyāyamukha of Dignāga*, Heidelberg: Materialien zur Kunde des Buddhismus, 1930, p. 44。

在，他关于因第二相的表述等同于同喻体，这一错误也为我国学者所普遍采用。

苏联舍尔巴茨基的《佛教逻辑》，作为一本名著，其成就此处不论。就其错误而言，最大的问题是对印度因明基本概念、基本理论的论述忽视了历史的发展。对印度逻辑的发展史不甚了了。从其书可见其人有关三段论的理论修养水平也不高。又忽视同、异品除宗有法，把同、异喻体当作毫无例外的全称命题，把世亲、陈那、法称的因三相规则视为一致，甚至认为从古正理、古因明到陈那因明都与法称因明一样，其推理形式都是演绎推理。这些观点对20世纪的因明研究有重大误导。

在英国剑桥大学出专著的齐思贻和日本的末本刚博利用数理逻辑整理因明，由于没有把握好初始概念，其结果是南辕北辙。[①]

陈大齐对陈那新因明的基本理论以及它对整个体系的影响都有着较为准确和较为深刻的理解，令人非常遗憾的是，他百密一疏，在逻辑的解释上却掺入了主观的成分，以致差之毫厘，失之千里。陈大齐担心新因明虽增设喻体，依然无所裨益。其实并非无所补益，除外命题大大提高了推理的可靠程度，就有所裨益。

陈大齐说："在逻辑内，演绎自演绎，归纳自归纳，各相独立，不联合在一起，所以归纳时不必顾及演绎，演绎时不必顾及归纳。因明则不然，寓归纳于演绎之中，每立一量，即须归纳一次。

---

① 美国的理查德·海耶斯教授对陈那因明的逻辑体系有正确的理解，其主要观点在拙著《佛家逻辑通论》中引述过。

逻辑一度归纳确立原理以后,随时可以取来做立论的根据,所以逻辑的推理较为简便。因明每演绎一次,即须归纳一次,实在烦琐得很。"①

"故欲同喻体真能奏证明之功,必须释此中的因同品为总摄所作义的全范围,未尝有所除外。归纳资料在实际上是有所剔除的,归纳所得的喻体在效用上不能不释为无所除外,这其间的空隙怎样填补呢。关于这一点,也只好仿照逻辑的说法,委之于归纳的飞跃。从一部分的事实飞跃到关于全部分的原理,这是归纳的特色。"他在形式逻辑的范围内,凭空借助"归纳的飞跃"来解释不完全归纳推理可以获得全称命题,从而消除同、异品除宗有法与同、异喻体为全称命题的矛盾,显然不能成立。因为在佛教因明的著作中压根就找不到"归纳的飞跃"的相关理论。

陈大齐把因的后二相说成是得到同、异喻体的归纳推理。这不妥当。它们只是因的规则,这两条规则本身并没有告诉它们自身是怎么归纳出来的。它只是告诉我们,一个因要成为正因必须遵守这两条规则。正如三段论的规则"中词必须周延一次"和第一格的规则"大前提必须全称",只是规定应该怎样,而没有告诉你它自身是怎样得到的,更不能说它本身是一个归纳推理。三段论逻辑是吃现成饭的。在三段论理论中,它没有一句告诉你,"大前提必须全称"是怎么来的。

在陈那的《理门论》《集量论》等著作和商羯罗主的《入论》中,找不到每立一量必归纳一次的论述。因的后二相是从九句因中的

---

① 陈大齐:《印度理则学(因明)》,第112—113页。

二八正因概括出来的,但是,因的后二相的产生过程并非归纳过程。在九句因中,只是穷举了因与同、异品外延关系的九种情况。这是客观情况,而没有任何主观的归纳。

陈大齐的失误是没有把同、异品除宗有法的观点坚持到底,也犯了替古人捉刀的错误。陈那从未讨论过一个普遍命题由不完全归纳推理飞跃而成。归纳的飞跃只是现在的研究者的主观想法,用来代替古人则不恰当。每立一量则必先归纳一次,于实践和理论两方面都缺乏依据。

巫寿康博士由于数学和数理逻辑方面的严格训练,敏锐地发现陈那因明中的同、异品除宗有法,使得异品遍无性并非真正的全称命题,使得因三相不能必然证成宗。本来他应该据此判定陈那新因明三支为非演绎推理,但是他也没有贯彻到底。反而认为《理门论》体系内部有一大"矛盾"。① 实际上巫寿康没有把《理门论》当作一个整体来读,而是割裂了各部分的联系。

陈那新因明之因三相是有意义的,是能"生决定解",即能取得辩论的胜利。它避免了处处类比和无穷类比,提高了类比推理的可靠程度,这就是意义之所在,而且这在当时是了不起的意义。

三、因明与逻辑比较研究常识错误举隅

我一贯主张,因明与逻辑比较研究必须建立在因明和逻辑两方面的知识都正确的基础上。这本来是不言而喻的道理,但是说

---

① 巫寿康:《〈因明正理门论〉研究》,北京:生活·读书·新知三联书店,1994年。

来容易做起来难。这实际上是一个很高的标准。

1. 把表诠、遮诠解释为肯定、否定命题,把全分、一分当作逻辑之全称、特称。谢无量的《佛学大纲·佛教论理学》说:"因明名肯定命题曰表诠,名否定命题曰遮诠。……全分即全称,一分即特称。"①这些错误为现、当代一些很有影响的因明论著所继承。对遮诠的误解,连逻辑辞典也不能免。

2. 舍尔巴茨基完全用法称因明来代替陈那因明,认为三支作法有第一格和第二格两个形式,这两个格相当于三段论的两个公理。首先,陈那因明三支不能用法称因明三支来代替。其次,法称三支也不存在两个格。因为所谓的第二格是有四个以上名词的非标准三段论,不化为标准三段论便无格、式可言。陈那的三支作法连演绎都够不上,何来公理可言?

舍氏这一说法在我国有广泛的影响。甚至有的说陈那三支有几十个表达式。以巫寿康所举为例,他说:

下面是第二格 EAE 式的三段论
诸有常住见非勤勇无间所发。
声是勤勇无间所发。
所以,声是无常。

在上述"三段论"中,结论是肯定命题,按照规则,两前提必为肯定命题,不可能是 EAE 式。上述"三段论"不是三名词,而是五名词:

---

① 谢无量:《佛学大纲》,扬州:江苏广陵古籍刻印社,1997年,第314页。

声、常住、无常、非勤勇无间所发、勤勇无间所发。如果把大前提处理成否定命题则为四名词。又由于因明不设否定的宗支,凡宗都是肯定判断,因此两前提必为肯定。化来化去又回到第一格第一式。总之,法称的三支才有格、式可以,但必须先化成三名词的标准三段论。

3. 主张属性是属概念,有相应属性的事物是种概念。例如,"陈那等都是把同品、异品分别看作如瓶、虚空等这样一些表达具体事物的种概念的,而绝不是将它们与属性概念相混淆。……它们与属性概念如无常性、常住性等有着本质的区别"①。

这一段话有两个小错误。一是违背《理门论》"以一切义皆名品"的规定。在《理门论》和《入论》以及唐疏的解释中,常常双举义和体(具体事物)为品,例如"瓶等无常"为同品。按理说来,是以义为主,以体为辅。

二是违背形式逻辑的基本知识。属种关系概念有对应性,当属概念表示事物,则种概念也应为事物。无常是属性,瓶是事物。无常与瓶没有属种关系,而是属性与事物的依存关系。当以"无常性"为属概念时,"物质的无常性"和"精神的无常性"便是种概念。当以"情绪"为属概念时,"喜""怒""哀""乐"为种概念。"容器"是"有无常性的事物"的种概念,同时又是"瓶、盆、碗、罐"的属概念。

4. 把"因三相"的第一相"遍是宗法性"解释为同喻体,"第一相说的是喻体,即凡因法普遍具有宗法性"。② 首先,我要指出,这一

---

① 黄志强:《佛家逻辑比较研究》,香港:新风出版社,2002年,第61页。
② 同上书,第81页。

自称为"代表着这一课题在当前国内外的最高水平"①的观点不是黄志强的创见,而是明代因明研习者在黑暗中摸象所得之一,是那时留下来的糟粕。②

三支作法中的因支就体现了第一相。这本来是最没有争议的。这是自有因三相规则创建以来整部印度逻辑史的共识。从古正理、古因明五分作法到陈那新因明、法称因明,到新正理,概莫能外。明代的几个研习者因为没有唐疏借鉴而"摸象"产生误解,则是例外。

《理门论》说:"为于所比显宗法性,故说因言。"又说:"然此因言,唯为显了是宗法性,非为显了同品、异品有性、无性。"因言就是因支,就表述因法为宗上全体有法之法。例如"声是所作性"。《入论》中明明白白规定:"如说'声无常'者,是立宗言,'所作性故'者,是宗法言。"其中因支"所作性故"就代表了第一相,这是唯一正确的解释。

在黄志强对"因三相"的"新解"和他新建的所谓7条推理规则中,没有一条涉及第一相的归类作用,即是说在他新建的所谓7条推理规则中没有一条与主项有联系,根本无推理可言。

5. 说陈那九句因中的二、八正因自相矛盾,因而要取消第八句因。二、八句因正确反映的是客观存在的两种正因情况,哪来什么矛盾呢? 打个不太恰当的比喻,要证"张三有死",既可用"张三是有生命的"和"凡有生命的都有死"来证,也可用"张三是人"和"凡

---

① 黄志强:《佛家逻辑比较研究》,见封底内衬"主要内容"。
② 参见拙著《因明正理门论直解·附录》,上海:复旦大学出版社,1999年。

人皆有死"来证。"张三是有生命的"类似于第二句因,"张三是人"类似于第八句因。在有死的对象中,动植物不是人,因此同品"有死的"中,有的是人,有的不是人。我们总不能说只能举"张三是有生命的"来证"张三有死",而不准用"张三是人"来证。

论陈那因明研究的藏汉分歧①

我国的汉传因明和藏传因明分别传承了印度的陈那因明和法称因明。陈那因明和法称因明是印度佛教逻辑史上的两个高峰，也是印度逻辑史上的两个高峰。陈那因明和法称因明在辩论术、逻辑（立破学说）和量论（认识论）三方面都有根本区别。虽说"人体解剖是猴体解剖的一把钥匙"，充分认识事物发展的高级形态有助于认识它的前一形态，但是不能把法称因明等同和代替陈那因明，不能用藏传因明来诠释和代替汉传因明。

要知道，国内外百年来的因明研究大多还是用法称因明来等同陈那因明，将法称的贡献归诸陈那。无论是汉传还是藏传的学者，都有一个普遍倾向，都受到日本、苏联、印度的传统误解的影响，把两个高峰的逻辑体系混为一谈，抹去了两者的根本区别。这样一来，既不能正确评价陈那因明的历史地位，也讲不清法称改造陈那因明的重大理论贡献。

讲清汉传因明，从而讲清陈那因明，是为了更好地从事汉藏因明的比较研究。汉传因明保存了法称以前印度本土对于陈那因明的传统解释，藏传因明则是保存了法称以后延续法称因明的基本

---

① 本文为2012年国家社科基金项目"印度佛教因明研究"（12BZX062）系列成果之一。发表于《中国藏学》2013年第1期。

观点的佛教因明—量论传统。只有将汉、藏两地所保存的因明古说汇总起来,才能写成一部相对完整、有历史发展的脉络可循的印度佛教逻辑史。如果忽视了汉传所保存的陈那解释,就不能真正讲清楚法称因明在印度逻辑史上的伟大贡献。

一、陈那论三支论式的完整性

其实,陈那因明和法称因明两个高峰在辩论术、逻辑和量论三方面都有很大不同,特别是在立破学说即逻辑方面更有根本不同。以下就以论式的差别为例加以说明。陈那只承认一种正确的三支作法,其喻支由同、异喻组成,同、异喻都是组成真能立的必要成分。法称因明主张论式有两种:同法式和异法式。同喻可与宗、因组成同法式,异喻可与宗、因组成异法式。

两种论式有差别显而易见,没有人反对。但是,为什么会造成两种论式的差别却鲜有人论述。这种差别是根本性的呢,还是无关紧要的?

按照陈那的标准,单采用同喻或单采用异喻的论式是有过失的,属于缺减过。陈那认为,单用同喻与宗、因组成论式不全面,单用异喻与宗、因组成论式问题更大。他曾在破数论派的其他著作中充分阐明,数论的论式只有异喻而无同喻是投机取巧的似能立。在《因明正理门论》(简称《理门论》)中,他特别作了说明:

由此已释反破方便。以"所作性"于"无常"见故,于"常"不见故。如是成立:"声非是常,应非作故。"是故顺成、反破,方便非别解因。如破数论我已广辩，故应且止广诤傍论。①

这段话的意思是：根据前面所说同喻顺成、异喻返显（才能助因证宗），同时也就说明了只用异喻来取巧立论是不能成立的。（完整的喻支）应说"若是所作见彼无常，若是其常见非所作"。（数论）却成立只有异喻的论式："声非是常，常应非作故。"陈那认为，同喻顺成、异喻返显才是文义完善的论式，与（数论）只说异喻来取巧立论从而别生决定解因是不同的。他说在破数论的著作中自己已广泛揭示其过失，因此在本论中就不再讨论旁及的内容了。

陈那在《理门论》中阐明了为什么一个完整的论式应同、异二喻双陈：

> 为要具二譬喻言词方成能立，为如其因但随说一？若就正理应具说二，由是具足显示所立不离其因。以具显示同品定有、异品遍无，能正对治相违、不定。②

根据《大疏》的解释，前面一句是问话。这句问话意为，是要同、异二喻一并陈述才能充当能立呢，还是如同所作（九句因中第二句因）、勤勇（第八句因）二正因一样，只是随不同情况而说其一？后一句是陈那答。"正理"指因明的论式。意思是说：就因明论式的完整性来说，应当同、异二喻双陈，由此才能充分地显示宗、因的

---

① ［古印度］陈那：《因明正理门论本》，南京：金陵刻经处，1957年，页四左。
② 同上书，页七右至页八左。

不相离关系——"说因宗所随",从而全面地、明白地显示因的第二相和第三相,才能方便地检查并纠正相违过和不定过。

陈那还区分了三支作法的完整式与省略式。他认为:

> 若有于此一分已成,随说一分亦成能立。若如其声两义同许,俱不须说,或由义准一能显二。①

就三支论式的完整性来说,三支必不可少,陈那指出,在悟他过程中,视敌对一方和证人领悟程度,喻支允许出现三种省略的情况。"若有于此一分已成,随说一分亦能成立":这是说敌、证等已经理解了同喻一分,则只要说异喻一分即可,或者敌、证等已经理解了异喻一分,则只要陈述同喻一分即可。

"若如其声两义同许,俱不须说,或由义准一能显二":这一句是说,甚至允许这种情况,当立方一举出为敌、证所共许的因,敌、证就领悟到了宗的真实性。既然宗、因二义已为立、敌双方共许,说明二喻之义也已明了,因此,同、异二喻都可省略不说,或者只说其中之一,也能隐含另一个。

以上三段引文充分说明,陈那对三支论式的组成有严格的规定,不允许更改,否则便有过失。法称在论式上将三支作法拆成同法式和异法式,严重违反了陈那的规定,用陈那因明的标准来衡量,便有缺减过和自教相违过。法称在《正理滴论》中偏偏取消了陈那关于宗之五相违过中的自教相违过。可见,他立同、异二法式

---

① [古印度]陈那:《因明正理门论本》,页八左。

是明知故犯,无异于宣布他自己的学说有违自教。正如英国的印度佛教史家渥德尔评论说:"接受陈那的学说理论,而实际是完全拿它重新改造,虽然他的主要著作采取一种谦虚的外貌,称为《集量论》的注释和补充。他的目的是答复一切批评,和解决陈那以来在这个领域中所发生的一切困难。"① 可以说,法称因明创建了全新的因明体系,从根本上改造了陈那因明。

二、陈那、法称因明逻辑体系差异之根据

有的藏传专家说:"法称在逻辑原理方面完全接受了陈那的因三相学说,而在逻辑和事实之间的关系方面有不同的看法。在论式方面,对三支比量也有所更改。法称认为,为他比量可以有两种论式(一是具同法喻式,二是具异法喻式),并且以为二式实质相同,仅是从言异路。但是这和陈那同异二喻体依共为一个喻支,已经不是一回事了。"②

这一段话是说,不同的论式可以植根于相同的原理,"逻辑原理"与论式无关,也可以说论式独立于逻辑原理。这一观点值得商榷。我的看法是,不同的逻辑原理决定了不同的论证形式。陈那与法称对论式的选择,都不是随心所欲的。不同的论式是两个完全不同的逻辑体系的不同表现。

---

① [英]渥德尔著,王世安译:《印度佛教史》,北京:商务印书馆,1987年,第435—436页。
② 王森:《藏传因明与汉传因明之异同》,刊于《因明新论》,北京:中国藏学出版社,2006年,第71页。

著名藏传因明专家法尊法师、杨化群先生就误用陈那九句因来解释法称因明,再用法称因明来代替陈那因明。这样就混淆了陈那、法称各自的贡献。

另有藏传专家说:"'因的三相'玄奘译为:遍是宗法性,同品定有性,异品遍无性;从藏文直译可称为:宗法、后遍,遣遍。"①这是把玄奘译的陈那因三相与藏译法称因三相完全等同。又说:"次看第二相'同品定有性',指因法(中词)必须与宗后陈(大词)是同品,外延一致,有周遍关系,凡是因皆为宗后陈。"②按我的理解,陈那第二相的逻辑形式中同品是命题的主项,同品是除宗有法的,并且不周延,即"有 P 且非 S 是 M"。法称的第二相的逻辑形式是"凡 M 是 P"。两者的逻辑意义差别很大。

有的藏传学者说:"藏传因明将理由之第一项叫'宗法',第二项叫'后遍',第三项叫'遣遍'。它们分别与汉传因明的'遍是宗法性''同品定有性''异品遍无性'相对应。……藏传因明作出的定义具有不同于汉传因明的独有特色,也就是说,藏传因明对'宗法''后遍'和'遣遍'做出的定义更细致、更精确、更严谨。"③照此说法陈那的因三相是不够细致、不够精确、不够严谨。请问三个不够在哪里?所有藏传论著都没有做出具体的回答。说不清陈那的因三相的准确的逻辑意义,怎么能讲清楚法称的因三相"更细致、更精确、更严谨"呢?

---

① 祁顺来:《试谈量学〈心明论〉中的因明成分》,载《因明研究》,长春:吉林教育出版社,1994 年,第 316 页。
② 同上书,第 317 页。
③ 达哇:《藏传因明思维逻辑形式研究》,西宁:青海人民出版社,2008 年,第 6—7 页。

有的藏传专家在新近出版的用汉语写作的介绍藏传佛教认识论的专著中,不重视陈那前期代表作《因明正理门论》(简称《理门论》)在立破学说(逻辑)方面的重大价值,认为它只是"小论"[①]。这一评价代表了藏传因明的传统观念,它来自多罗那它的《印度佛教史》。没有认识到《理门论》是陈那后期代表作《集量论》的逻辑基础,没有认识到法称因明与陈那因明在逻辑体系上的重大差别。我还没有发现有哪一个藏传学者深入研究过《理门论》的逻辑原理,能够具体而微地、清楚明白地指出在立破方面,《理门论》"小"在哪里与《集量论》"大"在哪里。我经过比较后发现,二论在逻辑方面没有差异。

我还要强调,藏汉文献的互补有多么重要。汉地学者正在加强对经典文献的梵、汉、藏对勘研究,力求从藏传文献中找到更合理的解释。我也注意到,不少藏传专家在新近的著作中用汉语写作,并运用西方逻辑来对照所取得的丰硕成果。但也发现,在藏传量论的因明学(推理、论证)部分的阐发方面,很多概念上都还有解释不清楚、不符合现代逻辑规范的情况。例如,说应成论式的组成包括三部分:论题、论点、论据。其中论题指"论事",即宗有法,也就是通常逻辑意义上的论题主项。用逻辑的眼光看,这只是一个概念。能成为论题的,只能是命题或判断。从逻辑论证的眼光看,论题、论点都指称宗体。

又如,对因的第一相"宗法性"的解释,就不如玄奘的汉译和唐疏的诠释清楚明白。该书始终把"宗法"解释为"论题"有法[②]。宗

---

① 多识仁波切:《藏传佛教认识论》,兰州:甘肃民族出版社,2010年,第60页。
② 同上书,第172页。

的主项即有法,其上有二种法:宗的谓项即后陈法是不共许法;因法则是有法的共许法。这里的"宗法性"意为,因必须是全体有法之法。

回到本文正题上来。关于陈那、法称因明逻辑体系差异之根据,我在别的论文中已经论述过。① 如果说陈那对古因明的改造,大大提高了论证的可靠程度,是以创建九句因从而改革因三相作为基础,那么法称改造陈那三支作法使论证式变成演绎论证,也是以改造因三相作为基础的。但是,两种改造,有一个根本的不同点。两种因三相中后二相所包含的同、异品概念绝然不同。它们分别是两个逻辑体系的初始概念。陈那以同、异品除宗有法为基础建构整个因明体系,后者却不考虑除宗有法。牵牛要牵牛鼻子。抓住这一点差别,两个因明体系的逻辑体系之异同问题便迎刃而解。

陈那建立因后二相的思路与法称是不同的。两个体系的第一相完全相同,这是因为要论证一个论题,所提出的论据必须与论题的主项发生联系。一个因在满足第一相(凡 S 是 M)的前提下,在什么情况下因(M)与同品"P 且非 S"才有相属不离关系,异品"非 P 且非 S"与因(M)有相离关系呢?这有两种思考方式。一是从因出发看它与同、异品关系,二是从同、异品出发看它们与因的外延关系。从逻辑上说,就是以什么概念来充当命题的主项。

陈那采用第二种思考方式,即反过来从同、异品出发,以同、异品为主项,以因为谓项来组织九句因命题。陈那创建的九句因的

---

① 郑伟宏:《论因明的整体研究方法——兼答沈剑英先生诘难》,载《逻辑·思维·语言——上海逻辑 30 年》,上海:学林出版社,2008 年,第 140—149 页。

每一句都是这样。要问同、异品与因有什么样的外延关系,首先要回答同、异品包不包括宗有法(论题的主项)。例如,在"声是无常"宗中,"声音"是"无常"的同品呢,还是"无常"的异品,这正是立、敌双方争论的对象。在立论之初,为避免循环论证,双方都得在同、异品中除宗有法。陈那在《理门论》关于共比量的总纲中就是这样规定的。对于他那时代的论辩实践来说,这是题中应有之义。只要有逻辑常识的人都应知道,只要承认这两个概念是初始概念,则整个因明体系都得打上它们的烙印。换句话说,与之有关的所有的命题和论证形式都具有它们的特征。(整体论方法)

根据同、异品中除宗有法,唐疏不仅认为同、异品要除宗有法,而且同、异喻也要除宗有法,从中可以读出同品、异品、九句因、因三相、同喻、异喻和三支作法的本来含义。这就为我们陈那因明体系的逻辑结构提供了钥匙。很显然,陈那因明的逻辑体系与演绎论证有一步之差。

有的藏传专家说:"在这九种关系中,陈那以追求推理的逻辑必然性为目标"。① "对于成立它的宗,是由三相的作用,显示了逻辑的必然性。也可以说,三支比量的功能表示了逻辑的必然性。所以,一般说它是改革了五支论式的类比推理性质,完成了比量演绎推理性质。……由于陈那把印度逻辑第一次发展到演绎逻辑的阶段,因此他在印度逻辑史上占据了一个特殊的地位。印度学者把他称为中世逻辑之父。"② 又说:"陈那所创以'九句因''因三相'为核心的因明论式,正是一个带有浓厚辩论味道的纯重形式的逻

---

① 王森:《藏传因明与汉传因明之异同》,刊于《因明新论》,第68页。
② 同上书,第70页。

辑体系。"①这一观点没有文献依据。"在这九种关系中，陈那以追求推理的逻辑必然性为目标"是空洞无力的丐辞。按照唐疏的观点，九句因的每一句中，同、异品概念都必须除宗有法，又怎么能满足"推理的逻辑必然性"呢？讨论问题要从研究对象出发，而不能从自己的主观设想出发。

下面谈一谈陈那三支作法中同、异喻的逻辑关系。一个正确的论式，必须举得出正确的同喻依，也就是说，同喻依不能是空类。如果同喻依是空类就不满足"同品定有性"。换句话说，举得出正确的同喻依，是满足第二相的标志。由于同喻依不是空类，因此同喻体的主项存在，也非空类。请注意，我要强调的是，在同喻中满足因第二相的是同喻依，而不是同喻体。有专家认为："同喻体'若是所作见彼无常'表'同品定有性'，喻依'如瓶'，似例而已。"②这一见解代表多数学者的误解。还应指出，同喻必须体、依双具，单有正确的同喻依，只满足第二相，还不能正确显示宗、因的不相离关系——"说因宗所随"。能列出正确的同喻体才是满足第三相"异品遍无性"的标志。总之，正确的同喻（包括喻体和喻依）是既满足第二相又满足第三相的。

异喻则不然。异喻依可以是空类，异喻体的主项也可以是空类。一个正确的异喻（包括喻体和喻依）只满足第三相。因此，从异喻推不出同喻。如果从正确的异喻能推出同喻，那么第五句"所闻性"因就不是不定因了。正由于此，数论派单由异喻与宗、因组

---

① 王森：《藏传因明与汉传因明之异同》，刊于《因明新论》，第70页。
② 同上书，第68页。

成论式的做法会被陈那严厉批评。

同喻体说（除宗有法以外）凡因法都是同品，可以推出（除宗有法以外）凡异品都不是因法，可见同喻体可以推出异喻体。同喻断定的内容比异喻断定的内容更多。同喻必不可少。同喻不仅体现了因的第二相，而且体现了第三相。

既然同喻能推出异喻，从逻辑上看，异喻是多余的。陈那是否有我们今天那样清晰的逻辑认知，不得而知。至少，从悟他的角度看，他认为同、异喻皆为论式必要成分，是一种方便。由于异喻体和"异品遍无性"的逻辑形式一致，同喻顺成的道理，通过正确的异喻体的返显，更方便得到确认。因此在喻支上双陈同、异二喻，就能全面地、明白地显示因的第二相和第三相，就能更方便地防治相违过和不定过。

再来看法称论式的逻辑依据。除了第一相遍是宗法性（所有宗有法都是因法）与陈那的相同外，法称正过来从两种立物因的性质着眼，有什么性质的因法可以与所立法（同品）能够组成毫无例外的全称命题即具有真正遍充关系的普遍命题呢？

法称找到了三种：自性因、果性因和不可得因。第三种不可得因不过是前二种的反面运用。

近代的印度学专家威提布萨那在《印度逻辑史》中用法称的三类正因即自性因、果性因和不可得因来诠释陈那《集量论》的因三相，把再传弟子的创新思想加到老师名下是一个明显的失误。吕澂先生在自己编译的《集量论释略抄》第二品的"附注第四"中明确指出这一严重误解："费氏著书，引此二句（即《集量论·为自比量品》中"或说比余法，以因不乱故"）于破声量一段中，别以'果性'、

'自性'、'不可得',释因三相,勘论无文。殆系误引法称之说以为陈那当尔也。"① 威提布萨那在《印度逻辑史》的序言中申明,他是按照藏传因明的典籍来研究陈那因明的,因此他不能利用汉传因明的成果,对陈那在《因明正理门论》中创建的新的因三相规则缺乏了解。

因法既然已经包含了宗有法,只要它是自性因或果性因,因法与宗所立法(论题的谓项)组成的毫无例外的全称肯定命题便成立,即因、宗不相离性便成立。同样,异品与因法的相离关系也成立。用满足自性因、果性因和不可得因组织起来的新的因三相是不除宗有法的。第二相的命题形式为"凡 M 是 P",第三相的命题形式为"凡非 P 不是 M",或者是"凡非 P 是非 M"。不除宗有法的后二相等值,第二相失去了独立存在的意义,陈那九句因中的第五句不共不定因"所闻性"也被取消(因法 M 外延与宗有法 S 全同的"极狭"之因不再归为不共不定因,而是同品犹豫异品也犹豫的犹豫不定因)。

用不除宗有法的新的因三相建立起来的同、异喻体是真正的毫无例外的普遍命题。同、异喻体等值,可以互推。本来在陈那三支作法中用异喻不能单独与因、宗组成论式,在法称的论式中可以成立。以上这些差别都是体系上的结构不同所致。法称对陈那的新因明逻辑体系的改造看起来仅仅走了一小步,实际上是一次重大的飞跃,使得论证中包含的推理的性质有了根本的变化,因明三支论式真正成为演绎推理。

---

① 吕澂:《吕澂佛学论著选集》,济南:齐鲁书社,1991年,第194页。

三、不读懂《理门论》便不懂得陈那因明逻辑体系的真谛

没有《理门论》研究的汉传因明研究是无源之水、无本之木。藏传因明研究也不例外。

我曾经说过：回顾一下汉传因明研究近百年的历程，可以发现《理门论》研究还处于拓荒的阶段。由于《理门论》文字的晦涩艰深更甚于《因明入正理论》（简称《入论》、小论），绝大多数研习者舍大而就小，避难而趋易。以小论作为入门阶梯，固然是一捷径，但是远远不够。治学须探源。不读《理门论》，领悟陈那新因明真谛的把握性便不大。这是因为《理门论》中有好几段文字对理解其逻辑体系起到十分关键的作用，然而绝大多数论著却根本没有涉及。

要搞清陈那因明的逻辑性质，不读《理门论》不行，还应看到入虎穴也并非一定得虎子。就拿20世纪90年代出版的两种《理门论》研究专著来说，或者不按其本来面目加以研究，而是将其体系加以根本性的改造，然后建立新的体系。这新的体系又包含了许多矛盾不能自圆其说；或者在因明与逻辑的比较上有失误。[①]

藏传因明典籍丰富，举世无双，但是藏传学者一度把天主的《入论》当作了陈那的《理门论》，不知道玄奘还有《理门论》的汉译本，所以历史上藏传学者对陈那因明体系的研究似有先天不足之憾。

[①] 郑伟宏：《因明正理门论直解》，上海：复旦大学出版社，1999年，第221—223页。

我多年来一直主张,由于梵本的缺失,长期以来,陈那《理门论》的玄奘汉译本是研讨陈那因明的逻辑体系的最可靠的依据。玄奘和他的众多弟子是读懂了《理门论》的精髓要义的。唐疏不仅认为同、异品要除宗有法,而且同、异喻也要除宗有法,从中可以读出同品、异品、九句因、因三相、同喻、异喻和三支作法的本来含义,这为我们今天能正确刻画陈那因明的逻辑结构奠定了坚实的文献基础。

玄奘法师翻译的《理门论》是陈那因明前期代表作,以立破学说为重点。陈那因明晚期代表作《集量论》完全因袭《理门论》的立破学说。《理门论》是迄今为止研究陈那因明逻辑体系的最重要的著作,甚至是唯一最可靠依据。但是,除日本以外,印度和欧美学者几乎无人问津。意大利学者杜齐从玄奘汉译转译而来的英译文。该英译总体很好,却漏译了第二相"于余同类,念此定有"中的"余"字。这一字漏译,便抹去了陈那因后二相除宗有法的重要规定,失去了判定陈那因明逻辑体系的重要依据。

近百年来,汉传因明研习者邯郸学步,绝大多数都丢掉了唐疏的优良传统,丢掉了玄奘留下的一把打开陈那新因明体系大门的钥匙。相反,在因明与逻辑比较研究方面,却走了大半个世纪的弯路。采取"拿来主义",学日本、学欧美、学印度,照搬了许多现成的错误结论。国内学界百年来深受日本和印度威提布萨那、苏联舍尔巴茨基的影响。1906年日本文学博士大西祝的《论理学》译成中文出版,影响汉传因明的研习长达一个世纪。大西祝对陈那新因明的基本概念的正确解读和对陈那《正理门论》逻辑体系的错误判定,还影响到以因明、逻辑比较研究见长的陈大齐教授。大西祝强调,陈那因明规定了同、异品必须除宗有法,否则建立因明论式便成为多此一举,并且正确地指明同、异品除宗有法,就难于保证宗的成立,就是说陈那的因三相无法保证三支作法是演绎的。这一点非常正确。但他又认为同、异喻体是全称命题,回避了因的后二相除宗有法与同、异喻体之为全称的矛盾,回避了这一矛盾的解决途径,简单地断言同、异喻体全称则能证成宗。① 这一观点开创了20世纪因明与逻辑比较研究重大失误的先河。

中国逻辑史学会第二任主任、国家六五重点项目《中国逻辑史》副主编周文英先生曾反思自己"在评述'论式结构'和'因三相'时有失误之处","这些说法当然不是我的自作主张,而是抄袭前人的,但不正确"。② 为此,他做了修订,虽未走出困境,但在学术规范方面为因明界树立了榜样。我为因明界有周文英先生那么深刻的反思而庆幸,但是我们还需要更加充分的检讨,还需要进一步的批评和自我批评,才能彻底翻过20世纪因明研究中"邯郸学步"的这一页,从而实现对因明的科学研究。

藏传学者不熟悉汉传因明的历史和唐代典籍,对玄奘法师在印度佛教因明发展史上的历史地位也不熟悉,甚至有误解。古代的藏传因明家没见过《理门论》,错把梵本《因明入正理论》(简称《入论》)当成《理门论》。

近代以来日本众多学者都熟知汉传因明的这一传统,却未能做出正确的逻辑评判,令人遗憾。因明自19世纪在汉地复兴以来,除陈大齐以外,绝大多数研习者都有意无意地忽视汉传因明的

---

① [日]大西祝著,胡茂如译:《论理学》,河北译书社,1906年。
② 周文英:《周文英学术著作自选集》,北京:人民出版社,2002年,第46页。

这一传统。汉传因明的研习者在半个多世纪中邯郸学步,受到日本、欧洲和印度学者的影响,走了弯路。甚至连博学精研的陈大齐在他治学时面临的千篇一律的传统观点前,不得不因袭传统的重担,而跳不出窠臼。他的关于形式逻辑不完全归纳也能得到可靠全称结论的观点显然违反了逻辑常识。

我主张,玄奘开创的汉传因明成为解读印度陈那因明逻辑体系的钥匙。汉传因明的研究者应当以反映陈那因明本来面目的观点,来与藏传的法称因明作比较。

藏传学者以法称因明解释陈那因明,其文献依据与藏传佛教史家多罗那他有关。多罗那他说:"六庄严之中,龙树、无著与陈那三人为造论者,圣天、世亲、法称三人为作注释者。他们各据不同的时代,阐明佛教的行事是相等的,因此称为六庄严。"① 这句话强调了造论者与注释者的共同点,即根据不同的时代,来阐明佛教的行事是相等的,但是,没有提到三个注释者们在新的时代条件下用新的理论来阐明同样的佛教行事。例如,无著不采纳由外道首创的因三相原理,而世亲第一个把因三相原理引入佛教因明中。

四、因明与逻辑比较研究答疑

因明与逻辑的比较研究是解读陈那《理门论》逻辑体系的方便法门。藏传因明研究者努力学习和运用形式逻辑工具来讲解

---

① 多罗那他著,张建木译:《印度佛教史》,成都:四川民族出版社,1988年,第97页。

因明,成果显著。但是,迄今为止,由于不能用准确的形式逻辑知识来整理印度因明思想的现象还不少见,因此无论是汉传因明研究者还是藏传因明研究者都还要继续加强形式逻辑知识的学习。

舍尔巴茨基在比较方面的错误不仅几乎全面影响到当代的汉传学者,而且全面影响到正在尝试作因明与逻辑比较研究的藏传学者。

舍尔巴茨基《佛教逻辑》出版于 1930 年,是佛教学研究中至今被印度的印度学学者们奉为划时代的权威作品。在半个多世纪来它对中国现代、当代的因明研究以全面而又深刻的影响,因此指出《佛教逻辑》一书在史料和理论分析两方面的问题就成为解决国内纷争的一个重要课题。

第一,他认为陈那以前的古正理五分作法为演绎推理,在《正理经》就已经有"演绎法",①并说:"佛教对逻辑问题开始感兴趣时,正理派已经有了成熟的逻辑。"②又说:"陈那进行逻辑改革时,逻辑演绎形式还是正理派确立的五支比量。"③其中第三支喻支为"如在厨房中等,若有烟即有火",喻支中不仅有喻依,还有一个反映普遍联系的命题。《大英百科全书·详卷》,对《正理经》五分作法的评论与舍尔巴茨基完全相同④。

---

① [俄]舍尔巴茨基著,宋立道、舒晓炜译:《佛教逻辑》,北京:商务印书馆,1997年,第 33 页。
② 同上。
③ 同上书,第 322 页。
④ *The New Encyclopædia Britannica: Macropædia*,1993 年英文版,第 21 卷,"印度哲学"条,第 191—212 页。

第二,舍尔巴茨基不明白世亲、陈那和法称分别代表了佛教因明发展的三个不同阶段,他不仅没有揭示陈那新因明三支作法与世亲的五分作法(偶尔也用三支)实质上有什么显著区别,而且把陈那三支作法与有根本区别的法称三支作法混为一谈。

第三,舍尔巴茨基对因的后二相误解甚多。其一,"关于所谓因之三相,……它相当于亚里士多德三段论的小、大前提及其结论。"① 众所周知,因明有"言三支"与"义三相"之别。舍氏把两者混为一谈。因明三支作法中的宗论题才相当于三段论的结论,假如说"因三相"中有一相相当于三段论结论,岂不是循环论证?假如第二相"同品定有性"完全等同于同喻体,则陈那的第二相便是多余的。其二,不提同、异品除宗有法。舍氏不懂得"九句因"和因后二相都得除宗有法,因而不懂得这影响到三支作法还未达到演绎水平。其三,把世亲、陈那和法称三个不同阶段的"因三相"视为基本相同。"世亲以三条规则来陈述这些联系,陈那与法称肯定了这些规则,这就是著名的佛教的因三相(逻辑理由的三个方面)的理论。"其四,用法称因后二相代替陈那因后二相的后果是错误判定陈那的因后二相等值。在讨论到因后二相关系时舍氏总把陈那与法称相提并论,视为一致,并多次强调因后二相"实际上是等值的,不同的只是表述形式"。② "陈那认为这是同一个标志,决非两个标志。"③

印度学者威提布萨那的《印度逻辑史》用后起的法称才提出的

---

① [俄]舍尔巴茨基著,宋立道、舒晓炜译:《佛教逻辑》,第318页。
② 同上书,第325页。
③ 同上书,第327页。

三种正因(自性因、果性因、不可得因)来解释和代替陈那的因三相规则①，完全混淆了历史文献，错解了两位因明大师的历史贡献。这也是导致舍氏失足的原因。

第四，由后二相等值出发，错误地认为陈那三支相当于亚里士多德三段论的第一格和第二格。舍氏说："这便是每一比量式均有两个格的原因所在。"②"显而易见，这第二条、第三条规则相当于亚里士多德的三段论式中的第一、二格的大前提"③"同品定有性"意为至少有一个同品有因，是特称命题，而且主项是同品，与第一格主项为全称的中词的大前提相去甚远。

综上所述，可知舍氏对陈那的因明的逻辑体系不甚了了。究其原因，在于他对陈那的《理门论》和《因轮论》缺乏深入的研究。

此外，当代藏传学者把"正因"直接译为"充足理由原理"，作者"尽量抛开"因明自身术语而采用现代哲学、逻辑术语的尝试还值得商榷。把正因译为"充足理由"，既指论式，又指因三相；论式既是假言推理，又是三段论；既用假言推理规则，又用欧拉图解④，这样比较研究显得有点乱。

"在这九种似宗中，第一至第五，都违反逻辑规律的矛盾律。"⑤笼

---

① 参见吕澂译《集量论释略抄》第二品"附注第四"："费氏著书，引此二句(即《集量论·为自比量品》中"或说比余法，以因不乱故")于破声量一段中，别以'果性'、'自性'、'不可得'，释因三相，勘论无文。殆系误引法称之说以为陈那当尔也。见 *History of Indian Logic*. pp. 280-281,288,311."(吕澂：《吕澂佛学论著选集》，第 194 页)
② [俄]舍尔巴茨基著，宋立道、舒晓炜译：《佛教逻辑》，第 328 页。
③ 同上书，第 284 页。
④ 达哇：《藏传因明思维逻辑形式研究》，西宁：青海人民出版社，2008 年，第 106、114 页。
⑤ 祁顺来：《藏传因明学通论》，西宁：青海民族出版社，2006 年，第 15 页。

统地说五相违似宗"都违反逻辑规律的矛盾律",是不准确的。在五种相违似宗中,除比量相违、自语相违和自教相违可以看作"违反逻辑规律的矛盾律"外,其余二种现量相违、世间相违都只能是违反事实、违反世间民俗的思想错误,而不属于逻辑错误。

"能别不极成、所别不极成及俱不极成指宗中有法和所立法,敌论者所不许的三种现象,即不许所立法义、不许有法义和两者皆不许。在这三种似宗中,隐含着命题不可违反同一律的思想。"① 我发现在不少汉传学者中早有这种观点。这三种似宗只不过违反了陈那的共比量理论,而不违反形式逻辑的"同一律的思想"。

陈那《理门论》内容限于共比量。所谓共比量就是指整个三支作法除宗命题必须违他顺自外,其余的概念和命题必须立敌共许。宗九过中的三不极成是指组成宗支的所别(主项)、能别(谓项)概念必须立敌双方共同认可,只要有一方不认可其中之一,或皆不认可,用这样不极成的概念组成宗命题便有过失。这完全不同于形式逻辑的同一律要求一个概念或判断在同一思维过程中必须保持自身同一。例如,对于"鬼是蓝眼睛的"这一命题,假如有一方承认有鬼,另一方不承认有鬼,因明便判定"鬼"这个概念是不极成的。立敌双方总有一方持错误见解,但无论谁对谁错,都不能说他违反了同一律。立敌双方对一个概念是否认可,与在同一思维过程中双方对同一概念的运用是否始终保持一致,这是两个完全不同的要求,不能混同。

---

① 祁顺来:《藏传因明学通论》,第 15—16 页。

论玄奘因明伟大成就与文化自信

——与沈剑英、孙中原、傅光全商榷①

一、玄奘因明成就与文化自信是汉传因明重大课题

百年以来,尤其是近四十年来,因明研究领域成果丰硕,盛况空前,但面临瓶颈。要推进因明研究的车轮,必须认真总结其得失。其最大的得,在于"绝学"不再,不可能再出现历史上有过的失传风险。其最大的失则是玄奘法师因明成就的弘扬不力和因明领域文化自信的严重缺失。

当此之际,《中国社会科学研究》子刊《评价》杂志在 2020 年第三期特设专栏,为冷门的因明学科一次性发表三篇论文,其重视程度和影响之大,除《因明》杂志外,在国内所有杂志中前所未有,非常难得。我为之击节赞赏。

沈剑英等三位先生撰写的三篇论文,其学术观点无论读者赞

---

① 本文为 2016 国家社科基金重点项目(宗教类)"玄奘因明典籍与整理研究"(16AZD041)系列论文之一。原稿因故未能与三篇商榷文同期发表,本修订稿发表于《中国社会科学评价》2021 年第 2 期。

同与否,客观上都对因明研究有推动意义,故乐见其成。

傅光全先生的《因明何以成绝学》这篇论文探讨了因明何以在历史上曾经失传的原因,作为仅此一篇的专论,引人关注。该文回顾了因明从印度到中国(汉、藏两地)几个重要历史转折点,"从佛教、语言、观念以及思维习惯等方面做一些尝试性的解读",的确比一般的泛论更为深入和更为全面。

沈剑英先生的《因明研究的学理要义与现实使命》就学理要义向国内外学者郑重重申自己几十年因明研究的一贯主张,并表示了因明学者的使命感,"要令绝学不绝,重兴于世"。其学理要义是否得当,有待商榷;其使命感令人感佩。

孙中原先生的《因明绝学抢救性研究的意义》提出三观:一是"世界逻辑整体观",二是"研究范式转换观",三是"逻辑传统比较观"。三观都很重要。笼统说来,每一个合格的因明研究者都必须具备。具体到每一个研究者所具有的三观却可以天差地别,你有你的三观,我有我的三观。不同三观,水火相攻,势不两立。

总之,因明讨论有比无好。以上三篇代表了国内的传统观点,是汉传因明百年研究的一家总结。稍有不足的是,专栏缺少了两家学说的交锋,不免寂寞。沈剑英先生文中多处批评了不同观点,其多数是我的一家之说。

我以为,汉传因明研究最重大的课题,是揭示玄奘法师真正的因明成就,并进一步向国内外宣传汉传因明的文化自信。玄奘法师的重要遗训本应成为研究印度陈那因明和汉传因明研究的指南,想不到在当代反而成为口诛笔伐的对象。问题之严重,令人深长思之。

玄奘法师的因明成就在民间很少有人知晓，在国外也罕有宣传。这都并不奇怪。在国内，完全否定玄奘和汉传因明成就的，至今也仅有一人一文。因明界普遍赞扬玄奘取得的因明成就。然而，玄奘因明的主要贡献究竟在哪？至今还未能取得一致意见。因此，对玄奘因明成就有辩明之必要，有大力弘扬之必要。向国内外进一步广而告之，对汉传因明工作者来说责无旁贷。

印度陈那因明体系的原貌是什么？用西方逻辑的眼光来衡量，其逻辑体系是什么性质，或者说是什么种类？印度逻辑史家威提布萨那的《中世纪印度逻辑史》和《印度逻辑史》讲不清楚，苏联科学院院士舍尔巴茨基的世界名著《佛教逻辑》也未讲清。日本名家大西祝和宇井博寿没有跳出欧洲学者的传统。他们望文生义，都不得正解。这是因为他们忽略了因明的论辩学科性质，他们的因明修养和眼光与当年在印度那烂陀寺学习和实践的亲历者——玄奘不可同日而语。标准答案在哪里？毫无疑问，应从汉传因明中找根据，应从玄奘因明思想中找。

唐代玄奘法师西行取经，"道贯五明，声映千古"（其弟子窥基语）。学成回国之前，玄奘的因明修养已达到全印度超一流高度。述说玄奘法师的因明成就，可分为印度求学和回国弘扬两大阶段。在讲述这两大阶段之前，还不能不追述他在西行之前的准备工作。玄奘法师准备了充足的精神资粮。他能创造中外佛教史上的奇迹，还与他个人的天赋分不开。他自小随兄出家，有良好佛学熏陶。他有常人所罕有的最强大脑，他挑战了一系列不可能，年少便精通并能宣讲诸多经论，西行前已成为誉满大江南北的青年高僧。他有国内游学四方的经历，积累了丰富的旅行经验，再加上他有重大决心、非凡毅力和过人胆识，才能排除万难，绝处逢生，最终到达印度。他的西行取得了真经，简直把一座佛学宝库搬回了大唐。

求得真经（学习大乘有宗的代表性著作《瑜伽师地论》）是他西行的主攻方向。因明研习虽说只是副产品，但他在印十七年间，自始至终，殚精竭虑致力于这项最重要的副修。在求学阶段，他既是研习因明的楷模，又是运用因明的典范。

玄奘法师是那烂陀寺中能讲解五十部经论的十德之一，是由那烂陀寺众僧推派并由住持戒贤长老选定以抗辩小乘重大挑战的四高僧之一。他又是四高僧中唯一勇于出战的中流砥柱。四高僧之一的师子光曾在那烂陀寺宣讲龙树空宗而贬斥瑜伽行大义。应戒贤长老之请，玄奘登坛融合空有二宗，驳得师子光及其外援噤若寒蝉，哑口无言。足见玄奘的学术和论辩水平在那烂陀寺达到了超一流。

第一，他学习因明的起点很高。他得到了印度几乎所有因明权威的亲自传授。在印度大乘佛教的最高学府那烂陀寺，佛学权威百岁老人戒贤住持不辞衰老，复出讲坛，专为玄奘开讲《瑜伽师地论》和陈那因明代表性著作。玄奘游历五印，"遍谒遗灵，备讯余烈"。

第二，学习的内容非常全面。可以说，玄奘几乎研习了他那时代新、古因明的所有代表性著作，甚至通晓小乘和外道如胜论、数论的学说，在学问上做到了知己知彼。

第三，反复学习。在那烂陀寺一住将近五年，除听戒贤法师讲三遍《瑜伽师地论》（内有古因明）外，又听《因明入正理论》和《集量论》各两遍。还到各地访学，反复请高师解答疑难。我们不能不惊叹,没有逻辑工具作指导的玄奘法师对陈那因明三支作法及其论证规则的领会和阐发竟能做到如此精准。

第四,继承和整理三种比量理论,使陈那因明臻于完善,并且运用这种理论在辩论中取得了辉煌的胜利。玄奘对待自己的老师,也不轻易盲从。玄奘对共比量、自比量和他比量三种比量理论的整理发展是对印度陈那因明的独特贡献。

第五,玄奘是运用因明理论于论辩实践的典范。他留学十七年,以辩论始,以辩论终。他善于运用,敢于超越,真正做到了学以致用,战无不胜。玄奘本人在戒日王于曲女城召开的全印度各宗各派参与的大会上甚至表态,有人能更改一字则"斩首相谢"。玄奘的唯识和因明修养,经受住了严峻考验。大会持续十八天,以玄奘的胜利而告终,获"大乘天""小乘天"称号。

第六,回国时,玄奘法师带回因明著作三十六部。回国后,他对因明的弘扬是述而不作,把全部精力放在译讲上。由于玄奘的弘扬,因明传播到了日本和新罗。特别是日本,一千多年历久不衰,对汉传因明典籍有保存之功,并且反哺了中国。

第七,发展了陈那新因明的过失理论。陈那、商羯罗主二论的过失论,限于共比量范围。玄奘把它扩大到自比量和他比量,使得过失论更为丰富和细微。

第八,留下一把打开陈那因明体系并引导破解逻辑体系的金钥匙。

第九,对陈那新因明核心理论因三相规则的翻译极其准确甚至高于原文。我的评价是"既忠于原文,又高于原文"。翻译怎么能"高于原文"呢?原来,他把原文中固有的隐而不显的义理用明确的语言表达出来,就更准确地表达原著的思想。这说明玄奘对陈那因明体系的把握是何等透彻,即使今天用逻辑眼光来审视,也精当无比。

第十,玄奘法师弘扬了那烂陀寺当时的最新见解。这条取自汤铭钧博士的论文。因明大、小二论本来都把宗作为能立三支之一,但陈那晚期代表作《集量论》改变为以一因二喻或者以因三相代替能立三支。每每研读唐疏,都以为唐疏有误,其实为正解。

二、同、异品除宗有法是玄奘的重要遗训

由于玄奘法师对印度陈那因明的弘扬,重点放在对立破学说的译传和阐发,因而其最重要的因明遗训就在这里。国内因明领域的重大分歧也集中在同、异品要不要除宗有法上。

什么是同品、异品?印度人喜欢争辩声音是无常的还是常的。因明中的论题称为"宗"。其主项称为"有法"(体),其谓项称为"法"(义)。例如,佛弟子对婆罗门声论派立"声是无常"宗。具有"无常"法的对象被称为"同品",瓶等一切具有无常性质的对象都是同品。不具有"无常"法的对象被称为"异品",例如印度人共许的虚空和极微。

什么是除宗有法?佛弟子赞成"声是无常"宗,声论派则反对。声音是无常的还是常的,要靠辩论来回答。只要立论人与敌论者双方坐下来辩论,同品、异品的范围就已经定了。它们都不包括声。同品的外延必须把声除外,异品的外延也必须把声除外。否则,就不要辩论了。在这一辩论中,双方共许,同、异品都除宗有

法(声)。

其中的逻辑规则带有明显的辩论特点。以纯逻辑眼光看,声音既不算无常的同品,又不算无常的异品,显然违反了形式逻辑排中律。但陈那因明是论辩逻辑,而非纯逻辑。这不是一个在书斋里讨论的纯粹的逻辑问题,在除宗有法的基础上来讨论陈那三支作法的论证种类,这才是逻辑问题。

玄奘法师的遗训除了对陈那文本逐字逐句的诠释,还有对文本上没有专门论述的隐而不显的言外之意的阐发。他深知要把外来文化移植到汉地,就必须交代清楚该理论产生和运用的历史背景。从古因明发展到陈那因明,偏偏有一条最重要的辩论规则不见诸文字。这个法则在玄奘法师翻译的因明大、小二论文本中,除了《理门论》关于因的第二相"于余同类,念此定有"中强调过宗有法(例如声)之"余"的才是同品外,就没有做过特别的说明。

"同、异品除宗有法",对立、敌双方来说都是不言自明的潜规则。它是一条铁律,是题中应有之义,是陈那因明的 DNA。在因明论著中说出来便是多此一举。

同、异品,用数理逻辑的语言来说,它们是两个初始概念。一座陈那因明大厦就建立在这两个初始概念之上。陈那因明关于因的规则的建立(九句因理论)、因三相规则和同、异喻的组成以至三支作法整个体系的逻辑性质,都要坚持"同、异品除宗有法"。这是每一个因明家,每一个逻辑学家都应懂得的最基本常识。

假如双方都不除宗有法,则双方都会循环论证,不分胜负,辩论回到原点;假如双方都除,那么双方都不占规则便宜,就得另举论据;假如辩论的规则偏袒了一方,同、异品只除其一,使其中一方凭规则稳操胜券,另一方则未辩先输,这样的辩论赛还有人参加吗?同、异品不除宗有法或只除其一的辩论规则只能是今人在书斋里拍脑袋的产物。

"同、异品除宗有法"并非本人的创见,它有文献依据。在日僧善珠(723—797)所撰《因明论疏明灯抄》中引用了唐总持寺玄应法师《理门论疏》中关于同品定义的一段话:"玄应师云:'均等义品,说名同品者,此有四说。一有云,除宗已外,一切有法皆名义品。品谓品类,义即品故。若彼义品有所立法,与宗所立邻近均等,如此义品,方名同品。均平齐等,品类同故。彼意说云,除宗已外,一切有法但有所立,皆名同品,不取所立名同品也;二有云,除宗已外,一切差别名为义品,若彼义品与宗所立均等相似,如此义品,说名同品;三有云,除宗以外,有法、差别,与宗均等,双为同品;四有云,陈那既取法与有法不相离性,以之为宗。同品亦取除宗已外,有法、能别不相离义,名同品也。此说意云,除宗已外,有法、能别皆名义品。若彼义品二不相离,与宗均等,说名同品。'今依后解以之为正。"①

可见,以上几家唐疏在给同品下定义时虽说法不一,但都强调了"除宗已(以)外"即"同品除宗有法"。按照佛教论著说法的习惯,异品也是除宗有法的。汉传因明向有"互举一名相影发故,欲令文约而义繁故"的惯例。窥基释同品不提除宗有法,释异品定义"异品者谓于是处无其所立"则标明"'处'谓处所,即除宗外余一切

---

① [日]善珠:《明灯抄》卷第二末,新文丰出版公司影印《大藏经》第六十八册,页二六六下至二六七上。

法。"①以异品除宗来影显同品亦除宗。

日籍《因明论疏瑞源纪》里不仅保存了唐代玄应法师的记载,还补充说明三家归属。第一家为文轨,第二家为汴周璧公,第三家佚名,第四家为窥基。②查窥基《因明入正理论疏》原文,未明言同品除宗(实际也主张除),异品处则明言"即除宗外余一切法"。玄应说唐疏有四家在给同、异品下定义时强调了"同、异品除宗有法"。又据敦煌遗珍中唐代净眼的《略抄》可知,净眼法师也有此一说。可见,连同玄应疏,唐疏共有六家主张此说。这应当看作是玄奘的口义。

唐疏不仅揭示同、异喻依(例证)必须除宗有法,其代表作窥基的《因明入正理论疏》更是进一步明言同、异喻体必须"除宗以外"。该疏在诠释同法喻时说:"处谓处所,即是一切除宗以外有无法处。显者,说也。若有无法,说与前陈,因相似品,便决定有宗法。"③在诠释异法喻时说:"处谓处所,除宗已外有无法处,谓若有体,若无体法,但说无前所立之宗,前能立因亦遍非有。"④用今天的逻辑语言来说,就是"同、异喻体是除外命题"。

从唐疏对陈那因明体系的诠释中我们可以整理出陈那因明的逻辑体系。三支作法的同、异喻体从逻辑上分析,而非仅仅从语言形式上看,并非毫无例外的全称命题,而是除外命题;因此,陈那三支作法与演绎论证还有一步之差,我称之为最大限度的类比论

---

① 〔唐〕窥基:《因明大疏》卷三,南京:金陵刻经处,1896年,页二十一右。
② 〔日〕凤潭:《因明论疏瑞源记》卷三,上海:商务印书馆,1928年,页二左。
③ 〔唐〕窥基:《因明大疏》,卷四页二左至右。
④ 同上书,卷四页八右。

证(即三支作法是归纳,其同异喻并非临时归纳所得)。与古因明相比,它大大提高了论证水平,能"生决定解",有助于取得论辩胜利。这成为印度逻辑史上一大里程碑。

置唐疏文献而不顾,沈剑英先生认为,同、异喻依要除宗有法,而同、异喻体以至整个因明体系却不要除宗有法。他说:"这原本就不成其为问题,却有学者于此大做文章,将举譬时需'除宗有法',扩充到喻体也要'除宗有法',从而又冒出一个所谓的'除外命题'来,以否定陈那因明具有演绎的性质。"①说初始概念要除而整个体系不除,这有违逻辑常识。

百年来,国内老一辈因明家大都重视玄奘的这一重要遗训。太虚法师的《因明概论》认为,陈那因明的"同喻体多用若如何见如何",如果同品不除宗有法,则"辞费而毫无所获"。

其后,几乎所有因明家如熊十力、吕澂、慧圆(史一如)、陈望道、周叔迦、龚家骅、密林、虞愚、陈大齐等,都有"同、异品除宗有法"之说。

其实,在玄奘的译本中,既用"若",又用"诸",都不做"如果"解。唐疏把"若"和"诸"当一个词用。汤铭钧博士曾发现,梵本的原意是"如同""像",是举例说明,没有假言的意思。我查汉语大词典,"若"既可解作"如同""像",还可解作代词"如此,这样",或"这个、这些",而"诸"除了"全体"的意思外,还有"众多"之意。在奘译所用汉语词"若"和"诸"有多种含义情况下,不能轻易断定其为"如果"或"全体",也不能一见"若"和"诸"就轻易判定三支作法为演绎

---

① 沈剑英:"序",姚南强:《因明论稿》,上海:上海人民出版社,2013年。

论证，因为其语言表达不等于逻辑形式。更重要的是看其逻辑规则能否保证其为演绎论证。

虞愚先生在20世纪30年代撰写的著作中第一次把威提布萨那在《中世纪印度逻辑史》中因的后二相释文和陈那因明为演绎论证的观点都照搬过来，对汉传因明有很大误导。其照搬行为也曾于1944年民国教育部组织评审时被吕澂先生所批评："不明印度逻辑之全貌，误以论议因明概括一切实为失当，又抄袭成书、谬误繁出，以资参考为用亦鲜，似不应予以奖励。"①

曾任北京大学代理校长的陈大齐，作为逻辑学家，他在抗战时期在重庆撰写了因明巨著《因明大疏蠡测》，后来在台北政治大学又撰写了教材《印度理则学（因明）》。二书以坚强正当之理由论证同、异品必须除宗有法，若异品不除宗，则无任何正因可言，毫不讳言因后二相亦除宗有法，甚至不讳言同、异喻体并非毫无例外的普遍命题。

陈大齐能持有上述见解，十分难得。可惜百密一疏，临门一脚踢偏了。他对陈那逻辑体系的总评价则不正确。他误以为三支作法既是演绎又自带归纳，每立一量则必先归纳一次，于实践和理论两方面都缺乏依据。在形式逻辑的范围内，又以为借助"归纳的飞跃"可以获得全称命题，有违逻辑常识。

我在很多论著中都阐明了陈那因明与法称因明在辩论术、逻辑和认识论三方面都有根本差别。20世纪上半叶以威提布萨那、舍尔巴茨基为代表的印度和欧洲因明家不懂得陈那因明的潜规

---

① 中山大学人文学院佛学研究中心：《汉语佛学评论》第三辑，上海：上海古籍出版社2013年，第97页；又见第四辑，2014年，第299页。

则,不了解玄奘译传的遗训,从而在比较研究方面失足,一点也不奇怪。他们完全用法称因明(论证形式相当于三段论)来解释陈那因明,既拔高了陈那因明的逻辑体系,又贬低了法称因明的历史地位。

总结我国百年因明研究,吕澂先生和陈大齐先生各擅胜场,他们分别在梵汉藏对勘研究和因明与逻辑比较研究方面做出了突出贡献。最大的教训是,多数人未能以玄奘遗训为指南,把它逻辑地、内部一致地贯彻到整个因明体系中。又误以为陈那三支作法另外自带归纳。须知归纳说犯了窥基《大疏》中所说的"成异义过"和"同所成过",即转移论题。详细的解释另见专论。① 陈大齐的失误则在于他所处时代还未有法称因明的译传和研究,完全不了解印度陈那、法称两个体系的根本不同。这是他所处时代的局限。

中国逻辑史学会第二任会长周文英先生就承认自己的论著,"在评述'论式结构'和'因三相'时有失误之处","这些说法当然不是我的自作主张,而是抄袭前人的,但不正确"。② 这令人肃然起敬,在自己赖以成名的研究领域,敢于检讨失误,充分体现了一个襟怀坦荡的大学问家实事求是的治学品格。这是讲究学术规范的一个杰出榜样,教训是偏信了印度和苏联的传统观点。

三、因明学科性质与标准答案

对印度陈那新因明逻辑体系的研究,是有标准答案的。尽管陈那因明中的逻辑是论辩逻辑,然而其逻辑成分仍必须用形式逻

---

① 参见郑伟宏:《陈那因明体系自带归纳考辨》,《西南民大学报》2020年第12期。
② 周文英:《周文英学术著作自选集》,北京:人民出版社2002年,第46页。

辑来衡量。形式逻辑只有真假二值，是就是，非就非，没有模糊一说。有人称其为"初步的演绎推理"。那是模糊逻辑，而因明与模糊逻辑无关。形式逻辑就像做四则运算，1加1等于2，只有这一个标准答案，除此之外其他千千万万个答案都是错的。因明的逻辑最多是做中学代数，不需要很高深的逻辑学问。有准确的三段论知识就够了。

衡量标准答案有客观标准。众所周知，假说被普遍认可为科学，必须具备三个条件。其一，自洽性和无矛盾性，即自圆其说。其二，对已有的发现不但能准确描述还能圆满解释并且符合现有科学实践。其三，据此做出推论和预知。

因明的标准答案也应满足这三条。根据我们的观点，能一通百通地解释整个陈那因明体系而没有矛盾。不但能圆融无碍地解释整个陈那因明逻辑体系，还能和谐一致地把陈那因明与后起的法称因明的异同讲清楚。对诤友们的各种非难，全都能给予合理解答。反之，则寸步难行，矛盾百出。

因明已经作古，本身不再发展，但是，以之为研究对象，找到了标准答案，还可有推论和预知作用。例如，在梵、汉、藏、英文本对勘研究中，汤铭钧博士曾发现意大利著名学者杜齐用英语将《理门论》转译时，就漏译了因的第二相"于余同类，念此定有"中那个关键词"余"。这位享誉世界的因明大家稍有不慎就与"同、异品除宗有法"擦肩而过。又如，前文提到，汤博士发现吕澂先生把同、异喻体上的"若"解作假言的"如果"是一误释。再如，有人认为，陈那因三相没说异品也要除宗有法，批评我们对因的第三相解释过多。为此，汤博士根据《集量论》藏译（金铠译本）对应文句作了汉译：

"而且在比量中,有如下规则被观察到:当这个推理标记在所比(有法)上被确知,而且在别处,我们还回想到(这个推理标记)在与彼(所比)同类的事物中存在,以及在(所立法)无的事物中不存在,由此就产生了对于这个(所比有法)的确知。"①汤博士解释说,两个藏译本都将"别处"(gźan du/gźan la, anyatra)即"余"作为一个独立的状语放在句首,以表明无论对"彼同类有"还是"彼无处无"的忆念,都发生在除宗以外"别处"的范围内。藏译力求字字对应;奘译则文约而义丰,以"同类"(同品)于宗有法之"余"来影显"彼无处"(异品)亦于余。两者以不同的语言风格都再现了陈那原文对同、异品都应除宗有法的明确交代。

美国学者理查德·海耶斯从陈那《集量论》藏文本的字里行间读出了正解,值得大力弘扬。其主要观点在拙著《佛家逻辑通论》中引述过。几乎同时,我在1985年,从唐代疏记的白纸黑字中也推出了相同的逻辑结论,可谓殊途同归。多年过去,陈大齐的许多具体论述和海耶斯的正解还未被国内的因明工作者接受。但是,我们欣喜地看到,当代越来越多的欧美学者接受了理查德·海耶斯关于陈那因明非演绎的观点。

理查德·海耶斯谙熟因明的体系和现代逻辑,对九句因、因三相和陈那的逻辑体系发表了精到的见解。他主张确认不是证明。认为佛家认识论采用的是经验科学推理,而不是数学与逻辑的严密论证。他说:"在描述陈那如何探究有关问题前,我想先说明,大部分佛家认识论的现代解释者们,偏好理解 Sādhana 为证明

---

① 汤铭钧、郑伟宏:《同、异品除宗有法的再探讨》,载《复旦学报》(社会科学版)2016年第1期,第78页。

(proof)而非确认(confirmation)。但谨慎的作者们通常仅在数学和逻辑的领域里才使用 proof 这个英文字,那些领域里的定理系由公理推衍出因而得视为是确然为真。但在日常实际的领域里,在经验科学中,几无任何科学是确然为真的,只能视为是与已知证据相一致而仍可能为未来的证据推翻。佛教认识论在其目标和方法上,都更接近法律和经验科学的实用推理,而非数学与逻辑的严密论证,因此借后来的术语来讨论并不恰当。"①

沈有鼎先生不愧为逻辑大家,他大概不满于除宗有法带来的非演绎的后果,画了几张草图。汤铭钧博士发现图中同品除宗而异品不除。这显然有违公正。沈有鼎先生是审慎的。他没有发表,也没留下任何文字说明。他提供了一个方案来保证陈那三支作法为演绎,却不合因明常识。巫寿康博士将其设想演绎成博士论文,被誉为"解决了久悬不决的千年难题"。我的研究生又发现,比沈先生更早,在 20 世纪 70 年代,英国剑桥大学出版的美籍华人齐思贻的《佛教的形式逻辑学》,就把陈那的同品除宗和法称的异品不除宗合在一起,既不符合陈那的同、异品除宗,又不符合法称的同、异品不除宗。这四不像理论,似乎满足了演绎的主观愿望,却犯了替古人捉刀,反历史主义的方法论错误,而且颠覆了陈那因明整个体系,并非古籍研究之所宜。

众所周知,20 世纪 50 年代末到 60 年代初,国内哲学界爆发一场形式逻辑大讨论。在毛泽东同志的幕后支持下,他的老同学、复旦大学的历史学家周谷城教授力排众议,取得了完胜。其重大

---

① 转引自何建兴汉译节译《陈那的逻辑》,发表于台湾《中国佛教月刊》1991 年第 9、第 10 两期。《陈那的逻辑》译自理查德·海耶斯英文原著第四章。

启示是，因明研究的前提条件是搞清楚因明学科的性质。周谷城教授讲清了形式逻辑不同于形而上学（20世纪40年代艾思奇同志把形式逻辑当形而上学批判），形式逻辑没有阶级性，只管推理形式、不管推理内容，三段论推不出新知识等常识性问题。总之，讲清了这门学科的性质，在全国范围内空前普及了形式逻辑学科的基本知识。从此，该领域不再有众多常识问题的争论。

因明学科是论辩逻辑这个常识，还远未取得共识，因明研究落后形式逻辑研究60多年。来一场学科性质的大讨论，该领域的所有重大分歧当迎刃而解。

四、与《评价》所发三论商榷

傅光全先生的论文《因明何以成绝学》既然将因明作为讨论对象，那么为什么称印、汉、藏的佛教逻辑学-认识论传统为因明，作者似应作必要说明。因明这个名称的标准梵语对应 hetuvidyā，不仅在《正理藏》中没有出现，而且在因明公认的经典学者陈那的著作中，目前也无法确认哪怕出现过一次。尽管这个名称见于《瑜伽师地论》及关联文献，它显然没有成为印度佛教逻辑学-认识论学派的标准名称，在西藏亦然。

作者还应交代，抢救和保护的是因明，还是对因明的研究。如同问：抢救和保护的，究竟是佛教，还是对佛教的研究。如果抢救的是因明，便有必要说明因明这门学问有别于现代逻辑学的独特意义。为什么我们有了现代逻辑，还要使用因明？自20世纪70年代末起，特别是1983年中国逻辑史学会承担国家社科基金六五重点项目"中国逻辑史"(五卷本)为标志,因明研究盛况空前。虽未在全国范围内成为显学,但已不可能重新成为绝学。如果抢救的是"对因明的研究",那就首先应当抢救玄奘的伟大贡献,才能真正了解今天所要抢救的对象的本来面目。这应是探讨"因明何以成为绝学"而不能回避的前提。

"对因明的研究"属于现代学术的范畴,与本文着重论述的是印、藏、汉古典因明传统在对待因明这门学问的态度上似乎存在差异——就好比佛教史家与教内的大师对待佛教的态度是不同的。如果认为"因明"与"对因明的研究"是一回事情,最好也要给出理由。

以逻辑的眼光衡量,此学也实在算不上"高明",它在陈那阶段离西方三段论水平还有一步之差,即使是法称因明也不过相当于三段论第一格水平。它与欧洲中世纪三段论理论体系相比,逻辑理论过于简单。按照作者所引《现代汉语词典》的标准,绝学指的是"失传的学问,高明而独到的学问"。在汉地曾经失传则无疑,有三合一特色也还算"独到"(其实亚里士多德的逻辑理论就在并非纯逻辑的《工具论》中),但与"高明"距离较远。更准确地说,我们花大力气正在抢救的只是冷门学科。在实际生活当中,人们宁愿用逻辑而不会去用因明。除藏传因明,它没有实用性。

本文一大缺憾是没有提到,汉传因明失传的一个重要原因是唐代因明典籍于汉土几近绝迹。明代因明研习者研读的因明原著也仅限于陈那弟子商羯罗主著的《因明入正理论》,陈那本人早期代表作《因明正理门论》提都未提到过。宋代有十七本因明著作。在明代,除了仅见有关因明的《宗镜录》外,其余十六本片纸不存。

更看不到唐疏,研习因明好似瞎子摸象(唐疏代表作窥基的《因明大疏》其实在抗日战争中于山西广胜寺连同其他宋藏遗珍被发现)。这不能不是因明失传的一个重要原因。

沈剑英先生论文的学理要义问题更多更为严重。他往往背离因明经典原著的界定,甚至批评《理门论》自相矛盾,批评《入论》定义片面,因而要修改同、异品定义。

在本文中,他说:"因明的核心理论是因三相,因三相是因的三个方面,其主语都是因。有学者误将第一相的主语读作'有法',将第二相的主语读作'同品',将第三相的主语读作'异品',这就难以准确地诠释因三相的含义。"

姑妄认可汉译因三相语句的"主语都是因",但我们要讨论的对象是因三相的逻辑形式,即因三相命题或判断的逻辑形式,而不是语句。命题主项不等于语句主词。因的第一相汉译为"遍是宗法性"。古今中外,几乎举世公认第一相的逻辑形式为"凡宗有法(论题主项)都是因",即"所有宗有法都包含于或真包含于因"。沈先生的论著也从不反对该命题主项为宗之有法而不是因概念。例如,"凡声(宗有法)是所作(因)"。

话说回来,因概念也可以作为命题主项,但是,第一相的逻辑形式相应改为"因包含或真包含宗有法"。两种表述逻辑等值。这是中学逻辑代数的基础知识,无须多言。按因明的惯例,遍是宗法性在常用的实例是"凡声(宗有法)是所作(因)",即"宗有法包含于或真包含于因"。可见,沈先生以第一相"遍是宗法性"省略了主语因,以因概念一定是第一相的逻辑形式的主项,作为第二、三相主语或命题主项也是因概念的理由,显然不成立。

按照陈那因明体系,只要有一个同品有因,就满足了第二相"同品定有性"。用形式逻辑概念间所具有的五种关系来说,相容关系的全部四种都适合,即同品概念与因概念是全同关系、包含关系、包含于关系和交叉关系。这一逻辑规定显然不适合沈先生对第二相逻辑形式的描述。第二相根本不是全称命题,它只能是特称肯定命题,即"除宗以外,有同品是因"。

沈剑英先生还认为第二相与第三相不等值是错误的。刚才说,只要承认有一个同品有因,就满足了第二相"同品定有性",第二相的逻辑形式只能是特称的,并且主项非空类。因此,必然与第三相不等值,第二、三相不能互推。第三相"异品遍无性"是说没有一个异品有因。主项可以是空类。从主项空类的第三相推不出主项存在的第二相。这也是形式逻辑基础知识。沈先生还主张第二相与同喻体等值等一系列因明与逻辑比较研究错误,我在自己的论著中一再评述,此不赘言,炒冷饭毕竟令读者生厌。请注意,沈先生的因明要理,除"主语"理由外,均见威提布萨那、舍尔巴茨基和宇井博寿,并非创见。

日本的末木刚博教授研究陈那因明,用的是数理逻辑工具,由于不理解陈那因明体系基本知识,重走了威提布萨那、舍尔巴茨基和宇井博寿的老路。

孙中原先生说:"末木刚博的《因明的谬误论》,用数理逻辑符号,分析因明三十三种似能立过失,是齐思贻、杉原丈夫、林彦明、宇井伯寿、北川秀则等诸家学说的集大成。"我不知道,孙先生怎么就把日本北川秀则与末木刚博拉在了一起?

北川秀则是日本 20 世纪 50 年代主张同、异品都除宗有法的代表人物。他主张同、异品除宗有法,因三相是独立的,因的第二相不等于第三相,后二相不能互推,二喻体并非全称命题,同喻可以推出异喻,异喻则推不出同喻,三支作法非演绎,这一整套观点都与后学末木刚博和沈、孙二先生所主张的大异其趣。① 怎么末木刚博的论著就成为"诸家学说的集大成"?

孙先生根据"三观"指导的博士论文中的因明要义是鉴别"三观"的一个标准。该论独出心裁地解释了因的第一相的逻辑形式。该论文赞同沈先生的看法,第一相的主语和主项都是因,却认为第一相的逻辑形式是"因法遍是宗法性",即"凡因都是宗法(所立法)",违背古今中外公认的解释"凡宗有法(论题主项)都是因"。该文所举例为"凡所作皆无常",完全等同于同喻体,而不是三支作法中的因支"凡声(宗有法)是所作(因)"。②

这一谬误竟得到一批相关专家的赞赏。有专家评论道,第一相"因法普遍具有宗法性","这一解释很接近梵本原文",即"宗法性",还认为此文"根据权威的古典经论",连同其他一系列新观点,"基本上是准确的和正确的"③。这一评论完全违背权威的古典经论《理门论》。

世界上任何一种语言都存在一词多义和一句多解的情况,而在具体的语言环境中,每一字、词、句的含义又是确定的,不容随意解释。抛开汉传因明的权威经典,仅从字面意义来谈论上述新解

---

① 程朝侠博士对北川秀则的因明观点有详细介绍,见郑伟宏主编《佛教逻辑研究》(教育部重点研究基地中山大学逻辑与认知研究所 2016 年重大项目)第十章。
② 黄志强:《佛家逻辑比较研究》,香港:新风出版社,2002 年,第 85 页。
③ 黄志强:《佛家逻辑比较研究》(博士论文评阅推荐书之一)。

与梵文原文"宗法性""很接近",未免有欠谨慎。

　　论文作者甚至自诩为"国际领先",由于太过离谱,在国内因明界受到一致批评,连沈先生一派也看不下去。我曾撰文指出,该"国际领先"的观点不是自创,而是抄自明代因明研习者瞎子摸象的错误。① 即使是正确见解,抄袭古人而不声明也有违学术规范。

　　几十年来,我一直认为,要得到印度陈那因明体系和逻辑体系之真解,必须具备因明和逻辑两方面的准确知识。有数理逻辑知识更好,但"杀鸡不用牛刀"。如果不真正了解因明,那么工具再好,也很难避免南辕北辙之误。

---

① 郑伟宏:《因明正理门论直解·附录》,上海:复旦大学出版社,1999年。

再论"因三相"正本清源

——兼答姚南强先生[①]

拙文《"因三相"正本清源》[②]主要讨论了关于陈那"因三相"的根本问题即其逻辑命题形式如何正确表达。姚南强先生曾在2005年第3期《华东师范大学学报》(哲社版)中撰文对我进行质疑,姚君提出"欢迎进行进一步的讨论",在此欲借华东师大文科学报这块宝贵学术阵地,发表千虑一得之见。

一、关于"文氏图"和"欧氏图"

姚文说:"郑文批评了我在以前著述中关于宗、因同异品的欧氏图,我当时的工作现在看来确有错误,但是要在一个图形中完整表达这种关系,似乎有一定难度,希望其他同道能提出更精确的表达图。"[③]看来姚君没有真正认识错误所在,因为他亲自画的不是如他所说的"欧氏图",而是文氏图(见图1)。姚君的错误在于把

[①] 本文发表于《华东师范大学学报》(哲学社会科学版)2005年第5期。
[②] 郑伟宏:《"因三相"正本清源》,载《哲学研究·逻辑专刊》2003年增刊。
[③] 姚南强:《再论"因三相"》,载《华东师范大学学报》(哲学社会科学版)2005年第3期,第28页。

"因同品""因异品"这两个连姚君本人也认可的矛盾关系的概念用"文氏图"表述成相容的种属关系。

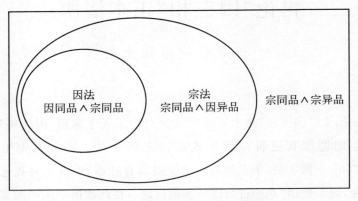

图 1 关于宗、因同异品的文氏图

事实上,所谓欧氏图是 18 世纪瑞士数学家 L. 欧拉所创的用圆之间的关系表示非空、非全的集合之间的关系的方法。其主要缺点是不能表示空集和全集。文氏图解是对欧氏图解的改进,英国逻辑学家文恩于 1880 年创建。所谓文氏图是在矩形中画相交的圆或椭圆等以解说和验证集合代数的方法。姚君在其《论〈因明大疏〉的逻辑思想》一文中指出:"这里的方框表示论域,宗同品和宗异品、因同品和因异品间分别都是矛盾关系,外延互补。"①首先,图中用的逻辑符号应该用类演算的符号,而不应使用表达联言命题的符号"∧"。其次,姚君用表示合取命题的符号"∧"将两个矛盾关系的概念合取在一起,令人无法理解。正确的符号应为"∪",

---

① 姚南强:《论〈因明大疏〉的逻辑思想》,载《中国哲学史》杂志,1996 年第 2 期。

读为"并"。再次,因同品与因异品既是矛盾关系,不论因同品与宗同品是"交"还是"并",它都不能成为"宗同品∧因异品"的种概念。最后,在这文氏图中,连空类的影子都找不到。既然论域中的四个概念两两矛盾,就应该有空类。

姚君先在《中国哲学史》杂志上发表了论文,可能自觉有问题,随后在马佩主编的中华社科基金项目《玄奘研究》①一书中又做了修改,把"宗同品∧宗异品"改成了"因异品∧宗异品"。可见是慎之又慎,但依然保留了错误。

二、印度逻辑经典作家连标牌实例也会举错吗?

在"关于二、八两句因中的举例问题"中,姚文认为我对陈那所举出的第二句因"所作性"的解释依照了陈那,而陈那本人的解释本来就是错误的。一个实例举错了,不是什么大事,但出在陈那身上,问题就变得十分严重。这事关整个佛教逻辑的水平和形象问题。被称为"中古逻辑之父"和印度佛教论师六庄严之一的新因明创始人陈那,在亲自撰写的新因明的奠基作《因明正理门论》中居然连一个事关基本理论的最为重要的标牌性的实例都会举错,居然会违背自己奉行的最基本、最浅显的佛教义理,犯了该论所列为宗过之一的"自教相违"的错误。这就不能不浪费点笔墨辩出个是非来了。

---

① 马佩:《玄奘研究》,开封:河南大学出版社,1997年,第373页。

姚文的依据有二：一是依照他的导师沈剑英先生的一大发现，二是引用《佛光山佛学大辞典》相关解释。

沈剑英先生在《因明学研究》和《佛家逻辑》中，两次指出陈那连自己创建的"九句因"第二句的实例都举错了。姚君认为这明明是其师的一大发现，一大功绩。我却一直把它当成一个小错误。看来，分歧很大，不得不辩。姚文说："与此相关的是，在第二句因中立声无常宗，所作性因，以瓶为同品。沈剑英认为陈那《正理门论》中所举的'同品有'的这个实例不对：'因为所作性因与宗的同品并非全部有联系，而只是部分有联系（有非有）'，如雷、电、雾、雨都有无常宗的性质，都是宗的同品，但却没有所作因的性质。'而郑文的雷电雨雾有所作性，其论据正出于此。"①

为什么如雷、电、雾、雨这些有无常性质的同品没有"所作性因"呢？姚文说："在佛家看来，'所作性'只是指人力所为，《佛光山佛学大辞典》中对'所作'是这样界定的：为'能作'之对称，指身、口、意三业发动造作。身、口、意三业为能作之主体，为彼等所造作者即称所作。"②

《佛光山佛学大辞典》这个"所作"定义是先定义"能作"的主体是身、口、意三业，由此出发，相对应的"所作"自然为人力所为。姚君是从概念出发来套因明的实际，显然曲解了因明。在陈那的《理门论》中，"所作性"包括人力和自然力，其造作对象则为有无常性的一切事物。可以说凡所作皆无常，也可说凡无常皆所作。

---

① 姚南强：《再论"因三相"》，《华东师范大学学报》（哲学社会科学版）2005年第3期，第28页。
② 同上。

《佛光山佛学大辞典》并没有说因明中的"所作性"必须是人力所为,更没有说出必须是人力所为的理由。中华佛典宝库中的《英汉—汉英—英英佛学辞典》中有关"所作"的释文共有三条,其第三条是：That which has been created. 即指已被造作出来的东西。这条释文所指就很宽泛,包括了人力和自然力。

　在因明中有些术语的用法不同于佛学的一般的用法,这也是因明的一个常识。例如,窥基在《大疏》卷四中有关于概念的表诠、遮诠的解说："然中道大乘,一切法性,皆离假智及言诠表,言与假智俱不得真。一向遮诠都无所表,唯于诸法共相而转。因明之法,即不同彼。然共相中可有诠表义,同喻成立有、无二法,有成于有可许诠也,无成于无即可遮也。异喻必遮,故言此遮非有所表。异不同同,理如前说。"①（波浪线为笔者所加,下同）又如,关于"自性""差别"的用法,因明与佛学不同,姚君本人也有过解释。

　陈那选择"所作性"作为第二句正因的实例是很有讲究的。先来看看玄奘法师的弟子窥基所撰《因明入正理论疏》是怎么解释的。窥基在该疏卷三中说："双举两因者,略有三义：一对二师,二释遍、定,三举二正。"②窥基随后一一做了详细解释。所谓"对二师",是说针对声论师中的两派立论。前举二因显然各有所对,对声生论,以"所作"为因,对声显论,则以"勤勇"为因。再则,若立"内外声皆无常",因应为"所作"。若立"内声"为宗,因应为"勤勇"。否则,因便有两俱一分两俱不成过。为了针对不同的情况,

---

① 〔唐〕窥基：《因明入正理论疏》卷四,南京：金陵刻经处,1896 年,页十三左。
② 〔唐〕窥基：《因明入正理论疏》卷三,页二十三左。

因此列举上述二因。

所谓"释遍、定",若以"所作性"因成"无常"宗,则三相俱遍;若以"勤勇"因来成宗,则同品为定有因而非遍有因,其余二相为遍是和遍无。显示顺成,宗同品定有因亦为正因,不一定要三相皆遍,故举二因。

所谓"举二正",是说在九句因中,这"所作性"是其中的第二句因,这"勤勇"因是其第八句因。陈那说这两种因都是正因,因为都满足三相,因此双双列举。

在这本被奉为汉传因明权威著作的《因明大疏》卷三中,还有一段关于陈那《理门论》九句因中第二句实例的解释:"二同品有、异品非有,如胜论师立'声无常,所作性故,喻如瓶等','无常'之宗'空'为异品,'所作性'因于同品有于异品无。"①

窥基不认为陈那举的实例有错,这是玄奘的看法,也是奘门几代弟子包括日僧、新罗僧所撰全部几十本疏记的共识。基疏标明立此论证式的不光是佛弟子,还有胜论师。显然,基疏把陈那所举第二句因实例"所作性"当作通一切无常同品(包括雷、电、雨、雾)的宽因(宽因证宽宗的说法首见奘门译场证义神泰的《理门述记》),这也是印度众多宗派的共识。从《理门论》问世到窥基撰疏几百年间,此经典实例,可谓经历了印度各宗各派的千锤百炼。玄奘的译传是有坚强正当的理论背景和理论基础的,是不允许逞意而论、随意否定的。

陈那、商羯罗主的大、小二论讨论的都是共比量,九句因中所

---

① 〔唐〕窥基:《因明入正理论疏》卷三,页九右。

举每一实例,无论正似都必须立敌双方共许。这是因明基本常识。印度人对待辩论十分郑重其事,他们崇尚诚信,常有辩者在辩论之初许诺,倘若辩输,便"割舌相谢"或"斩首相谢"。试想,陈那这样一位在当时战无不胜的大论师,在自己撰写的关于论辩逻辑的专著中,连自己创建的九句因实例都举不对,其著作不被佛门内、外的论师们批得体无完肤才怪。①

再来看看当今佛学与因明的专家的见解。吕澂先生的《因明入正理论讲解》在解释"所作性"因和"勤勇无间所发性"这二种正因时说:"'勤勇无间所发性'比'所作性'的范围狭,如所作性可以包括瓶、电,而勤勇无间所发性则不能包括电,因为电不是勤勇无间所发性的。"②

最后看看《佛光大辞典》关于"九句因"中第二句的诠释:"(二)同品有异品非有,谓因与宗同品有全分(全部)关系,与宗异品全无关系。如佛弟子对声生论者立'声是无常'宗,以'所作性故'为因。'无常'为所立法,'所作'为能立法。凡具有无常性者,如瓶,是宗同品;凡不具有无常性者,如虚空,是宗异品。如瓶等具有无常性之事物,无一不具有所作性,故同品有;如无常性之范围相等,能证明例中声确为无常,故为正因。"这句话表明雷、电、雨、

---

① 法称也曾指出"所作"与"勤勇"的不同:"若法因待他法营为,其法自体始得成就,是名所作。如是勤勇无间所发、缘散则坏等,亦应准知",见法称:《正理滴论》,王森译,《世界宗教研究》杂志,1982 年第 1 期,第 3 页。这就是说,所作之法依赖于他法才得成就,它所依赖的"他法",可以是人力,更可以是自然力。舍尔巴茨基特别指出,这里的"所作"(kṛtaka),相当于部派佛学中的"有为法"(saṃskṛta),见 Stcherbatsky, F. Th., *Buddhist Logic*, Vol. II, New York: Dover Publications, Inc., 1962, p. 125。"有为法"是综合色、心诸法而言的,"勤勇"只是其中的一种。

② 吕澂:《因明入正理论讲解》,北京:中华书局,1983 年,第 15 页。

雾是自然力造作的结果。

三、不要偷换论题,言不及义

关于"因同品"的提法,姚君引用了一段话:"郑文说:'对同品同于什么,唐代窥基《因明大疏》本来做了很恰当的解释,同品就是有宗后陈法的对象,可是他又添了蛇足,说同品不但同于宗后陈法,并且同于因法。同品不但是宗同品,还兼因同品。熊十力和沈剑英循此说,颇有影响。'"①

所引的这段话清楚明白,是批评窥基对陈那关于宗同品的定义作补充,犯了画蛇添足的错误。窥基的蛇足又为熊十力先生和沈先生所因循。姚文的质疑却偷换论题,言不及义。陈那关于宗同品的定义简明扼要又非常完整,凡是与论题谓项有相同属性的对象都是宗同品。定义宗同品与因同品概念毫无关系。窥基本来依照陈那、商羯罗主的定义解释得很好,但后来发挥过当,说宗同品必兼因同品。要理解窥基的错误,不需要很高深的逻辑和因明知识。宗同品是单同,单与宗论题的谓项相同。同喻依(例证)才要求宗、因双同。窥基混淆了宗同品与同喻依的差别。从逻辑上来说,如同回答什么是三段论的大词,只要回答结论中的谓词被规定为大词就行了,至于大词要不要包含中词这是另一问题,不容混淆。熊十力先生不明此理,因循了唐疏之误。沈剑英先生也不例外。

---

① 姚南强:《再论"因三相"》,《华东师范大学学报》(哲学社会科学版)2005年第3期,第27—28页。

可是姚文的质疑却大谈文轨、窥基使用因同品这一概念有无必要,大谈吕澂先生率先质疑使用因同品概念的合理性,熊十力也同意吕澂的质疑。我是在讨论给宗同品下定义应不应该涉及因同品,这与吕师等质疑因明中原本有无因同品概念以及唐人应不应该增设此概念,两者是风马牛不相及的事。对窥基、熊十力、沈剑英的批评意见,并非鄙人首创。20世纪30年代曾为北京大学代理校长的陈大齐教授早就对基疏有此订正。窥基广泛使用因同品概念之举,陈大齐教授以充分的理由主张其有合理性,我也拾人牙慧,击节赞赏,这是有书为证的。在这一点上我有幸与姚君的观点相合,十分难得。可是,姚君却来质疑我,这样一来,姚君岂不要犯因明中的"相符极成"过失了。

四、第一相"遍"什么？主项是什么？

本来,古今中外关于因的第一相的因明解释和对其逻辑形式的表达是最没有争议的。除了黄志强把明代因明家因无唐疏参考不得不摸象得来的误解当作国内外的最新见解加以炫耀外,也只有沈剑英先生的解释算得上离谱的。姚文说:"沈剑英先生已在其论文《因三相答疑》作过系统的分析。"[①]言下之意,关于第一相的争论要以沈文见解为是非标准。早在十多年前,我就批评了沈文对第一相的逻辑解释。沈先生说:"'遍是宗法性'相当于三段论中词必须周延一次的规则,它在因三相中占有主要的地位,故因明学

---

① 姚南强:《再论"因三相"》,《华东师范大学学报》(哲学社会科学版)2005年第3期,第25页。

称之为正因相"[①]。两年前,在其《因明学研究》修订本中,仍坚持这种见解。[②] 由于它涉及对因三相规则的评价问题,非常重要,因此本文作进一步探讨。

在该文看来,"遍是宗法性"的意思是:"因必须在外延上包含宗上的有法,指出宗上有法具有因法的性质。"[③]这就承认第一相的逻辑结构是"凡 S 是 M"。因法(M)既然是肯定判断的宾词,那么从形式上说,它总是不周延的。既然第一相中的因概念总不周延,第一相"相当于中词至少周延一次的规则"便无从谈起。沈剑英先生在他的《玄奘和唐初的因明研究》一文中解释道:"因的媒介方式与三段论的中词不同。三段论的中词有两个,其中只须有一个周延就能完成媒介任务。因由于处在相当于小前提宾词的位置上,并且三支因明只取相当于三段论第一格 AAA 和 EAE 两式,所以因总是不周延的。于是因明中因有自己独特的媒介方式,即以包含有法来显示自己的媒介职能。"[④]

该文后面接着说,"因介于有法与能别之间,既是有法的类概念又是能别的种概念"。我们再假定这句话成立。即如果不考虑同、异品除宗有法,则"又是能别的种概念"正好道出了因法在喻里是周延的。但是,不等于说它在第一相"凡 S 是 M"中是周延的。"既是有法的类概念又是能别的种概念",是一个由两个支命题合

[①] 沈剑英:《玄奘和唐初的因明研究》,载《中国历史上的逻辑家》,北京:人民出版社,1982年,第147页。
[②] 沈剑英:《因明学研究》(修订本),上海:东方出版中心,2002年,第67—68页。
[③] 沈剑英:《玄奘和唐初的因明研究》,载《中国历史上的逻辑家》,第146页。
[④] 同上。

成的联言命题。在"有法的类概念"即"凡 S 是 M"中因不周延,在"能别的种概念"即"凡 M 是 P"中因周延。这里泾渭分明,不容混淆。可惜在《因明学研究》的修订本中,沈先生仍坚持旧说,认为"中词与因在媒介的职能上虽然是一致的,但形式逻辑与因明在关于中词与因如何起媒介作用的说明上,却表现了不同的风格"①。

总之,把"遍是宗法性"说成"相当于三段论中词必须周延一次的规则"等说法在逻辑上是说不通的。第一,因不是只"处在相当于小前提宾词的位置上",而是出现在三个不同位置上;第二,说因明三支相当于三段论第一格 AAA 和 EAE 两式,那么就不能说"因总是不周延的";第三,如果"因总是不周延的",那么怎么能说三支作法又相当于作为演绎推理的三段论呢?第四,说"在因明中因有自己独特的媒介方式,即以包含有法来显示自己的媒介职能",其实也没有任何独特的地方,因为第一相"凡 S 是 M"与三段论第一格的规则之一"小前提总是肯定的"有可比性。对此,沈先生认为:"这就完全忽略了第一相遍是宗法性中'遍'字的重要作用,令人殊觉惊异!"②其实,由于三支作法的论题总是全称的,因此因支总是全称的。而三段论的结论可以是特称的,当结论为特称时,小前提也应特称。"小前提总是肯定的"比"遍是宗法性"要求更宽泛。这条规则对主词的量词没有规定。因此,因的第一相"凡 S 是 M"就成为第一格规则"小前提总是肯定的"所包括的情形之一。也只有如此比较,才能明白各自规则的同异。大家都知道,第一格共有两条规则,还有一条"大前提必须全称",这一条才是为

---

① 沈剑英:《因明学研究》(修订本),第 68 页脚注。
② 同上。

了保证中词必须周延一次。

五、不要割裂与舍尔巴茨基《佛教逻辑》的血缘关系

半个多世纪前苏联科学院院士舍尔巴茨基撰写的《佛教逻辑》是一本在国际上影响十分广泛的权威著作。拙文批评了舍氏对古正理、古因明和陈那新因明推理形式以及陈那因三相的严重误解。姚文不以为然,认为"从今天的因明研究水准来回顾,发现其中的一些欠缺也是很正常的"①。这样"正常"的现象,为什么姚君写了这么多论著,不揭示一二,让我等后知后觉者早几年明白。

姚君又告诫我,"不要夸大舍氏著作在中国的影响"②。舍氏著作在中国的影响客观存在,想夸大和抹杀都不易办到。回顾以往大半个世纪的因明与逻辑比较研究,许多研习者邯郸学步,丢掉了汉传因明的优势,陷入舍氏的窠臼而不能自拔。许多至今流行的基本的理论错误,诸如"归纳和演绎于三支中合为一体"说,"因后二相等值"说,"后二相可以缺一说","后二相分别等同于同、异喻体"说,"三支作法相当于三段论第一、二格"说,以至"公理说",等等,其源盖出于此。姚文中就说到,上述舍尔巴茨基的一系列观点"也正是1983年敦煌中国首届因明学术讨论会的议题"③。既

---

① 姚南强:《再论"因三相"》,《华东师范大学学报》(哲学社会科学版)2005年第3期,第26页。
② 同上书,第26页。
③ 同上书,第27页。

然如此,你说舍尔巴茨基的影响大不大?

舍氏是国际上有名的佛学权威,其功绩不必在此述说。他认为法称因明是印度佛教逻辑的最高阶段,他对法称因明有正确的理解。但他对印度古正理、古因明和陈那因明逻辑体系的理解错谬甚多,从中可知他的形式逻辑修养也不怎么高明。我在《"因三相"正本清源》中有简要分析,其中至少有一部分蒙姚君所认可。这里就不再重复。其中多数是被我当作错误观点,而为姚君所推崇,这也很正常。北京大学老校长蔡元培先生有句名言:"多歧为贵,不取苟同。"我喜欢"不取苟同"。

前面已说过,舍氏与沈、姚都主张因明三支相当于三段论的AAA式和EAE式。此说问题很多。首先陈那三支有没有达到三段论水平,这是一个大问题。我已有大量文字讨论,此处不再涉及。假定达到了,就是说假定同品不除宗有法,三支作法有没有EAE式呢?请看下例:

宗　　声是无常,
因　　所作性故,
同喻　诸所作者皆见无常,如瓶等,
异喻　诸是其常见彼非作,如虚空。

这是一个完整的陈那三支作法。以宗、因与异喻不能单独组成论证式,不合因明通则。因为无法检验因第二相是否满足。举得出正确的同喻依如"瓶等",是同喻体主项存在的标志,是满足第二相的标志。因明通则,三支省略式中,必定要包含同喻依。这是三支作法不能转成三段论的根本障碍。

退一步说,同喻依忽略不计,由于同喻体主项存在,从同喻体可推异喻体,但不能从异喻体倒推同喻体,因为异喻依和异喻体主项可以是空类。

再退一步说,允许以宗、因与异喻体组成论式,也不存在 EAE 式。因为有声、无常、所作、常、非作共五名词。众所周知,标准三段论只有三个名词。判定一个三段论是第几格、第几式是指标准三段论而言。有四名词、五名词的非标准三段论无格式可言,这是逻辑常识。但非标准三段论可以化归为标准三段论,如果能化归,又成了宗、因与同喻组成的同法式,即 AAA 式,不可有什么 EAE 式。

舍氏的逻辑知识有欠缺,因此他把古正理、古因明五分作法与陈那三支作法以及法称三支一锅煮,统统视为演绎推理,把陈那因三相与法称因三相等同,并衍生出一系列错误的比较研究。半个多世纪来,他的错误对汉传因明的误导严重到了无以复加的地步。

不错,虞愚先生直接翻译舍氏有关著作是近几十年的事,但别忘了他在20世纪三四十年代的著作首创用英文来对照汉译,就采用了印度威提布萨那所著《印度逻辑史》的观点,也与舍氏的观点相一致。我以为,千万不要贬低了虞先生传译舍氏观点的得和失。

此外,姚文指出:"郑文说'遍查《正理经》文,找不到有关演绎法论述的任何蛛丝马迹,甚至连五分作法的影子都没有'。"[①]可是

[①] 姚南强:《再论"因三相"》,《华东师范大学学报》(哲学社会科学版)2005年第3期,第27页。

拙文随后一大段话他没有引。我是在批评舍氏关于古正理五分作法也是演绎推理的一大失误,在《正理经》文中没有一个五分作法的实例,更没有具备演绎形式的实例,当然也就谈不上有一丁点关于演绎法的论述。可是,受舍氏的影响,国内不少有关印度哲学和逻辑的论著都把古正理五分作法的实例写成了喻支带普遍命题的演绎推理。有鉴于此,笔者说"甚至连五分作法的影子都没有",确实"误导"了广大读者。对于姚君的刊误,表示衷心的感谢。

六、争论的是第一相的逻辑形式,而不是奘译的语言形式

我与黄志强争论的焦点是第一相的逻辑形式,我认为因言"(声)是所作"代表第一相,其形式为"凡S是M",S是宗的主词有法声,M表示因法。黄志强认为第一相应为"凡M是P",即同喻体"凡所作皆无常",P表示无常。我认为代表第一相的实例中省掉的是主项声,因法所作未省掉。黄志强认为"遍是宗法性"中省掉的是因法,而其中的宗法指宗谓项。离开这一争论,便与这一讨论无关。文长至此,恕不赘言。

至于姚君说因法的内涵就涵盖了三相,这与因明常识相悖。陈那关于九句因的颂文是:

宗法与同品,谓有非有俱,
于异品各三,有非有及二。

因法要成为正因,首先要成为"宗法",即满足第一相。满足了第一相,再来谈与同、异品的关系,从九句因中挑出二、八两句正因,概括为第二、三相。怎能说因法的含义中就涵盖了三相呢?陈那《理门论》又说:"事虽实尔,然此因言唯为显了是宗法性,非为显了同品、异品有性、无性,故须别说同、异喻言。"全句意为,事情虽然实际是这么回事,然而这因支只是为了显示遍是宗法性,并没有显示出同品定有性和异品遍无性,因此必须另说同、异喻。

我曾一而再再而三地重申,因明与逻辑的比较研究必须运用两方面的准确知识,这几近正确的废话,却是一个非常难于达到的高标准。自窥基《因明大疏》从东瀛回归汉土百有十年来,这种比较研究代有进步,但仍然问题成堆,令我常作积重难返之叹。

同、异品除宗有法的再探讨

——答沈海燕《论"除外说"》①

陈那（约 480—540）因明是印度逻辑从简单类比推理向演绎推理发展过程中关键的一环。如何从逻辑的角度来准确理解陈那因明体系，是世界三大逻辑比较研究中一项重要的课题。汉传因明关于同、异品除宗有法及同、异喻体除宗有法的重要论述为我们留下了一把打开陈那因明逻辑体系的钥匙。唯有真正理解这一点才能如实融贯地把握陈那的因明体系。关于该问题与近三十年来国内学界的讨论，我们已有总结与评论。② 本文回应沈海燕教授的新作《论"除外说"——与郑伟宏教授商榷》（简称"沈文"），并对此问题再作探讨。

一、同、异品均须除宗有法

古印度声论派主张"声是常"，佛弟子立"声是无常"宗（论题）

---

① 本文由汤铭钧博士执笔，为 2012 年国家社科基金项目（编号 12BZX062）、2012 年上海市哲学社会科学规划课题（编号 2012EZX001）、2013 年国家社科基金青年项目（编号 13CZJ012）系列成果之一。发表于《复旦学报》（社会科学版）2016 年第 1 期。

② 郑伟宏：《再论同、异品除宗有法》，载《西南民族大学学报》（人文社科版）2012 年第 11 期。

与之相对。宗有法又简称宗(*pakṣa*),在这里指论题主项"声"。同品(*sapakṣa*)即"与宗相似者"(*samānaḥ pakṣaḥ sapakṣa iti*),因具有立论方在宗有法上所欲论证的属性(所立法)而与宗相似的对象就是同品,在这里指所有具有所立法无常的对象。异品(*vipakṣa*)即"与宗不相似者"(*visadṛśaḥ pakṣo vipakṣaḥ*)①,因不具有立论方在宗有法上所欲论证的属性而与宗不相似的对象就是异品,在这里指所有不具有所立法无常的对象。从构词上看,相似(*samāna*)有别于全同,与宗相似者必不同于宗。② 与宗不相似者,自然更不是宗了。宗有法、同品与异品三者各别,这是在辩论之初根据立论方的论题对论域全集先行作出的三分(tripartitionism)③。论题的主项排除在同品和异品的外延之外,这就是汉传因明所谓同、异品除宗有法。

同、异品除宗有法是辩论中产生的问题,体现了陈那因明对辩论双方认知态度的关注。在辩论之初,声是无常抑或恒常是一项待证的论题,尚未得到立敌双方的共同确认(共许极成)。《集量论》注释者圣主觉(Jinendrabuddhi,约8—9世纪)指出:在其中已知(*vidita*)有所立法者是同品,未知(*avidita*)有所立法者是宗。④ 这与汉传称"无常"为声上"不成法"即不极成法是一个意思。因此,立论方首先要在双方无分歧的声以外事物中,区分具有无常性

---

① 《佛教大师阵那的入正理论》,德里:莫提拉班达斯出版社,2009年,第33页。
② Gillon, B. S. & Love, M. L., "Indian Logic Revisited", in *Journal of Indian Philosophy* 8, 1980, p. 370.
③ Tillemans, T. J. F., "The Slow Death of the *Trairūpya* in Buddhist Logic", in *Hōrin* 11, 2004, p. 84.
④ Katsura, S., "*Pakṣa*, *Sapakṣa* and *Aspakṣa* in Dignāga's Logic", in *Hōrin* 11, 2004, p. 123.

的事物（同品）与不具有无常性的事物（异品），从中寻找根据来论证"声是无常"这一立许、敌不许的命题。同品与异品在这个除声以外的论域中发生矛盾关系，此论域被称为归纳域（induction domain）①或有限论域（restricted realm of discourse/restricted domain）②：是双方未发生分歧的所有对象组成的集合。宗有法则在此集合外，是双方意见分歧的对象。陈那《集量论》称此论域为别处（*anyatra*），指出烟与火的逻辑联系要在此别处被揭示，才能反过来论证此山既然有烟也应有火。可是沈文通篇几乎不见辩论的话题，完全不顾印度当时的辩论背景，其逻辑知识又很成问题，使讨论从头到尾不着边际。

沈文首个问题是将同品除宗有法定义为同喻依除宗有法，将同品错误等同于同喻依："所谓'除宗有法'，是指在以因（理由）证宗（论题）的过程中，需要在宗上的有法（主词）之外，另外举出一个事例（同类例，即同喻依）来检证因法与宗法（宗的谓词）之间是否具有不相离的关系，即因法是否真包含于宗法的外延之中。这就是所谓的同品须除宗有法，其中的道理很简单，即譬喻总是以乙喻甲，而不会以甲喻甲的。"③首先，同品与同喻依并不相同。同品的标准是有所立法，同喻依的标准是既有所立法又有能立因法。如九句因第八句正因，以"内声（有情生命的声）是勤勇无间所发（为

---

① Katsura, S., "*Paksa, Sapaksa* and *Aspaksa* in Dignāga's Logic", in *Hōrin* 11, 2004, p. 125.
② Oetke, C, *Studies on the Doctrine of Trairūpya*, Universität Wien, 1994, p. 27, p. 87.
③ 沈海燕：《论"除外说"——与郑伟宏教授商榷》，载《哲学研究》2014 年第 6 期，第 114 页。

意志所直接显发)"来证"内声是无常"。除声以外无常的事物都是同品,如瓶与电(雷电)。瓶除了无常还有勤发,可为同喻依;自然现象电则仅有无常而无勤发,并非同喻依。异品与异喻依亦不相同。异品的标准是无所立法,异喻依的标准是既无所立法又无因法。其次,同品和异品是陈那因明的两个初始概念。它们只是立论方在立论之初,对除宗外一切事物根据它们是否具有所立法这一点进行的分类。分类的目的是找到正确的逻辑理由,但分类本身并无证宗的力量。在同品除宗有法定义中涉及同喻依对不相离性的检证,纯属过度诠释。再次,其理解下同喻依所担负的这种"以乙喻甲"的检证作用,以"一个事例"来"检证"一种普遍联系,恰恰是陈那所反对的"古因明仅以事例为喻体的类比法"。① 在陈那因明体系中,同喻依旨在表明至少存在一个对象既有所立法又有因法,表明因第二相"同品定有"满足,因法与所立法之间不相离性主项非空。为表明此项存在含义(existential import),只一个同喻依便已足够,但不能一个也没有。正是因三相中同、异品概念除宗有法,导致同、异喻依除宗有法。因为在分类之初,宗有法已排除在外,同、异喻依便只能在宗有法外寻找,其道理非如沈文以为那样"简单"。唯有从体系的高度才能准确理解因明中每一个概念与每一项细节。

陈那《正理门论》的因三相表述及我们据《集量论》对应文句藏译(金铠译本)所作今译如下:

---

① 沈海燕:《论"除外说"——与郑伟宏教授商榷》,载《哲学研究》2014 年第 6 期,第 119 页。

奘译：又比量中唯见此理：若所比处此相审定，于余同类念此定有，于彼无处念此遍无，是故由此生决定解。（第3页）

今译：而且在比量中，有如下规则被观察到：当这个推理标记在所比［有法］上被确知，而且在别处，我们还回想到［这个推理标记］在与彼［所比］同类的事物中存在，以及在［所立法］无的事物中不存在，由此就产生了对于这个［所比有法］的确知。

两个藏译本都将"别处"（gźan du/gźan la, anyatra）作为一个独立的状语放在句首，以表明无论对"彼同类有"还是"彼无处无"的忆念，都发生在除宗以外"别处"的范围内。① 藏译力求字字对应；奘译则文约而义丰，以"同类"（同品）于宗有法之余来影显"彼无处"（异品）亦于余。两者以不同的语言风格都再现了陈那原文对同、异品均除宗有法的明确交代。沈文以为在本段中"陈那只说同品要除宗有法，不说异品也要除宗有法"②。对文献的解读太过草率，也不懂汉传因明向有"互举一名相影发故，欲令文约而义繁故"③的惯例。窥基释同品不提除宗有法，释异品定义"异品者谓于是处无其所立"则标明"'处'谓处所，即除宗外余一切法"④。以异品除宗来影显同品亦除宗。

沈文以为异品与宗有法事实上便不属一类，将一种想当然的

---

① 参见 Katsura, S., "The Role of Dṛṣṭānta in Dignāga's Logic", in The Role of the Example (Dṛṣṭānta) in Classical Indian Logic, Universität Wien, p. 137.
② 沈海燕：《论"除外说"——与郑伟宏教授商榷》，载《哲学研究》2014年第6期，第114页。
③ 〔唐〕窥基：《因明大疏》，见郑伟宏：《因明大疏校释、今译、研究》，上海：复旦大学出版社，2010年，第120页。
④ 同上书，第236页。

世界观强加给古印度声常无常论辩的双方。她说:"宗有法(如声)与异品(常住不坏之物如虚空)本不在同一个集合,又何除之有?"[①]但假若古印度声常论师也认为声与常住之物本不在一类,"声常无常"又何以会成为印度逻辑史上两千年来的经典论题?在古印度,"声"($śabda$)这个词具有声音、语词、语言等多重含义。在弥曼差派又专指吠陀圣典的文句,故此词又有"声量"的意思。弥曼差派认为吠陀圣典的语言体现了宇宙恒常的秩序。吠陀非人所作,远古的圣仙只是听到了吠陀的天启($śruti$,听闻)而已。该学派因此便提出了著名的"声常住论"。佛弟子对声常论立"声无常"宗,双方不共许是常或无常的对象声是宗有法,共许无常的对象是同品,共许恒常的对象是异品。这体现了陈那因明对辩论主体"许"和"不许"这两种认知态度的区分,体现了辩论双方对彼此不同世界观的尊重,是陈那因明作为一种论辩逻辑的特征所在。

关于除宗有法,近百年来的汉传因明研究者大致有三种观点:一是同、异品都不除,二是同、异品都除,三是同品除而异品不除。第二种观点以陈大齐先生为代表。第三种观点以巫寿康、沈剑英为代表。沈海燕教授秉承家学主张第三种观点。但由于二位沈教授对同品概念存在误解,其同品除宗而异品不除之说实质上仍是第一种观点的翻版。我们完全赞同陈大齐同、异品都除宗的观点。沈文大段引述陈大齐原话,分四段逐一批驳。可是在驳论及前后文中竟将"陈大齐"都误为"陈那"。在下节开头又言:"说喻体也要

---

① 沈海燕:《论"除外说"——与郑伟宏教授商榷》,载《哲学研究》2014 年第 6 期,第 114 页。

除宗有法……比陈那的同、异品皆须除宗有法更趋极致。"①前后张冠李戴,对陈那本人大张挞伐竟达六处之多!

其第一点反驳认为陈那因明规定宗命题"声是无常"的两个宗依即有法(主项)"声"与能别(谓项)"无常"必须共许极成,声在这里就不可能是"自同他异品"。这实际上混淆了词项共许极成与命题共许极成。宗有法声在立方看来具有无常性,所以是"自同品";在敌方看来则不具无常性,所以是"他异品"。这就是整个宗命题"声是无常"必须为立方所许而敌方不许,必须"违他顺自"的意思。与该命题中两词项各自共许极成是两回事情。正由于宗有法是"自同他异品",才要将它排除在共许的同品和异品之外,共比量因此才有可能。第二点反驳认为假如将声列入异品,它就不能再有所作性。实际上,声是否所作与是否无常,是两个不同的问题。不论声被归在同品、异品还是两者之外,都不影响双方就"声是所作"先已达成共识。正因为双方对此已有共识,将声再列入异品,声作为所作的一个实例便会使异品并非遍无所作因。正因此,异品若不除宗,第三相便永远无法满足。况且在同、异品中都剔除有法声,只是在逻辑上将声归为另一类尚未确知有否无常的对象,与是否承认声本身的存在更风马牛不相及,沈文却将其误解为对宗有法本身存在的否定。第三点反驳想当然以为:声事实上在异品(恒常之物)以外而不需除,事实上在同品(无常之物)以内又不能除,唯有宗因双同的同喻依要除。但假如是声论师提出"声常"

---

① 沈海燕:《论"除外说"——与郑伟宏教授商榷》,载《哲学研究》2014 年第 6 期,第 114—115 页。

宗,又如何来划分同、异品和宗？同、异品只是一种逻辑的分类方法,这种分类方法必须适用于任何一个论证,不能以某一种特定的世界观为默认的判定标准,并强加给辩论双方。况且,陈那"于余同类念此定有,于彼无处念此遍无"正表明因后二相中所立法和因法两概念都使用在除宗以外的论域中。第四点反驳假定宗有法不在同品中便在异品中,同、异品皆除宗将陷入逻辑矛盾。这种非此即彼的片面观点忘记了因明的辩论背景。在辩论之初,宗有法恰处在第三种可能,即还未确定究竟无常还是恒常。主体 1 认为声是无常($K_1 p$)与主体 2 认为声是常($K_2 \neg p$),这完全无矛盾。

二、同、异喻体也要除宗有法

同、异品以及同、异喻体是否除宗有法,是印度佛教逻辑史上的两座高峰陈那因明与法称(约 600—660)因明的分水岭。同、异品除宗有法贯串了陈那因明的整个体系。为保证推理建立在辩论双方现有共识的基础上,陈那因明的逻辑体系只能是除一个之外最大限度的类比推理。法称因明则为推理设定了对象世界中现实存在的普遍必然联系这一本体论基础,其同异品、同异喻体皆不除宗,其逻辑体系在印度逻辑史上首次实现了从类比向演绎的飞跃。法称《因滴论》宣称:"同法论式与异法论式的特征就在于[分别]通过合与离对一切进行概括(sarvopasaṃhāra)从而揭示遍充。"阿阇陀(Arcaṭa,约 730—790)《因滴论广释》对此明确指出:"[所概括之]一切,不只是作为喻例的有法,而且是任一具有能立法的有法。"与之相反,陈那《集量论·观喻似喻品》则宣称:"喻的首要功能是在[宗有法]以外的对象（*phyi rol gyi don*，*bāhyārtha*）中揭示[遍充]。"在《为他比量品》中也指出："[因法与]此类[所立义]的随伴出现之被了知，乃凭借在[宗有法]以外的对象中概括得到的（*bāhyārthopasaṃhṛta*）同法和异法二喻。"圣主觉将本句"以外的对象"一词明确解释为："被当作宗的特定有法以外的任何一个别处。"① 无论"别处"（于余）还是"以外的对象"皆划定了除宗有法以外这一范围，同、异喻体正是在这一范围中从正反两面来揭示因法与所立法之间的逻辑联系。第一，陈那和法称在这里均使用"概括"（*upa-sam-√hṛ*）一词，表明这里谈论的"同法喻"和"异法喻"指经由概括得到的同喻体和异喻体而非同、异喻依。第二，这种"概括"是就一定对象范围而言，该范围即同、异喻体两者的论域。第三，在这个论域是否涵盖一切、是否除宗以外的问题上，陈那认为二喻"在以外的对象中概括得到"，法称则认为是"对一切进行概括"。这不正表明陈那主张同、异喻体除宗而法称主张不除？

《入正理论》的同、异喻定义为："同法者，若于是处显因同品决定有性，谓若所作见彼无常，譬如瓶等。异法者，若于是处说所立无因遍非有，谓若是常见非所作，如虚空等。"② 梵本直译为："此中，首先凭借同法[的喻]，即在那里（*yatra*）因仅在同品中存在被宣称之处，如下：凡所作的都被观察到是无常，如瓶等。其次凭借异法[的喻]，即在那里（*yatra*）当所立不出现时因普遍不出现被述

---

① 参见 Shiga, K., "Remarks on the Origin of All-Inclusive Pervasion", in *Journal of Indian Philosophy* 39, 2011, pp. 523 – 527。
② [古印度]商羯罗主：《因明入正理论》，载《大正藏》第三十二卷，第 11 页。

说之处，如下：凡恒常的都被观察到非所作，如虚空。"①首先，两则定义中的"是处"(yatra)直接指这里被定义的同喻和异喻之处。其次，论文给出的实例正表明这里定义的是同、异喻体而非同、异喻依。因此，所谓"是处"即同喻体之处与异喻体之处。关于这个"是处"的范围，窥基对同喻体的解释指出："处谓处所，即是一切除宗以外有无法处。"其异喻体解释亦指出："处谓处所，除宗已外有无法处。"②窥基将"是处"(yatra)明确释为"除宗以外"的"余处"(anyatra)，与陈那二喻是对"以外的对象"进行概括的说法相一致，而与法称二喻概括一切的观点截然不同。

沈文以为：有法声已在因第一相中被规定为包含在因法所作中，在反映因法所作与所立法无常之间不相离性的同喻体"凡所作皆无常"中，不应再将"声"从"所作"中剔除。（第115页）这一想法假定了因第一相中"所作"与同喻体中"所作"的论域相同。但陈那要求喻体是除宗以外的概括，这就意味着：因第一相"凡声是所作"的论域是包含声在内的所有对象，而同喻体"凡所作皆无常"的论域则是除声以外的其他所有对象。因法与所立法之间无论随伴出现、不相离性还是遍充关系，都是一种除声外有限论域内的逻辑联系。只有到了法称才将其改造为概括一切的普遍逻辑联系。沈文误以为"凡所作(M)皆无常(P)"(MAP)这一全称命题在将声(S)除外以后，便只能是"有所作是无常"(MIP)的特称命题，非全称即特称。（第115页）殊不知陈那因明同喻体"除声外，凡所作皆无常"这

---

① 《佛教大师陈那的入正理论》，第3页。
② 郑伟宏：《因明大疏校释、今译、研究》，第253、269页。

一除外命题准确完整的逻辑刻画应为：$(x)(\neg Sx \wedge Mx \rightarrow Px) \wedge (\exists x)(\neg Sx \wedge Mx \wedge Px)$，远比特称命题或存在命题复杂得多。沈文以为因支"凡声是所作"与同喻体"凡所作是无常"之间具有逻辑传递性。但这种传递性正由于两命题论域不同而被中断，这反映了陈那因明不同于西方三段论的非单调、非演绎特征。沈文借"以类为推"和"类推"①来标榜陈那因明，实质上仍将其误释为西方逻辑三段论。

沈文又谓："在同、异二喻的喻体中均除去宗有法，宗有法将无处存身。设同喻体为 A 集合，异喻体为非 A 集合，说宗有法既不属 A 集的分子，又不属非 A 集的分子，岂非陷入悖论？"②令人惊讶的是，既然同、异喻体都是命题，又怎能将它们"设为"A 集合与非 A 集合？同喻体"谓若所作见彼无常"与异喻体"谓若是常见非所作"中的"见"（dṛṣṭa，被观察到）正是"世间愚、智同知"③、"其敌、证等见"④即立敌共许极成的意思。同、异二喻的论域均为双方不发生意见分歧的对象范围，声则"存身"于此范围以外，是双方尚未共"见"为常抑或无常的对象。在认知逻辑视野下，这完全无矛盾。

我们已详细论证过窥基弟子慧沼在《续疏》的一则问答中认为同喻体不除宗为何在陈那因明的框架内是一种错误发挥。⑤ 沈文却

---

① 沈海燕：《论"除外说"——与郑伟宏教授商榷》，载《哲学研究》2014 年第 6 期，第 118 页。
② 同上书，第 116 页。
③ 〔唐〕文轨：《因明入正理论庄严疏》卷一，南京：支那内学院，1934 年，页二三左。
④ 郑伟宏：《因明大疏较释、今译、研究》，第 256 页。
⑤ 郑伟宏：《因明巨擘　唐疏大成——窥基〈因明大疏〉研究》，载《因明大疏较释、今译、研究》，第 65—66 页。

指责我们"对慧沼答问的否定显然缺乏具体剖析"①。本则问答如下:

> 问:"诸所作者皆是无常"合宗、因不?有云不合,以"声无常"他不许故,但合宗外余有所作及无常。由此相属著,能显声上有所作故无常必随。今谓不尔。立喻本欲成宗,合既不合于宗,立喻何关宗事?故云"诸所作"者,即包瓶等一切所作及声上所作。"皆是无常"者,即瓶等一切无常并声无常,即以无常合属所作,不欲以瓶所作合声所作,以瓶无常合声无常。若不以无常合属所作,如何解同喻云"说因宗所随"?②

问者意谓:同喻体"凡所作皆无常"除在瓶等上将无常与所作相合外,是否在声上也将二法相合,是否将宗有法也包括在其断言的范围内?慧沼先引古师的一种解答:"有云不合"。《明灯抄》指出这是文轨的观点。文轨《庄严疏》曾说道:"'若诸所作皆是无常,犹如瓶等'者,即所立无常随逐能立所作,能立所作能成所立无常,即更相属著,是有合义。由此合故,即显声上无常、所作亦相合也。所作性因敌论许,'诸'言合故可出因;声是无常他所不成,'皆是无常'言如何合?"③意谓:无常随逐所作即"凡所作皆无常"这一逻辑联系,在声以外的瓶等上是立敌共许的事实,故宗因之间"合"义已成。在声上,尽管立敌共许其有所作,但无常是否亦随之存在,则

---

① 沈海燕:《论"除外说"——与郑伟宏教授商榷》,载《哲学研究》2014年第6期,第116页。
② 郑伟宏:《因明大疏较释、今译、研究》,第649—650页。
③ 〔唐〕文轨:《因明入正理论庄严疏》卷三,页十七右至十八左。

尚未得到论证,在声上宗因之间"合"义未成。这是说,同喻体仅断言了除声以外有所作的对象也有无常,但未断言声上无常与所作之间也有相应的联系。同喻体"凡所作皆无常"不蕴含"声所作故声无常"。故以"宗外余有所作及无常"来"显声上有所作故无常必随",是用声以外所有对象服从"凡所作皆无常"这一原理,来类比余下的唯一一类对象"声"也应服从相同的原理。

可见在窥基以前,文轨早有同喻体除宗有法的主张,并有如上细致讨论。慧沼"今谓不尔"既批评了文轨也违背了师说。他给出两条理由,为沈文全盘接受。第一条为:提出喻体是为了证宗,假如它不将声上所作与无常相合,与宗便无关系可言。今按:喻以成宗为目的与它能否实现以及如何实现这一目的,这是两个问题,不应混淆。古因明仅以瓶盆等个体为喻,也是为了成宗,难道在这些个体中也蕴含了"声所作故声无常"的道理吗?第二条为:同喻体是将所作与无常相合,而不是将瓶的所作与声的所作、将瓶的无常与声的无常相合,故陈那说同喻体格式为"说因宗所随"。今按:这一点是因明常识,文轨也不反对,只是这与同喻体是否除宗的问题无关。文轨的意思是:声固然可包括在"诸所作"中,但不能进而将其包括在"皆是无常"中,因为声是无常乃立许敌不许的未成之义。至于慧沼认为"诸所作者,即包瓶等一切所作及声上所作。皆是无常者,即瓶等一切无常并声无常",这与法称喻体概括一切的主张一致,在思想史上或有其独立的意义。但用来解释陈那因明,则违背了玄奘所传、窥基所述,属于错误发挥。沈教授援引慧沼,若能再引窥基同、异喻体除宗的论述以资比较,辨其同异,判其得失,本不失严谨治学、各抒己见的端正态度。

通常将陈那因明的同喻体"凡所作(M)皆无常(P)"按其字面刻画为$(x)(Mx \to Px)$这一普遍命题的形式。但这种做法忽视了陈那认为同、异喻体都在除宗的有限论域中进行断言的思想。事实上,其完整刻画应为:$(x)(\neg Sx \wedge Mx \to Px) \wedge (\exists x)(\neg Sx \wedge Mx \wedge Px)$。后一合取支表现其存在含义。前一合取支$(x)(\neg Sx \wedge Mx \to Px)$,即"除声($S$)外,凡所作皆无常"。这个命题是在将"声"这一有待讨论的主题先行搁置(除外)、不予断言的情况下,对此外所有对象的断言。我们称之为"除外命题"。沈文又引陈那对他之前印度逻辑五支作法的批评以支持传统的普遍命题说。但应指出:那段文字仅涉及陈那对古因明(连同古正理)的变革而与沈文的意图无关。陈那对古因明的变革与法称对陈那的变革,是印度逻辑在向演绎逻辑发展过程中两个不同的环节。在喻的表达方式上,前一环节讨论的是应以个别例证为喻(古因明)还是以一个概括性的命题为喻(陈那),后一环节讨论的才是这个命题应为除外命题(陈那)还是普遍命题(法称)。窥基说陈那因明喻体"总遍一切瓶、灯等尽"[①],不同于慧沼所谓"即包瓶等一切所作及声上所作",不能默许声已在"瓶等"所"等"之中。

三、共许极成、除宗有法与最大限度的类比推理

陈那《正理门论》关于共比量的总纲指出:"此中宗法唯取立论

---

① ［古印度］陈那:《因明正理门论本》,载《大正藏》第三十二卷,第263页。

及敌论者决定同许。"①"宗法"(因)仅在立敌共许极成(决定同许)为宗有法所普遍具有的属性(遍是宗法)中选取。因第一相"遍是宗法"及体现这一相的因命题"声是所作"都必须立敌共许极成。陈那接着说道:"于同品中有、非有等亦复如是。"即因在同、异品中所可能有的九种外延分布情况(九句因)也都要决定同许。因在同品中或普遍存在(有)、或普遍不存在(非有)、或在部分同品中存在而在其余同品中不存在(有非有)。在异品中的三种分布亦复如是。两方面综合起来便构成如下九种情况:

(1) 同品有、异品有	(2) 同品有、异品非有	(3) 同品有、异品有非有
(4) 同品非有、异品有	(5) 同品非有、异品非有	(6) 同品非有、异品有非有
(7) 同品有非有、异品有	(8) 同品有非有、异品非有	(9) 同品有非有、异品有非有

首先在推理规则层面。陈那认为只有对应上述二、八两种分布的因才是正因。正因的后两项特征(因后二相)便分别为:因在同品中至少部分存在(因于同品定有),即有同品是因,其形式为:$(\exists x)(\neg Sx \wedge Mx \wedge Px)$;以及因在异品中普遍不存在(因于异品遍无),即凡异品皆非因,其形式为:$(x)(\neg Sx \wedge \neg Px \rightarrow \neg Mx)$ 或 $(x)(\neg Sx \wedge Mx \rightarrow Px)$。因后二相"同品定有"和"异品遍无"既然是陈那通过九句因归结所得,也必须同样限制在除宗以外决定同许的论域中。其次在推理形式层面。同喻体(凡因是同品)的形式

---

① [古印度]陈那:《因明正理门论》,载《大正藏》第三十二卷,第1页。

为：$(x)(\neg Sx \wedge Mx \to Px) \wedge (\exists x)(\neg Sx \wedge Mx \wedge Px)$，同时表现因后二相；异喻体（凡异品皆非因）的形式为：$(x)(\neg Sx \wedge \neg Px \to \neg Mx)$，仅表现因第三相。两者都应与它们旨在表现的因后二相相应，将其论域限制在除宗以外决定同许的范围。角宫（Karṇakagomin，约 770—830）《释量论自注广释》说道："犹如依据对宗法的决定（niścaya）而舍弃四种不成，'于同品中有、非有等亦复如是'，依据对［因与同品］相合（合，anvaya）、［与异品］相离（离，vyatireka）的决定，由不成而产生的［种种谬误］也被摒弃，因为随一不成等［四种不成据此便］在同品［有、非有］等中不出现的缘故。［陈那由此］说道：亦随所应当如是说。"①正明确告诉我们："于同品中有、非有等亦复如是"一句实际上规定了同喻体（合）与异喻体（离）也必须"决定"。此"决定"在陈那因明语境中即共许极成。窥基在援引本句以后亦郑重指出："故知因、喻必须极成。"②因此，凡讨论同、异品除宗有法，便意味着在九句因、因后二相和同异喻体这三个层面都要除。陈那本人在九句因中强调"决定同许"，在因三相中便强调"于余"，在喻体中便强调对除宗以外对象的概括，正是其因明体系首尾一贯的体现。

对人类的推理论证行为可有各种不同的理论化视角，由此便有了东西方逻辑史上异彩纷呈的逻辑学说和理论体系。陈那正是选取了主体间相互认可这一论辩逻辑的视角，将以双方都认可的理由才能说服对方接受他原先所不接受的主张这一朴素的直观，

---

① ［古印度］角宫：《释量论自注广释》，安拉阿巴德：吉塔布马哈出版社，1943年，第63页。

② 郑伟宏：《因明大疏较释、今译、研究》，第129页。

升华为以共许的因、喻来论证不共许的宗这一规范一切论证行为的总纲,并使之贯穿其因明的整个体系。陈那因明的共比量由此便成为如下形式的推理:

内涵语境	宗:声是无常。因:声是所作。同喻:凡所作的都被观察到是无常,如瓶等;异喻:凡恒常的都被观察到非所作,如虚空。
外延语境	宗:声是无常。因:声是所作。同喻:除声以外,凡所作的都是无常,如瓶等;异喻:除声以外,凡恒常的都非所作,如虚空。

在上方形式中,"被观察到"(见)这一认知算子便已表明同、异二喻的论域都限于立敌既已形成共识的除宗以外对象范围。除宗虽然未在喻中明言,"见"就已限制了"凡""皆"所全称的范围。若将该算子消去,还原到外延语境中就是"除声以外"这一前置限定语,整个论证就可等价写成下方形式。

沈文谓"同品"要"暂除"但不能"除去"宗有法。① 应指出:第一,沈文对"同品"概念的使用存在严重混乱。隐藏在"暂除"与"除去"之分下,实际上是两种不同含义的"同品"概念。所谓要"暂除"的"同品"指同喻依;不能"除去"的"同品"指沈文心目中所有具有宗因二法的对象,即同喻依与宗有法的合集。若要论证同品不除宗,首先须对同品外延有一严谨一致的界定,而沈文连这一点也做不到。况且因明从未有一个词能用来指称同喻依与宗有法的合

---

① 沈海燕:《论"除外说"——与郑伟宏教授商榷》,载《哲学研究》2014年第6期,第117页。

集,更谈不上"同品"了。又由于误同品为同喻依,沈文便以为第五句因"缺同品"。实则正如陈那《因轮图》中本句同品实例"虚空"所示,它根本就不缺同品,真正所缺乃宗因双同的同喻依。这是由于所闻乃声所独有而不与他物共享(不共)的属性,在除声外的范围中便不存在其他具有因法所闻的事物,故《入正理论》说"常、无常品皆离此因",同、异品中都无具有因法的实例。此所闻因既缺正面例证以支持本宗,又缺反证以推翻本宗,故为"不定",曰"不共不定"。

第二,沈文第三节全文所论第五句因实例为"声常,所闻故"。若按其世界观,声既与常住之物本不在一类,便一定不在此时的同品(常住之物)中,不仅同品除宗而且同喻体"凡所闻皆常"亦除宗;若按其同喻体不除宗的主张,声就落到此时的同品中而不再与常住之物本不在一类,这又违背其默认的世界观。对此两难,沈文选择偷换论题。她说道:"郑教授补设的同喻体'诸有所闻性者,定见无常'亦并不需要剔除有法声……故此例中的喻体主项'所闻性'也不会成为空类。"请注意:我们补设的同喻体为"诸有所闻性者,见彼是常",但沈文却改成了"定见无常"。此处所立法为"常"而沈文却偷换为"无常"。为自圆其说而偷换论题,反暴露其解释无法圆融。事实上,陈那《集量论》认为所闻因对"声常"(第三品)和"声无常"(第二品)两宗都是不共不定。这一改动本无伤大雅。关键在于对两宗各自同喻体"凡所闻皆常"与"凡所闻皆无常"的解释必须一致,既不能一除一不除,更不能选择性地进行解释。我们认为两者皆除,任何一方不除,都不能满足决定同许的要求。陈那判"声常"和"声无常"两宗的同品都无所闻,无异于宣告不论对哪一个宗,声都不在其同、异品中。沈文认为第五句因尽管举不出同喻依,其同喻体主项仍然非空。这实际是要求宗有法本身来承担体现因法与所立法之间遍充关系的任务,但这是印度因明发展到最晚期才有的新观点。宝藏寂(Ratnākaraśānti,约970—1030)在其《内遍充论》中才宣称遍充关系可在宗有法内部得到揭示,因而所闻并非似因。而陈那仍认为遍充要在宗有法以外的别处来显示。既在别处得不到显示,由此概括得到的同喻体便主项为空。其主项所闻在论域全集中固然以声为所指,是有体因;但在除声的有限论域中便无所指,故是无体。假如所闻在喻体中仍以声为体,同喻体"凡所闻皆常"或"凡所闻皆无常"就等同于宗"声是常"或"声是无常",又岂能共许极成?

第三,不论同品还是异品不除宗,都终将导致对陈那九句因整个探讨框架的否定。若按沈文的思路,其所谓"同品"即宗因双同的对象不除宗,则同喻体的主项总是不为空类,同品便总有一个有因而不可能无因。但这又如何来解释第四、五、六句"同品非有"?不仅沈文,而且沈剑英、姚南强师弟,对此都避而不谈。在第五句因中,同品不除宗便"同品有",异品不除宗便"异品有",而不再是"同品非有、异品非有"。第五句因虽然只是九句因的一种情况,但由于其因法所闻为宗有法所独有而在同、异品中皆不存在的特性,便使陈那因明同、异品皆除宗有法的先行规定显得格外突出。同喻体"凡所闻皆常"或"凡所闻皆无常"不除宗便直接导致它等同辩论的主题"声是常"或"声是无常"。不除宗便无法"决定同许",唯除宗才共许极成。九句因尤其第五句因能证明喻体要除宗有法。

沈文最后一节仍坚持陈那因明演绎与归纳相结合的传统观点。在援引《正理门论》论喻部分开篇语中的同喻体"诸勤勇无间所发皆见无常"和异喻体"诸有常住见非勤勇无间所发"之后,便直接断言两者都是普遍命题。① 以喻体为普遍命题是沈文主张陈那因明为演绎论证的唯一理由,但这条理由并不成立。事实上,该段中为沈文略去的"由是虽对不立实有太虚空等,而得显示无有宗处无因义成"一句倒值得深究。这句是说:即便遇见不接受虚空存在的论敌,异喻体也满足共许极成的要求。因为他既然否定虚空本身,自然也否定其上能附着宗因二法。这是对异喻体(无有宗处无因义)共许极成的补充说明。可见同喻体共许极成更是不可逃避的规定。除宗正是共许的先决条件。同、异喻体除宗,便非真普遍。沈说的实质②是将整个三支作法拆解为如下三个步骤:

步骤一　瓶是所作和无常,声是所作,故声是无常。
步骤二　声与瓶等皆所作与无常,故凡所作皆无常。
步骤三　凡所作皆无常,声是所作,故声是无常。

第一、二两步是沈文所谓"归纳论证",第三步是所谓"演绎论法"。实际上,其第一步照搬了古因明的简单类比推理,但这恰恰是陈那所反对的。为此,陈那才郑重提出推理的出发点应为"凡所作皆无常"这一总括除宗以外所有对象的命题,而不是瓶这一单独的例

---

① 沈海燕:《论"除外说"——与郑伟宏教授商榷》,载《哲学研究》2014年第6期,第119页。
② 见同上书,第116页对"经典的共比量"的分析。

证。况且,单凭瓶这一个喻依又如何"扩展到全类"从而保证"喻体的真确性"?在陈那因明中,喻依只是第二相"同品定有"满足的一个例证,只一个便足够,无须更多。而归纳要求的个体数量与复杂程度远超因明对喻依的要求。认为喻依是归纳的素材,不仅未能将喻依的作用放在陈那因明的整个体系中来理解,对归纳本身的认识也太过简单和片面。陈那恰恰说过:喻体是对除宗以外对象的概括,宗有法声并不在其概括之列,并不在喻依"瓶等"所"等"之中,更谈不上"由声、瓶等"概括得到同喻体。沈文以为能对一种推理作形式化研究,便证明其中含有演绎的成分。这混淆了研究方法与研究对象。其实,对古因明的简单类比也可从非单调逻辑的角度予以形式化。① 但这不是要连它非单调、非演绎的特性也予以否定,而是要以现代逻辑的手段来更清楚地揭示其推理的实质。总之,沈文所承继的归纳演绎合一说,由于对陈那因明缺乏整体性的视角,对其中各部分的理解都支离破碎,又以简单片面的逻辑知识来比附,与陈那因明的本来面目只能远走越远。

  陈那对古因明的变革不是演绎法对类比法的变革,而是将类比法走到了尽头,才迫使后来的法称因明在印度逻辑史上首次建立演绎逻辑的体系。陈那指出古因明从个体到个体的简单类比缺乏论证效力,他因而将类比的起点扩大到除宗以外的所有对象,将推理的前提建立在对所有这些对象进行概括的基础上。通过揭示它们都服从"凡所作皆无常"这一原理,来类比剩下的唯一对象声也应服从相同的原理。这就使类比的范围扩展到极致,穷尽了声

---

① Oetke, "Ancient Indian Logic as a Theory of Non-Monotonic Reasoning", in *Journal of Indian Philosophy 24*, 1996, pp. 477–478.

以外所有对象,将类比推理的可靠性提升到最大限度。我们因此称之为最大限度的类比推理。我们否定陈那因明为演绎推理,是因为其理论独特的论辩逻辑视角及由此而来决定同许的体系性规定,使喻体只能是将宗有法除外的除外命题而非普遍命题。其结论并未蕴含在其中,不能从中必然得出。我们肯定法称因明为演绎推理,正是因为他取消了除宗有法。他从一个本体论的视角出发,认为只要能确认所作与无常两概念的逻辑关联(不相离性)对应于对象世界中的某种必然联系(自性相属),这种逻辑关联便具有毫无例外的普遍必然性,其喻体便成为"对一切进行概括"。以之为前提来进行推理,就成为一种从普遍到特殊形式的演绎逻辑。理论化视角的不同正是陈那因明与法称因明之间一系列差异的根本原因。

以上,我们就陈那因明中同异品、九句因、因后二相、同异喻体等一系列理论要素是否均要除宗有法,回应了沈海燕教授最近的研究成果。沈文最后援引日本学者桂绍隆的一句话,不仅出处不详,还将其姓 Katsura 与名 Shōryū 也搞错了。希望本文能有助于我国因明研究特别是因明与逻辑比较研究在陈大齐先生奠定的基础上取得新进展!

再论陈那因明的论辩逻辑体系

——答张忠义、张家龙《评陈那新因明体系"除外命题说"》[①]

《哲学动态》2015年第5期刊登张忠义、张家龙《评陈那新因明体系"除外命题说"——与郑伟宏先生商榷》。该文除从逻辑大辞典中引用"除外命题"辞条本身没有问题外,通篇都成问题。全文忽视印度陈那因明的论辩逻辑特点,作纯逻辑讨论,因而离题甚远;讨论问题又从辞典条目出发,未能如实反映我的基本观点;多处把显然荒谬的观点强加给我,有违学术规范;又缺乏整体论眼光,因而在因明与逻辑比较研究的基本问题上出现误差。该文说我的"除外命题说"或者"最大类比说"有"致命的逻辑漏洞",因此,不能不辩。

我们讨论的对象是公元5至6世纪时印度佛教大论师陈那的因明体系,该体系是辩论术、逻辑和认识论三者的紧密结合。陈那因明中的逻辑规则带有明显的辩论特点。我曾说过:"同、异品要不要除宗有法,这不是一个在书斋里讨论的纯粹的逻辑问题,而是与印度陈那时代辩论实践密切相关的辩论术问题。在除宗有法的基础上来讨论陈那三支作法的论证种类,这才是逻辑问题。"[②]

[①] 本文发表在《西南民族大学学报》(人文社会科学版)2016年第6期。
[②] 郑伟宏:《再论同、异品除宗有法》,《西南民族大学学报》(人文社科版)2012年第11期。

我主张的"同、异品除宗有法"和"同、异喻体除宗有法"是玄奘法师的口义，是从其弟子中的著作中引述出来的，而非本人创见。讨论问题要从这一实际出发。该文却从上海《逻辑大辞典》中的辞条出发，而不是从印度因明的实践和理论出发来整理其逻辑理论，自顾自地对空放射西方纯逻辑之箭，自然射不中印度因明之靶。

唐代玄奘法师留学印度，就因明的研习而言，在学习和运用两方面都达到了当时印度的超一流水平。他所开创的汉传因明忠实地继承和弘扬了印度的陈那新因明，并在论辩逻辑理论方面有所丰富和发展。

玄奘法师对陈那因明的解读，是我们今天还原陈那因明体系和整理其逻辑体系的重要依据。他虽然述而不作，但他的大量口义保存在众多唐疏之中，所以我要说汉传因明成为打开陈那新因明大门的一把钥匙。[①] 我在大量论著中所用"除宗以外"一说即发端于玄奘弟子们撰写的疏记，并非无本之木、无源之水。这与西方逻辑无关。

玄奘法师留给后人的最重要的遗训除了对陈那文本逐字逐句的诠释，还有对文本上没有专门论述的隐而不显的言外之意的阐发。他深知把一门新鲜的学问传回大唐，必须把该理论产生和运用的背景一并介绍清楚，以帮助研习者正确地理解和把握陈那的因明体系。所谓打开陈那新因明大门的一把钥匙，就是唐代四家疏记热衷讨论的"同、异品除宗有法"，并延及同、异喻体"除宗以外"说。

---

① 郑伟宏：《汉传因明是解读印度新因明的钥匙》，《哲学研究》2007年增刊。

下面一个推理毫无疑问是非演绎推理：除张三以外，凡人皆有死（同喻），张三是人（因），张三有死（宗）。我说的"除外命题"就指与上述类似的推理方式。"除张三以外"并没有说"张三是死的"，也没有说"张三是不死的"。我30年来的所有论著都从陈那因明的整体出发，充分论证陈那因明逻辑体系中初始概念的"除外"说，并延及命题的"除外"说，而两位张教授却没有好好论证陈那因明逻辑体系为什么不是"除外"？缺乏整体论研究方法是该文不能成立的又一个重要原因。两位张教授说："郑伟宏一家之说的核心是：同、异喻体是'除外命题'。"①不对，更基础、更核心的应是初始概念，同品、异品就是陈那因明体系的两个初始概念，因此，更核心的是"同、异品必须除宗有法"。

陈那所处的时代，辩论的双方，最忌讳的是循环论证。在因明论著中最常见的辩论题目是"声是无常"，或者"声常"。佛弟子不能用"声是无常"证"声是无常"，婆罗门声论派也不能用"声常"证"声常"。为了避免这一过失，在双方辩论之际，在共比量中，要求双方对辩论中所使用的名词、概念和除宗（论题）以外的论据，即因支和同、异喻体都必须共同认可，论证和反驳才有效力。

陈那新因明规定，同、异品概念的外延与宗论题的谓项有关。有谓项性质的对象称为同品（P），不具有谓项性质的对象称为异品（非P）。在立方提出宗论题时，例如，论题主项即宗上有法（S）"声"有无谓项"无常"性质，正是敌我双方争论的对象。在这场辩论结束之前，论题主项即宗上有法（S）"声"既不属于"无常"的同

---

① 张忠义、张家龙：《评陈那新因明体系"除外命题说"——与郑伟宏先生商榷》，《哲学动态》2015年第5期，第102页。

品,也不属于"无常"的异品,否则就不要讨论了。因明中称之为"除宗有法"(除 S 以外)。这就是辩论术的要求。在辩论结束之前,不能简单地运用排中律,说"S 不是 P,就是非 P"。辩论一旦结束,则"S 不是 P,就是非 P"。

辩论之际,立敌双方都不许循环论证。这一公平原则,在陈那时代,是不言自明的题中应有之义。这对辩论中的立敌双方而言,是说都不用说的。这对撰写因明论著者来说,也无须多言。贝叶珍贵,一字千金。辩论之际,立方不能把声归为"无常"的同品,这容易为大家接受。为什么敌方也不能把声归为"无常"的异品呢?因为敌方也陷于循环论证。这对立方不公。因此,"同、异品都必须除宗有法"是立敌双方要共同遵守的潜规则,是一个铁律。

曾在 20 世纪 20 年代任北京大学代理校长的陈大齐教授在 20 世纪 40 年代出版的巨著《因明大疏蠡测》中,就指出宗有法仅是"自异他同品",而非"共异品"。既非共异品,在异品中就应除去。他还详论了异品不除宗有法等于授予敌方循环论证的特权。20 世纪 60 年代他在《因明入论悟他门浅释》中又进一步发挥了异品必须除宗的思想。他说:"故宗异品若不除宗有法,将使敌者获得一种便利,只要取宗有法为例,即足以使立者的证明归于无效。不过如此返破,亦是一种循环论证。宗同品中既除宗有法以避免循环论证的弊病,宗异品中自亦应当同样剔除,以期论辩精确而公允。"①说得很明白透彻,无须再加解释。

可是,那样简单明了的道理在我国百年因明研究中很少有人

---

① 陈大齐:《因明入正理论悟他门浅释》,台北:中华书局,1970 年,第 61 页。

知道。虞愚先生在其早年著作《印度逻辑》中主张同、异品都除，可惜仅限于举例。同、异品都除宗有法对整个因明体系和逻辑体系有何影响则未研究。有的根本未注意到同、异品必须除宗有法（如周文英先生），直到晚年出学术著作自选集，才仅仅接受同品除宗有法；有的认为同品除而异品暗中不除（如沈剑英、张忠义）；巫寿康的博士论文认为，《理门论》九句因中的第五句因从反面规定，同、异品必须除宗有法，否则第五句因就不存在。他又清醒地看到，这样一来势必导致陈那因明非演绎。非演绎还了得，他感情上接受不了。于是，他不是实事求是地还原陈那本来面目，而是从自己的主观愿望出发，替古人捉刀，替陈那修改异品定义，即异品不除宗有法，最终把陈那三支拔高为演绎论证。在20世纪80年代创建了一个与陈那因明完全不同的矛盾百出的新因明。

况且，这一修改异品定义的做法并非首创，我的研究生们发现其导师沈有鼎教授的文集中曾有过异品不除宗的草图，又发现美籍华裔齐思贻先生早在1965年于英国剑桥出版的《佛教的形式逻辑》一书中，就已经把陈那的同品除宗和法称的异品不除宗结合在一起，用来代表陈那的因明思想。齐思贻本人承认，其异品定义来自法称因明。这样的两个初始概念既非陈那因明的同、异双除，又非法称因明的同、异品均不除。任意修改古人，这明明是古籍研究之大忌。沈有鼎教授是审慎的，他在思考而未正式发表。巫博士的论文则显得草率。

两位张教授也不明此理。他们也不懂得陈大齐关于宗有法只是"自异他同品"不能算异品的道理。他们在该文第三部分中说：

"异品当然是在宗有法之外。设所立之宗为'所有 S 是 P',据此所定义的异品'非 P',当然就不能含有 S,否则,就会'有 S 是非 P',宗论题就不能确立。所以,笔者认为,说'异品必须除宗有法',这是一条'蛇足'。陈那对异品的定义'没有所立法的对象类'已足够了。"①

照这种说法,佛弟子根本就没必要与声论派辩论,只要为异品下一个定义,异品是"没有所立法的对象类",而在佛弟子看来声音是有所立法(宗论题的谓项)无常的,因此,声音不在异品中。不费吹灰之力,下一个定义,声音就不是异品了。下一个定义,辩论就可结束了。

声论派能答应吗?声论派认为声音没有无常性,所以声音在异品中。这才会引起争论。这样双方又回到出发点,因此要坐下来辩论,并规定双方使用的理由都必须用共同品和共异品。陈大齐教授正确指出,在"声是无常"宗中,声音只是佛弟子的自同他异品。换句话说,在声论派看来,声音是他同自异品。如果各行其是,同一个因既通同品,又通异品。这就势必出现立敌双方各自循环论证的情况。

陈那和他同时代人的解决方案是:同、异品都必须除宗有法。在此基础上才有可能建立一套论证规则。"蛇足"说貌似有理,其实是立方的一厢情愿,违反了辩论的公平性。

"蛇足"之说把陈那时代印度论辩逻辑的最基本规则都否定了,也把玄奘的口义、唐疏的诠释以至汉传因明的伟大贡献统统否

---

① 张忠义、张家龙:《评陈那新因明体系"除外命题说"——与郑伟宏先生商榷》,《哲学动态》2015 年第 5 期,第 104 页。

定掉了。

"除宗有法"的同、异品（除 S 以外的 P、除 S 以外的非 P）可以称为数理逻辑的两个初始概念。陈那因明的整个体系的构成以及三支作法的推理性质皆由它们的内涵和外延来决定。要判定陈那因明与玄奘回国之后才出现的法称因明的因明体系和逻辑体系有何异同，做一下 DNA 测试，即比较一下两个体系的初始概念同、异品有何不同就清楚了。

我的大量论著一再强调，在陈那早期和晚期代表作《理门论》《集量论》中，虽然关于同、异品定义的语言表达中都没有同、异品必须除宗有法，但是从二论反映的陈那整个因明体系来看，又是显而易见的。二论逻辑严密、协调一致，更不能说其同、异品定义与整个体系相矛盾。

两个初始概念既然都要除宗有法，那么在创建三支论证方式和因三相论证规则两方面就都必须严格遵守。在整个辩论过程中，都要求在论式和规则中出现的相关概念和命题必须除宗有法。以上要求，对一个严谨的逻辑工作者来说，应该不难理解。因此，我认为，二位张教授的论文可用一句棋谚概括：一招不慎，满盘皆输。

该文除引论外分四大段，以下随顺二位张教授的论文作逐条答复。

一

从逻辑词典条目出发，批评我关于陈那三支同喻体的形式"除

S 以外，凡 M 是 P"不符合欧洲中世纪逻辑学家提出的"除外命题"的形式，前几年已见于姚南强的论文。的确，我的提法不符合逻辑辞条，因为我的研究不是从辞条出发，而是从印度因明的论证思维实际出发，总结其命题形式。陈那因明同、异喻要"除宗有法"一说，不是我的创见，而是古已有之，是汉传因明的传统解释，也是玄奘开创的汉传因明的一大贡献。它来自玄奘弟子窥基撰写的《因明入正理论疏》(后人尊称为《因明大疏》《大疏》)的诠释。根据我的整理，唐疏至少有七家(包括《大疏》在内)都说同、异品要除宗有法。在现存的窥基《大疏》文本中，白纸黑字，更是进一步写着同、异喻也要除宗有法。窥基在疏解《入论》"同法者，若于是处显因同品决定有性"一句处明言：

> "处"谓处所，即是一切除宗以外有、无法处。"显"者，说也。若有、无法，说与前陈，因相似品，便决定有宗法。此有、无处，即名同法。①

汉传的"除外"说有自己的特点，与欧洲中世纪逻辑学家的主张不相干。我在自己的论著中有过解释。一个概念的形成和发展是随着实践的变化而变化的。或许将来有一天，辞典条目中的"除外命题"的外延就包括欧洲中世纪逻辑家的和唐代因明家的两种。

两位张教授的论文按照他们的自己的理解，为我对陈那因明同、异喻体的表述形式作了逻辑解释："这个除外命题是有三个联

---

① 郑伟宏：《因明大疏校释、今译、研究》，上海：复旦大学出版社，2010 年，第 253 页。

言支的合取命题:所有 S 是 M 并且所有 S 不是 P 并且 S 以外的 M 是 P。其中第二个支命题'所有 S 不是 P'与所立之宗'凡 S 是 P'是反对命题,两者不能同真,前者真,后者必假。这就是说,作为同喻体的除外命题推翻了所要立的宗。他提出的异喻体是:除 S 以外,凡非 P 是非 M。这个除外命题是以下 3 个联言支的合取命题:所有 S 是非 P 并且所有 S 是 M 并且 S 以外的非 P 是非 M。其中第一个支命题'所有 S 是非 P'即'所有 S 不是 P',同样推翻了所要立的宗'所有 S 是 P'。"[1]

把显然错误的观点强加给对方,不符合学术规范吧。我在哪一本著作、哪一篇论文中说过,"除 S 以外"就包含"所有 S 不是 P"的意义呢?即除声以外,就是肯定声不是无常呢?前面我说过,"除张三以外"并没有说"张三是不死的"。同样,声是自同他异品,对立方来说,他怎么会说声不在无常中呢?除宗有法只是因为对方不认可而在论证中暂时除去。可见,这两个反对判断形成的矛盾应由二位张教授负责。

我在几本专著和多篇论文中反复强调了《理门论》有一段关于共比量的总纲,其意为,在整个辩论过程中,立敌双方所使用的名词、句式即概念和判断,除论题判断外,必须立敌共同认可。窥基《大疏》解释说:"故知因、喻必须极成,但此论略。"[2]这么重要的论述,陈那弟子天主的《入论》居然会省略,可见,这是常识。前面已阐明,因的后二相中同、异品必须除宗有法,窥基《大疏》又强调"二

---

[1] 张忠义、张家龙:《评陈那新因明体系"除外命题说"——与郑伟宏先生商榷》,载《哲学动态》2015 年第 5 期,第 103 页。
[2] 郑伟宏:《因明大疏校释、今译、研究》,第 129 页。

喻即因",正确的同、异喻必须满足因的后二相,即同、异喻也要除宗有法。同、异喻除宗有法包括两个方面,喻中的体和依都应除宗有法。被称为"中世纪逻辑之父"的陈那,其因明体系不可谓不严谨。

同喻依要除宗有法,比较容易理解。说同、异喻体是除外命题,很多研习者都感到突兀。窥基所说以及随后的大段释文,解释了在遵循同、异品除宗有法的基础上,同喻依也必须除宗有法,还包含同喻体也必须除宗有法的思想。同喻体中未反映"声有所作,声亦无常"这一仅为立方认可的观点。异喻也一样。只承认喻依除宗,而不承认喻体除宗,这才是"自相矛盾"。由体和依组成的喻,必定是内在和谐一致的。有人举出《大疏》的补足本中,窥基弟子慧沼的反对之说,即喻体不除宗有法,这不足为训。因为弟子有违师说,必须简别。

二

该文的第二大段认定陈那说的因、宗"不相离性"就意味着同、异喻是毫无例外普遍命题,因而整个三支作法是演绎论证。

我认为,从印度佛教因明发展史来看,因、宗不相离性有两种:一种是陈那的,一种是法称的。前者形成除宗以外的普遍命题,后者才形成真正毫无例外的普遍命题(全称肯定命题)。一个因在满足第一相(凡 S 是 M)的前提下,怎样来满足因(M)与同品"P 且非 S"的相属不离关系,异品"非 P 且非 S"与因(M)的相离关系?这有两种回答。一是从因出发看它与同、异品外延关系,二是从同、异品出发看它们与因的外延关系。衡以逻辑,就是因概念与同、异品概念以那个来充当命题的主项。

我在自著《因明正理门论直解》中详细论证过陈那因明为什么不是演绎论证。陈那采用第二种思考方式,即反过来从同、异品出发,以同、异品为主项,以因为谓项来组织九句因命题。由于从立宗伊始,就决定了同、异品须除宗有法,二、八正因中的同、异品也必须除宗以外。受二正因制约的同、异喻体所反映的因、宗不相离性只能是除宗以外的最大限度的普遍命题。陈那三支作法虽非演绎论证,但能避免古因明的两个缺陷:全面类比和无穷类比。

我详细论证过法称同法式和异法式的逻辑依据。法称正过来从因出发,找到了三种正因:自性因、果性因和不可得因。用此正因便不必除宗有法,便可以与所立法(同品)组成毫无例外的全称命题即具有真正遍充关系的普遍命题。①

"同喻为'若是所作,见彼无常',异喻为'若是其常,见非所作'"。这的确是引自我的《直解》。这几乎就是《入论》的原文,无可指摘,如何解释另当别论。但接下来二张之文说:"'若是所作,见彼无常'可分析为一个全称肯定命题'所有具有所作性的对象都有无常性','若是其常,见非所作'可分析为一个全称否定命题'所有具有常性的对象都没有所作性'。"②这个分析是你们做出的,与我的解析无关。

---

① 郑伟宏:《论法称因明的逻辑体系》,《逻辑学研究》2008年第2期。
② 张忠义、张家龙:《评陈那新因明体系"除外命题说"——与郑伟宏先生商榷》,《哲学动态》2015年第5期,第103—104页。

我则始终坚持陈那概括出一个除外的普遍命题,有一个例外的普遍命题。例如,除宗有法以外,凡有"所作性"的对象都有"无常性",这个判断最大限度地概括了一个对象之外所有同类事物具有某一种共同的属性。

这里还要做一点补充说明。自吕澂先生对《入论》同、异喻中那个打头的"若"字解作假言命题的联结词"如果"以来,几乎所有的研究者都解错了。好在有《入论》的梵本在,可资对勘。我在梵、汉、藏对勘研究的专题讨论课上曾说过:"因明博士汤铭钧曾发现,梵本的原意是'如同''像',没有假言的意思。我说奘译二论,在喻体处有的用'若',也有用'诸'的。我曾查过古汉语词典,'若',既可解作'如同''像',还可解作代词'如此,这样',或'这个、这些'。可见,在玄奘看来,用'诸'用'若'这两种用法都比表示假言的'如果'要贴切。参与课堂讨论的印度学专家刘震教授(汤铭钧的梵文老师)确认,奘译中的'若',在梵文中就是'举例'的意思。"①

玄奘在《理门论》同、异喻体中用"诸"字代替"若"字。"诸"有"众多""各"的意思。这两种含意都与假言无涉。把"诸"断为全体也显得勉强。由于《理门论》梵本长期不现于世。只能猜测"若"和"诸"的梵文同为一字,都没有全称和假言的意思。总之,从《入论》的梵文原本就读不出同、异喻体是全称命题的结论。"除宗以外"在《理门论》《入论》中并非空穴来风。窥基接受了玄奘耳提面命式的个别指导,《大疏》保留的玄奘口义,不能轻易否定。我们不能一

---

① 郑伟宏:《论玄奘、窥基的因明成就》,《慈氏学研究》(2014),北京:中国文史出版社,2015年,第218页。

见"若"或"诸",就想当然地断为"全称肯定命题"或"全称否定命题"。张忠义在《因明蠡测》中错误主张因明体系本来就具有演绎推理的功能,就与此有关。①

三

二张之文在第三大段中,分四点逐一考察我的论证过程。其中(1)是他们认为"异品必须除宗有法"是"蛇足"说,我已在前面总论中答复过了。他自己又是怎样定义的呢?

张忠义认为:"如以'声是无常'宗为例,'声'以外的事物而具有'无常'的性质的,如盆等就是同品,凡是没有'无常'的性质的事物如虚空等就是异品。"②请注意,他认为同品是在"'声'以外"的,而异品是不除宗的。这与他认同的巫博士修改异品定义,因而异品不除宗相同。

可是,就在同一页上,张忠义说:"我们认为,同、异品是除宗有法的。"③紧接着他又说:"不论是陈那的九句因还是后期法称的四句因,都存在'同品非有',所以,同品是一定要除宗有法的。同理,异品也要除宗有法,否则'异品非有'这一要求或者说因三相的第三相'异品遍无'也就根本不可能存在了。既然这样,同、异品就一定要除宗有法了。"④在自己的代表作中不仅自相矛盾,而且还有

---

① 张忠义:《因明蠡测》,北京:人民出版社,2008年,"序一"。
② 同上书,第34页。
③ 同上。
④ 同上书,第35页。

"蛇足"说,该作何解释?

(2)是同意我的观点"同喻依除宗有法是同品除宗有法的必然结果"。以下答复(3)和(4)。

在(3)中,二位教授自作主张为我编了一个推理。

> 郑伟宏的推理是:
> 同喻体"凡有所作性的对象都有无常性",
> 同喻依"瓶"等有所作性就有无常性,
> 同喻依"瓶"等中没有宗有法"声",
> 所以,同喻体必须改为"声以外具有所作性的对象都有无常性"。

两位教授批评说:"从三个前提,显然推不出结论。这里犯了'推不出'的逻辑谬误。"这有两个问题。首先,这整个推理是杜撰品。它与本人全部论著中关于"除宗有法"的论证不相符。

其次,两位张教授在后文中说"同喻体'凡有所作性的对象都有无常性'是已经确立的命题"。① 你还没有论证过,仅凭自己对"诸"和"若"的误解,就断定"'若是所作,见彼无常'可分析为一个全称肯定命题'所有具有所作性对象都有无常性'",这是丐辞,是预期理由。我还要问:"我在何时何处承认过这个由你们单方面'已经确立的命题'?"我与你们见解正好相反,为何强加于人,作为"郑伟宏的推理"前提? 这不符合学术规范吧。

---

① 张忠义、张家龙:《评陈那新因明体系"除外命题说"——与郑伟宏先生商榷》,《哲学动态》2015年第5期,第104页。

再次,请读者注意,第二、第三个前提中说的都是"瓶等",而不是"瓶"。是说"瓶等"中没有声,不是该文所说"瓶"中没有声。"瓶等"囊括了声之外一切同品。按照这两个前提就能得出"声以外具有所作性的对象都有无常性"。一字之差,天差地别。该文在后面自己也承认"从第二和第三两个前提确实可以推出'声以外的瓶等有所作性的对象都有无常性'"。这不自相矛盾吗?看来,"'推不出'的逻辑谬误"只由两位张教授负责。

说喻体是除外命题,这隐而未显的道理确实不太好理解。因支明明说了宗有法就是因同品,怎么到了喻支中就要除外呢?

作为逻辑学家的陈大齐最清醒地看到同、异喻体必须除宗有法是同、异品必须除宗有法的必然结果。

他说:"宗同异品剔除有法的结果,因同异品中连带把有法剔除。现在同喻体异喻体是同品定有性和异品遍无性所证明的,所用的归纳资料即是宗因同异品,宗因同异品中既剔除有法,同异二喻体中是否也同样剔除。从一方面讲起来,喻体既以因后二相为基础,后二相复以宗因同异品为资料,资料中既经剔除,结论中当然不会掺入。"①

(4)讨论了第五句因。我认为九句因中的第五句因证明同、异喻体除宗有法。第五句因的实例是"所闻性"。除声以外,没有任何同、异品具有"所闻性",因而是犯"不共不定"因过。如果"诸有所闻性者,见彼无常"中包括了"声是所闻,声是无常",也就不犯"不共不定"过了。二位张教授的论文既承认"由于举不出同喻依,

---

① 陈大齐:《印度理则学(因明)》,台北:台湾政治大学教材,1952年,第114—115页。

因而同喻体不能承立",但又不承认同喻体除宗有法,这不是自相矛盾吗?

该文认为讨论对象限于"有效论证",而第五句因是"无效论证",因此是"转移论题"。看来应该普及一下陈那的九句因理论。九句因的每一句因中,同、异品概念都是除宗有法的。如果异品不除宗,则无论举什么因证宗,异品必定有因,根本就不会有第五句因。也不可能有二、八正因,还不可能有三、六、九句因。这就完全推翻了陈那的九句因理论,陈那的因明体系不复存在。

承认第五句因的存在,就必然承认同、异品除宗有法,就必然承认以第五句因组成的同、异喻体除宗以外,也必然承认其余八句组成的同、异喻体除宗以外。作为逻辑学家、因明学家,总得承认九句因是一个内部协调一致的和谐的整体吧。总不能说只有第五句同、异品除宗有法,而其他八句的同、异品和同、异喻体不除宗有法吧。

结论是,以两个正因为依据的同、异喻体组成的所谓"有效论证"是除宗有法的。用第五句因为依据组成的"无效论证"则提供了反面的证据。因此,"仅此一例,便可知陈那新因明三支作法中的同喻体也是除宗有法的",才是真正的"有效论证"。这是典型的逻辑论证中反证法的运用,何来"转移论题"? 如果第五句因,同、异品不除宗,则势必犯"循环论证",或者主项是"空类",两者必居其一,不是我人为制造出来的。

该文承认:"'诸有所闻性者,见彼无常'是一个违反第二相的同喻体,这也是一个已经确立的事实。"如果不除宗,则有"因同品声是宗同品无常",满足有同品是因,怎么会违反第二相呢?喻的体和依是和谐一致的。喻体既然是反映包括宗有法声的毫无例外的普遍原理,喻依里为什么又要除呢?反过来说,你们又不得不承认"'除声外,缺同喻依',这是一个事实"。① 我要问:"喻体难道可以不反映这一事实吗?"总之,不能自圆其说,处处碰壁。

四

在第四大段中,该文不仅没有论证而只是再次断言:"陈那的三支作法达到了演绎论证的水平,一步都不差,并且陈那还使用了喻依来进行正负类比论证。"②这一说法,反把陈那新因明降到了古因明水平。

二张之文说的"一步都不差"的论证分为四步。③ 我以为一步都没走对,以此为基础"用现代逻辑的方法进行形式化研究"只能南辕北辙。

步骤一是列举单用同喻体与因、宗组成的"AAA"式。其中大前提为"诸所作者见彼无常",该文通篇没有论证为什么这是全称肯定命题,仅凭"诸"便断言,我在前面已指出,这是误解。连三段论都没达到,谈何 AAA 式?

步骤二是列举单用异喻体与因、宗组成的"EAE"式。除了步

---

① 张忠义、张家龙:《评陈那新因明体系"除外命题说"——与郑伟宏先生商榷》,《哲学动态》2015 年第 5 期,第 105 页。
② 同上。
③ 同上书,第 105—106 页。

骤一的问题,问题更多。陈那因明的常识是,绝不允许异喻体单独与因、宗组成论式。陈那在《理门论》中曾痛斥数论派投机取巧,不懂正理。此其一。所谓"EAE"式,即使达到三段论水平,也不可能在陈那因明体系中出现。因为陈那因明体系中压根就不允许宗论题为否定命题。这也是陈那因明的基本常识。

步骤三和四是以瓶、空作正负类比,把陈那新因明拉回到古因明,其谬显见,在此就不赘言了。

二位张教授紧接上文又杜撰出一个"演绎推理"系列,倒有必要点评一下。该文说陈那在举出同喻依时实际上做出了以下的推理:

> 除声以外的所作者,见彼无常,
> 瓶是除声以外的所作者,
> 所以,瓶是无常。

该文说"这显然也是一种 AAA 式"。说这个推理为演绎,固然谁都不反对。古今中外,从未听说有人怀疑过"瓶是无常"宗。立此宗已有"相符极成"过。更严重的问题是,这个推理与证"声是无常"宗没有半点关系。该文犯了论证中的"不相干"错误。

该文继续犯错。他们说:

> 在此基础上再进行类比:
> 瓶是所作且无常,
> 声是所作,

所以，声是无常。①

被陈那抛弃了的古因明五分作法类比推理，被二位教授简化一下，又让陈那接收下来。陈那闭关岩穴殚精竭虑创建出来的新因明全是枉费新机。套用该文的话说，经过这一个"弯弯绕"，即"简单的加法"，把陈那新因明绕回到古因明去了。

最后，该文对我的学术研究做了总评。我重申，因明既然讲逻辑，形式逻辑是讲真假二值的。如同算术的四则运算一样，1+1等于2，只有一个标准答案。我认为我找到了这个标准答案，就无异宣告其他千千万万的不同答案都非正解，用不着"贬低别人""抬高自己"。借用你们的说法，我既然"独尊除外"，自然要"罢黜百家"。说"其谬也甚"还是客气话。假如我们搞了几十年的因明研究，连这门学问的论辩逻辑性质都没有搞懂，沙上建塔，焉能不倒？一个正确答案就必须"一通百通、圆融无碍"地解释整个陈那因明体系以及与法称因明体系的同异，特别是同中之异。这也是逻辑论证的起码要求，而非自吹自擂的溢美之辞。一个答案，稍有一点"过火"或不足，都势必丛生错解、处处碰壁。这是一个严谨的逻辑工作者所应知的。

我们并没有"全盘否定百年来国际国内对陈那因明的研究成果"，只是说百年来绝大多数研究者误解了陈那因明的逻辑体系。这两个断语是有很大差别的。我的全部论著就是明证。

---

① 张忠义、张家龙：《评陈那新因明体系"除外命题说"——与郑伟宏先生商榷》，《哲学动态》2015年第5期，第106页。

后　记

　　随喜赞叹复旦大学古籍整理研究所成立四十周年。非常感谢并十分珍惜古籍所为每位教师提供出版论文集的机会。本书电子版由哲学学院宗教系汤铭钧博士的硕士生赵旭悉心整理,表示诚挚谢意。

郑伟宏
2023 年 7 月 1 日